畜産現場の消毒

これだけは知っておきたい消毒の基礎と実際

緑書房

はじめに

私が初めて消毒と関わったのは，1961 年に消毒薬の開発を担当することになった時です。私は農学部で家畜飼養学の基礎を学んだだけで，細菌やウイルス，さらに薬剤学についてまったく知識もありませんでした。引き続き「パコマ」と名付けられた消毒薬の販売促進と学術を担当しましたが，当時の畜産現場における消毒薬の使用は，酪農を除けばニューカッスル病や豚コレラなどの家畜伝染病の発生時に家畜保健衛生所が散布するだけだったので，売り上げは微々たるものでした。そこで，私は消毒薬の市場開拓，用途開発に努めました。まず，畜産家に対して，消毒は伝染病発生時に家畜保健衛生所が散布してくれるだけのものでなく，畜産農家が日常的に自ら実施するものであり，それが衛生管理を向上させて経営的にも利益を生むのである，ということを啓蒙しました。同時に，鶏体噴霧，豚体噴霧，牛体噴霧などの，消毒薬の新しい使用方法も開発し普及にも努めました。さらに，すでに開発されていた飲水消毒も紹介し，微粒子噴霧機，発泡消毒機，熱煙霧機，過酸化除菌剤などの新しい消毒機械や消毒薬が発売されれば，他社品であっても，直ちに実験をして効果を確認のうえ普及にも努めました。乳質改善運動に協力したこともあります。この間，私は多くの基礎実験や野外実験の結果から，消毒の効果的な実施について検討を重ねました。

消毒という技術は，消毒薬が化学物質であるため化学や薬剤学の分野に入ると考えられます。また，消毒の対象は細菌やウイルスであるため細菌学・ウイルス学の片隅にも入るでしょう。しかし，細菌学やウイルス学の知識では，実際現場での効果的な消毒法を検討することはできません。例えば，食中毒や伝染病の流行時に，細菌学やウイルス学の学者先生がテレビに出て「手洗いを励行せよ」とおっしゃっていますが，どのように洗えば最も効果的なのかは説明しない，いやできないのです。現場の消毒は細菌学やウイルス学を利用していますが，それだけでは役に立たないのです。そこで，化学・細菌学・ウイルス学を基礎として，効果的消毒方法を構築する「消毒学」とでも言うべき分野を作るべきではないか，と常々考えていました。獣医系大学ではあまり実用的な消毒については教えていないようですが(医学系でも同様ですが),「消毒学」とはいかないまでも「畜産消毒論」くらいは教えてもよいのではないか，と考えています。本書はそのような意図も含めて書いたものです。

本書では，従来の定説や常識を覆すような記述がいくつかありますが，それらはすべて実験により確認した結果です。読者諸兄姉には，失礼かもしれませんが，先入観や固定観念を外して，虚心に読んでいただければ幸いです。

本書が，臨床獣医師の皆様の畜産農家への指導において，さらに，畜産農家をはじめ広く畜産に関わる方々にお役立ていただければ幸いです。

2014 年 2 月

著者拝

目次

第 1 章

消毒の役割とその作用

第1節
畜産現場における消毒の役割

■ まずは見直しから

今日，養豚・養鶏・酪農その他を問わず，畜産現場で何らかの消毒を行っていないところはないと言っても過言ではないほどに，消毒は普及定着している農場管理のひとつである。

著者は，1966年に初めて消毒薬の開発を担当して以来，消毒薬や消毒技術の開発と普及に努めてきた。最初のころは，豚コレラとニューカッスル病が多発していた時期であったが，農家の意識では消毒は伝染病発生時に家畜保健衛生所がするものとの認識で，自ら消毒薬を購入して消毒を実施しようと考える農家は皆無に近かった。その時代から見ると今日の普及には隔世の感があるが，さて，実際に行われている消毒が本当に有効か否かについては，疑問がないとは言えないのが実情である。

その一例を挙げると踏み込み消毒槽である。

踏み込み消毒槽は本当に有効か !?

畜産農場はもちろんのこと，処理場・GPセンター・家畜保健衛生所・その他あらゆる畜産関連施設で，玄関あるいは農場入口に踏み込み消毒槽を設置していないところは，まずないであろう。ところで，その踏み込み消毒槽がどれほどに有効であるか？　病原菌・ウイルスの侵入防止に確実な効果を発揮してくれているかどうか？　という点について，疑問はないだろうか。

著者はこのことについて実験をしてみた(横関，2007)。どの農場にでもあるタイプの踏み込み消毒槽で実際に靴を踏み込んで，靴底に付着している細菌がどの程度除去されたかを調べたのである。供試靴は靴底に目視で泥や糞の付着していない，ごく普通の靴である。消毒薬は塩素系の一種(複合塩素剤ビルコンS)を用いた。これで3秒間消毒液に踏み込んだ後，直ちに滅菌綿棒で底面の一定面積を拭き取り，滅菌生理的食塩水で段階希釈して，好気性菌用ペトリフィルムに接種した。このとき踏み込み時間を3秒間としたのは，実際に来客などが踏み込んでいる時間が1～2秒であるため，そのように設定した。

結果は**図1-1-1**に示すとおりで，まったく除菌できていなかった。つまり，侵入防止対策の一環としてはまったく役に立っていないということである。

その理由あるいは改善の方法については，後で詳しく述べるが，日常作業として習熟しているはずの消毒についても，このような問題が存在することを認識することが，本書の出発点である。

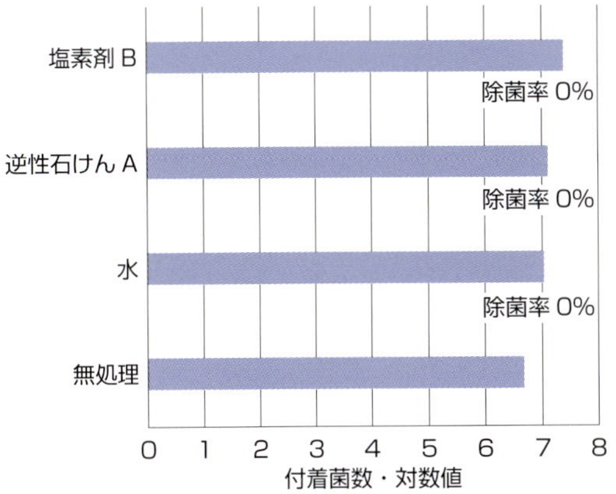

●図 1-1-1　踏み込み消毒槽の効果（普通靴）

両薬剤とも 500 倍液，3 秒間踏み込み，直後に 5×5 拭き取り採材（横関，2007）

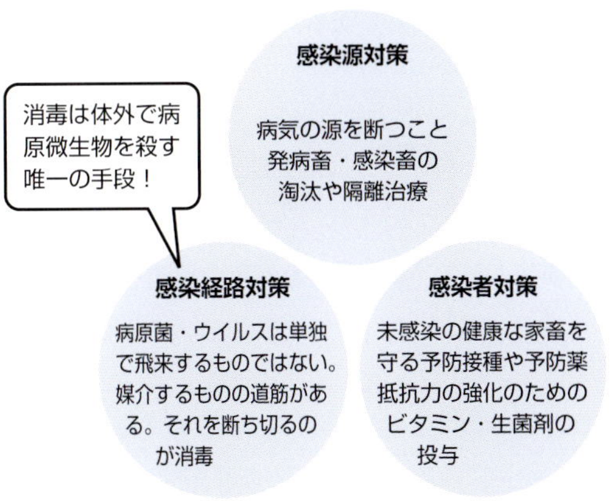

●図 1-1-2　畜産現場の感染症対策の３本柱

これらを総合的に実施すること。単独では効果が低い（野島，1972）

■ 畜産現場における消毒の役割

1．伝染病（感染症）対策における消毒の意義

あらゆる伝染病の対策には「三本柱」というものがあるとされている（野島，1972）。**図 1-1-2** を参照されたい。これは，京都大学ウイルス病研究所の野島徳吉博士が提唱されたもので，すべての伝染病（感染症）はこれらの「三本柱」により対策しなければならないというものである。

従来の家畜疾病（感染症）対策は，ある時は抗生物質万能主義であり，またある時はワクチン一辺倒であった。抗菌薬は感染源対策あるいは予防投与なら感受性者対策である。ワクチンは当然感受性者対策になる。これらの場合，感染源対策と感染経路対策は除外されているので「三本柱」にはならない。

畜産経営が大型化・集中化するにつれ，そのような単独の対策では期待通りの効果を得られないケースが出現した。また，法的な規制により抗菌薬の使用が制限されたこともあった。そのような事情の下での伝染病（感染症）対策こそ，体外で病原微生物を殺滅する唯一の手法である消毒を主とした感染経路対策を加えた「三本柱」でなくてはならないのである。

2．畜産現場のバイオセキュリティにおける消毒の役割

詳しくは後の章で説明するので，ここでは項目だけを示す。

この場合のバイオセキュリティとは「病原微生物防禦対策」とでも訳すのが良いと思うが，これは全２段で構成されている。第１段目は病原菌・ウイルスの場内あるいは畜鶏舎内への侵入防止であり，第２段目は場内あるいは畜鶏舎内の病原菌・ウイルスの排除（清浄化）である。そのいずれも主役は体外で病原菌・ウイルスを殺滅できる唯一の手段，すなわち「消毒」である。

家畜衛生	食品衛生	公衆衛生	労働衛生
家畜の疾病の予防	安全な卵・肉・乳の生産	周辺環境への汚染の防止	従業員の健康保持

●図 1-1-3　畜産現場の消毒の目的

第１段：病原微生物の侵入防止(持ち込みの防止)

①ヒトによる持ち込みの防止(履物・衣服の消毒，手洗い消毒)
②車両による持ち込みの防止(車両消毒)
③器材による持ち込みの防止(場内外を往復する器材の受け入れ時の消毒)
④飼料・水による持ち込みの防止(飼料の検査，水の消毒)
⑤虫類・ネズミ・野鳥・小動物による持ち込みの防止(畜鶏舎の閉鎖性改善，監視と駆除)

第２段：病原微生物定着と場内拡散の防止

①舎内の洗浄消毒(病気発生時，全数出荷または淘汰後，検査)
②舎内噴霧・畜体消毒(検査)
③病畜の淘汰・治療(検査)
④各畜鶏舎の器具器材の専用化(使用後の消毒，検査)
⑤病気発生畜鶏舎作業者の専任化(履物・衣服の消毒，検査)
⑥虫類・ネズミなどの駆除(駆除，検査)

３．畜産現場における４つの消毒の目的

畜産現場における消毒の目的を別の切り口から見てみると図 1-1-3 のようになる。

家畜衛生は直接売り上げや利益に関係するので，当然生産者の認識も強い。第２の食品衛生については，最近「食の安全」とか「農場から食卓へ」などと消費者の関心の強まりに応じて認識も高まりつつある。しかし，公衆衛生や労働衛生についてはまだまだ無関心な者が多いようである。人獣共通感染症の存在は知られているが，それを畜産現場の問題として認識している生産者や指導者がきわめて少ないことから，現場で働く労働者の危害防止が現実問題となっていないように思われる。

CHECK SHEET

□１．消毒は「感染症対策の３本柱」のうちの感染経路対策を受け持つ。
□２．畜産現場のバイオセキュリティにおける消毒の役割は，病原菌・ウイルスの侵入防止と排除(清浄化)である。
□３．消毒の目的は家畜の健康を守ることだけではない。
□４．今やっている消毒は，本当に有効かを考える。

第2節 消毒の基礎知識

本書では教科書的な机上の理論を極力避けて現場の問題に集中したいのだが，基礎的な知識なしには理解が進まないことがあると思われるので，はじめに真に基礎的な事項について再確認しておきたいと思う。

■ 消毒とは……その働き

まず消毒に関する言葉の定義をしよう。

①**消毒**：病原菌・ウイルスなど人畜に有害な微生物を殺すこと。すべての微生物を殺すわけではない。
②**殺菌**：細菌を殺すこと。
③**滅菌**：すべての微生物を殺すこと。
④**防腐(制菌)**：微生物が少しは存在してもよいが，増殖しない程度に抑制しておくこと。主として食品や飼料の保存性を高めるために薬品(防腐剤)や酸・塩・糖類を添加する。

■ 消毒方法の各種 (表1-2-1)

1．物理的消毒法

物理的消毒とは，熱・光・紫外線・放射線などによる消毒である。

①**日光**：日光の紫外線を利用する方法で古くから知られているが，影の部分には効力が及ばないのが欠点で，利用価値は低い。
②**紫外線灯**：①と同じくやはり影の部分には効力が及ばない。また，塵埃により効果が阻害される。作業衣や履物あるいは器具の保管箱にも利用されているが，影の部分に殺菌力が及ばないので，あまり有効な方法とは言えない。後で詳しく述べる。
③**火炎・焼却**：最も強力な方法と考えられるが，実用面では必ずしも万能ではないので注意が必要である。
④**加熱**：煮沸とオートクレーブによる高圧湿熱ならびに乾燥した空気による乾熱がある。病原菌・ウイルスはそれぞれ熱抵抗性が異なるので，温度と加熱時間を変えねばならない。煮沸では100℃以

●表 1-2-1 消毒方法の各種

物理的消毒法	化学的消毒法
日光消毒 紫外線…光パルス 火炎・焼却 加熱；乾熱 　湿熱…高圧蒸気滅菌，スチームクリーナー 　煮沸 放射線	消毒薬；固形 　液体 　気体

●表 1-2-2 ある逆性石けん製剤Aの殺菌力

細菌	石炭酸系数	試験機関
腸チフス菌(TD 株)	167	岐阜県衛生研究所
黄色ブドウ球菌(STP4 株)	290	東京都衛生研究所
大腸菌(JC1 株)	150	
緑膿菌(IFO-12689 株)	33	
ゾンネ赤痢菌(79-183 株)	280	
チフス菌(H901 株)	280	
エンテロバクター・アエロゲネス(IRL-1 株)	89	

石炭酸係数とは，試験管内の一定条件での殺菌力の石炭差を１として表したもの。数字が大きいほど殺菌力は強い。通常 20℃ 10 分間での殺菌力とする

（明治製菓㈱資料）

上にはならないので，破傷風菌やボツリヌス菌などの芽胞菌は殺せない。乾熱は湿熱よりも高温度と長い加熱時間を要する。

スチームクリーナーは一種の湿熱消毒機である。見た目には蒸気が勢いよく放射されていかにも効果的に見えるが，実際はノズルを出た瞬間に断熱膨張で温度降下しているので，ノズルの口から20 ㎝も離れると素手でも耐えられる程度の低温になっており，温度による消毒効果は弱いのである。

2．化学的消毒法

消毒薬による消毒である。消毒薬には石灰のような固体のもの，市販の消毒薬のような液体のもの，ホルムアルデヒドガスのような気体のものがある。一般に，微生物の種類と消毒薬の種類により効力(薬剤抵抗性)が異なる。これは抗生物質や抗菌剤に対するのと同じ現象である。ある逆性石けん製剤の殺菌力を表 1-2-2 に示す。

■ 消毒薬に求められる基本条件

消毒薬は病原微生物を殺滅するための化学薬品である。化学物質のある性質を利用しているのであるが，それをプラスにとらえれば効力であり，マイナスにとらえれば毒性である。しかし，病原微生

物を殺滅する効力(殺菌力・殺ウイルス力)が強ければ，それだけで良い訳ではない。その必要条件は基本的にはどの消毒薬でも共通であるが，消毒薬の用途により部分的には異なる点もある。

では，畜産用消毒薬ではどのような要件が必要なのか，まとめてみる。

1．効力

殺菌力・殺ウイルス力であり，強さとスペクトルの広さが評価ポイントである。効力は強い方が，スペクトルは広い方が良いのは当然であるが，両立しない場合が多い。また，試験管内の効力と実際現場での効力とは基本的に異なる。実際現場ではいくつかの効力阻害要因があり，試験管内の効力よりは低下することが多い。

その要因には，pH，有機物，日光(紫外線)，温度，酸化，水質(硬度・金属イオン)などがある。さらに，使用方法(使用状態)により効果が異なることもある。

2．安全性(毒性)

消毒薬の安全性には，げっ歯類(マウス・ラット)に対する急性毒性・亜急性毒性と皮膚粘膜刺激性の確認が必要であるが，この毒性試験以外に慢性毒性，皮膚吸収性，吸入毒性，発癌性，催奇性，変異原性などの試験をしている製剤もある。

さらに「畜体噴霧」や「飲水消毒」をするものでは対象動物を用いての安全性，組織内移行残留性の確認も必要である。魚毒性を検査している製剤もある。ほかに金属やゴムなどに対する腐食性も確認することが望ましい。

一般に毒性は低い方が良い。特に「常用消毒薬」では当然に毒性は低くなくてはならないが，特殊な感染症(伝染病)対策には毒性が強くても利用しなくてはならない場合もある。その場合は効力が最優先されるべきである。

3．安定性

商品としての安定性(商品寿命)は長い方が良いが，使用状態(希釈液)での安定性も重要である。そのためにメーカーでは成分の配合などに工夫を凝らしている。経時的な変化，水質や紫外線あるいは温度による効力の変化が少ない方が望ましい。

4．価格

畜産現場では一般に消毒の対象物(畜鶏舎など)が大きく，したがって消毒液の散布量も多くなる。効果をあげるには一定の希釈液濃度と単位面積当たりの散布量が必要であるが，経済的な判断から使用濃度を下げたり，散布量を控える経営者も少なくないので，消毒薬(使用濃度の希釈液)の価格は高すぎないことが望ましい。

■ 消毒薬の作用機序

消毒薬がどのようにして病原菌・ウイルスを殺すのか？　これには，いくつかの説がある。薬剤の

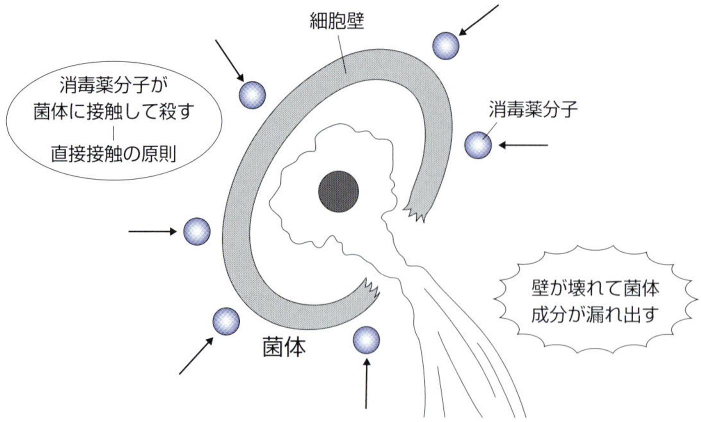

●図 1-2-1　菌体膜の破壊(直接接触の原理)

化学的および物理的性質により作用機序は異なる。一般に，抗生物質や抗菌剤は動物や人間への副作用をできるだけ抑えるために，細菌と動物とで異なる部分，例えば細胞壁(植物細胞に特有)を破壊あるいは生成阻害して殺菌力を発揮する(ペニシリン系やセフェム系)。しかし，消毒薬は本来体外で作用させるためそのような配慮は必要なく，とにかく強力に生物細胞を攻撃するように設計されている(したがって，人畜への毒性も比較的強い)。例えば，逆性石けんは陽イオンを持つ原子団が菌体表面の陰イオン部分に吸着し，さらに細胞内に浸透して細胞膜の構造を破壊する。両性石けんは細菌の細胞膜表面の界面張力を低下させて，細胞膜の損傷やタンパクの変性をもたらす。ヨード剤はヨウ素(I_2)の酸化作用により菌体タンパク中の-SH 基，=NH 基，-OH 基などを酸化・破壊して，細胞内のタンパクを変質させて殺菌作用を示す。次亜塩素酸ソーダは次亜塩素酸(HOCl)または塩素ガス(Cl_2)を生成し，主に次亜塩素酸の作用により殺菌作用を示す。細菌の細胞膜に浸透して酵素タンパク，核タンパクの -SH 基を分解して殺菌作用を示す。また，ウイルスの構成タンパクなどを酸化して不活化する。ホルマリンは分子中のアルデヒド基(-CHO)が，菌体タンパク中の活性基(-NH_2，=NH，-SH など)などと反応してタンパク合成阻害などにより殺菌作用を示す。クレゾールはタンパクとゆるく結合しタンパク変性を起こす。高濃度で細菌タンパクを凝固させ，低濃度で細胞壁に作用して溶菌させる。また細胞膜に対する浸透性が強く，細胞膜の機能低下・破壊を起こし，細胞質のタンパクと結合して酵素作用を不活化し，細菌を死滅させる。これらのいずれの作用も消毒薬の分子が菌体(あるいはウイルス)とまず直接に接触することが必要不可欠である。

畜鶏舎床面などに散布された消毒薬希釈液(消毒液)あるいは踏み込み消毒槽内の消毒液をミクロの目で見ると，水の分子と消毒薬の分子は消毒液中に浮遊し自由運動(ブラウン運動)をしている。そこにいる細菌は比較にならない大きさであるが同様に浮遊している。そこに消毒薬の分子が衝突することにより殺菌作用がはじまるのである。**図 1-2-1** は消毒薬の分子が菌体に衝突して壁を破壊すると，菌体内の成分が外に漏れ出て菌が死ぬことを模式的に示したものであるが，実際に電子顕微鏡で確認されている事実である。著者はこれを**「直接接触の原則」**と称している。この言葉は後で何度も出てくるので記憶しておいていただきたい。

消毒液濃度　　消毒液温度　　作用時間

●図 1-2-2　消毒薬の効力の３大要因

したがって，消毒薬分子の数が多ければ(消毒液の濃度が高いほど)細菌との接触(衝突)の頻度が多くなり，それだけ多くの細菌を殺すことになる。つまり，消毒効果が高くなる(消毒力が強い)ということである。また，分子運動は温度が高いほど盛んになるので，同じ数の分子(消毒液濃度)でも温度が高いと衝突の回数が増えるので多くの細菌を殺すことができる。つまり消毒効果が高く(消毒力が強く)なる。さらに，作用時間を長くするほど衝突の回数が増えることも理解されよう。

このように，消毒効果(この場合は消毒力＝殺菌力という)は**消毒液濃度**・**消毒液温度**・**作用時間**により影響されるのである。これを**消毒薬の効力の３大要因**と称する(**図 1-2-2**)。ほかにも影響する要因はある。例えば，pH を加えて４大要因としている識者もいるが，pH については，アルカリ性はある種の消毒薬(例えば逆性石けん)にはプラスに効果を増強する方に働き，別の種類(塩素・ヨード系)の消毒薬には殺菌力を減殺する方向に働く。酸性ではこれと反対に働く。したがって，どの消毒薬にもいつでも同一原理で作用するものでないので，４大要因というのは不適切な分類である。このほかに，有機物質(畜糞・乳・肉・卵)は消毒薬の効力を阻害することなどが知られている。

CHECK SHEET

□１．消毒とは，人畜に有害な微生物を殺すことで，すべての微生物を殺すことではない。

□２．消毒薬に求められる基本条件は，効力，安全性(毒性)，安定性，価格の４つである。

□３．消毒薬は病原菌・ウイルスに直接接触して殺す。

■引用文献

第１節

・横関正直：畜産施設の踏み込み消毒槽と衣服噴霧消毒の一評価，畜産の研究 61(5)，555～558(2007)

・野島徳吉：ワクチン，岩波新書(1972)

第２節

・福岡県薬剤師会薬事情報センター HP，消毒薬一覧
〈http://www.fpa.or.jp/old/fpa/htm/infomation/shoudokuyaku/ichiran/shoudokuyakuichiranhyou2.html〉

第2章

各種消毒法

・第１節　物理的消毒法
・第２節　化学的消毒法：消毒薬
・第３節　消毒薬の正しい使用法

第1節 物理的消毒法

消毒薬を用いない消毒法を「物理的消毒」という。加熱(熱湯)が主であるが，ほかにも火炎，紫外線，放射線などの方法がある。

■ 加熱（熱湯）

食鳥かごや鶏卵トレイ，その他の器具器材の消毒に多く用いられる。GPセンターや食鳥処理場の器具類の消毒にも用いられている。多くの細菌・ウイルスは80℃以上ではごく短時間に死滅するので，熱湯浸漬消毒法は浸漬温度と時間の管理さえ正しく行えば信頼できる消毒方法である。一般細菌は80℃5秒間，エイズウイルスは80℃1分間，結核菌は100℃5分間，B型肝炎ウイルスは100℃10分間で死滅するといわれるが(神谷・尾家，2006)，これらのデータでは初発菌数が表示されていないので，このデータの限りでは菌種による熱抵抗性は一概に比較できないのである。というのも，初発菌数が多ければ死滅するまでの時間を多く要するからである。食品衛生や食品加工の分野では「D値」としてよく知られていることである。

芝崎(1992)によると，「D値」とはある温度条件で初発菌数を1/10に減少するのに要する時間のことである。例えば，*Campyrobacter jejuni* のD値は55℃で0.74～1.0分である。これは初発菌数を1/10にするのには55℃で0.74～1.0分かかるということである。さらに1/10にするには同じ時間かかる。したがって，初発菌数が10^3cfuであれば死滅させるには1＋1＋1，つまり最大3分かかることになる。10^5cfuであれば1＋1＋1＋1＋1分，つまり5分かかるということである。すなわち，初発菌数が多ければ(汚染が強ければ)死滅させるのに時間がかかるということである。缶詰の製造ではボツリヌス菌(A型菌芽胞)の「D値」の12倍を製造条件としているという(森，1992)。各種微生物のD値は**表2-1-1**を参照願う。

この概念は薬剤消毒においても同様のことなので，消毒液が同じ濃度ならば，初発菌数が多いほど殺菌時間を多く要するのである。したがって，*in vitro* の試験成績を比較するときには，初発菌数が同じでない実験を比較することは難しい。

ちなみに，有機物による消毒薬の不活化とは無縁と思われている「熱殺菌」でも，有機物の存在により殺菌効果が低下することをD値が示している。例えば，*Salmonella* Typhimurium のD値は，全卵存在下で60℃，0.27分だが，全卵＋砂糖では0.60分，スクランブルエッグでは1.0分である。

小沼(2004)によると，*Salmonella* Enteritidis のD値は，55℃で加熱した場合には菌株によってバラツキはあるがラード中でのD値が14.45～33.61分と最も高く，次いで牛挽肉(4.62～5.44分)，

●表 2-1-1　各種微生物のD値

菌種	温度(℃)	D値(分)
Brucella abortus	60	10*
Campylobacter jejuni	55	0.74～1.0
Clostridium botulinum A	110	1.6～4.4
C. perfringens	100	0.3～17
Escherichia coli	60	0.3～3.6
Mycobacterium tuberculosis	60	20～30*
Pseudomonas aeruginosa	50	14～60
Salmonella Typhimurium	55	10
Staphyrococcus aureus	60	0.5～2.5
Vibrio parahemolyticus	60	15*
Bacillus subtilis 芽胞	121	0.08～5.1
Clostridium butyricum 芽胞	85	18
Aspergillus niger 分生子	50	4.0
Candida utilis	50	9.7

＊：死滅条件　　（芝崎の表から抜粋）

TSB培地(2.73～5.18分)，豆腐(3.52～4.42分)，マッシュドポテト(3.64分)，チーズ(1.52～2.19分)の順であった。

さて，*in vitro* ではその通りであるが，実際には被消毒面の温度が上がるまでに時間がかかる。濱田(未発表)が食鳥処理場の包丁などで実験をしたところ，80℃の熱湯浸漬では5分よりも10分間の方が除菌効果が優れていた(図 2-1-1)。これは，まな板やエプロンでも同様であった。

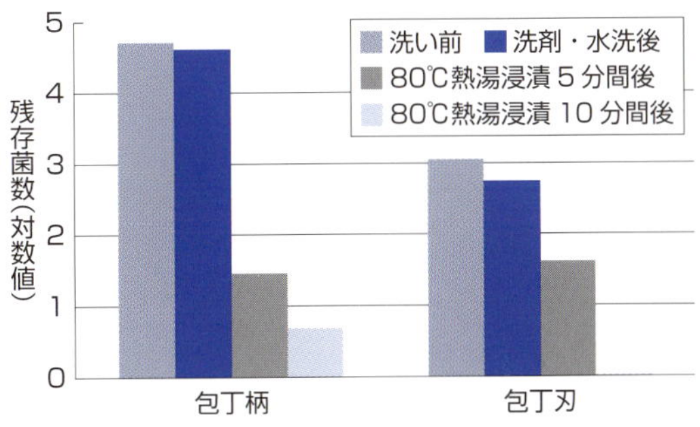

●図 2-1-1　食鳥処理場－包丁の加熱殺菌の効果

n＝16 cfu/㎠　　（濱田）

加熱消毒は，廃水による水質汚染がない点も優れている。高圧温水洗浄機やスチームクリーナーも加熱消毒の一種と考えられているが，これらの場合は熱による死滅効果は過大に期待しない方がよい。スチームクリーナーはノズルから真っ白な蒸気を吹き出して，いかにも高温を発生しているかにみえるが，実は断熱膨張により高温蒸気はノズルの直後だけで，20～30 cmも離れれば短時間なら素手でも耐えられるほどに温度が下がっている。他方，高圧温水洗浄機では80℃の熱湯が被消毒面にまで十分に温度を保って届くが，同じ場所をじっくりと噴射し続けないと加熱消毒は難しいので時間がかかる。したがって，蒸気あるいは熱湯の消毒効果というよりも，両者とも消毒液の加熱により殺菌力を高めることを目的と考えた方がよい。これらは，特に冬季には有効である。

GP センター：Egg Grading and Packing Plant の和訳で食用の鶏卵をパック詰めの商品にする施設

●**表 2-1-2　湿熱と乾熱における菌の耐熱性比較**

菌種	湿熱・死滅条件		乾熱・死滅条件	
	温度(℃)	D値(分)	温度(℃)	D値(分)
Salmonella Typhimurium	57	1.2	90	75
Esherichia Coli	55	20	55	20**
Bacillus subtilis 5230	120	0.08～0.48	120	154～295
Aspergillus niger 分生子	60	0.3	130	0.33
Saccharomyces cerevisiae	60	0.3	140	0.3

＊＊：2D 死滅(芝崎の表から抜粋)

第 5 章(138 ページ)で詳細を述べるが，著者は昔，大型の蒸気発生機を用いて豚舎消毒の実験を行ったことがある。このとき，厳冬の最中であったため舎内温度はわずかに 40 数℃までしか上げることはできず，消毒液を混合しても満足のいく除菌率は得られなかった。

加熱殺菌には「湿熱」と「乾熱」がある。**表 2-1-2** を見ると，水分が存在する方が加熱は効果的である。これは水と空気の比熱の差によるものである。

■ 火炎

バーナーで焼灼する方法は完璧な消毒方法と考えられているが，対象面により著しく効果に差がある。コンクリート面や金属面では効果があがりやすいが，土壌では有効とは言えない。土壌面および土中の *S.* Enteritidis に対する殺菌効果については第 4 章(104 ページ)においてその詳細を述べる。なお，コンクリート面でもゆっくりと対象面の温度が上がるのを待つように時間をかけて行う必要がある。したがって，この方法は大面積の消毒には適していない。

■ 紫外線

紫外線の特徴は熱の発生が少ない点にある。そのために冷蔵庫内の殺菌にも応用できる。しかし，影になる部分にはまったく効力が及ばないのが弱点である。理髪店でクシやハサミなどの器具が紫外線灯の点いている殺菌ケースに収められているのをよく見るが，消毒効果はほとんど期待できないのではないだろうか。また，最近は医院の外来者用のスリッパの殺菌あるいは衣服の殺菌にも用いられているが，影になる部分が多いので，この効果も限定的であろう。

紫外線は畜産分野では，主として GP センターにおいて，洗卵後の卵殻の殺菌に用いられている。最近の洗卵機にはほとんど紫外線照射器が装備されているが，この問題点は，日常のメンテナンスがほとんどなされていないことである。紫外線灯の灯管表面には静電気により多数の塵埃が吸着されており，これが紫外線を吸収して効果を阻害しているのであるが，現場では灯管の清掃がほとんど行われていない。清掃の必要性について理解している者がほとんどいないためである。著者は灯管表面を

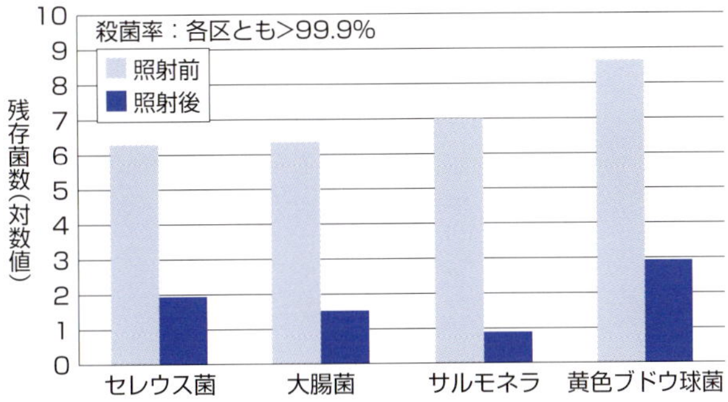

●図 2-1-2　紫外線による卵殻付着菌の殺菌効果

ナベル製 SKH302，処理速度：6列・4万卵／時，照射時間：10.2 秒，照射距離：2～3 cm（㈱食品安全検査機構，㈱ナベル資料より）

●表 2-1-3　紫外線灯の管理状況

規模	UV 管清拭(%)	UV 管定期交換(%)
10 万羽以上	51	58
30 万羽以上	75	80
50 万羽以上	71	89
100 万羽以上	33	75
200 万羽以上	100	100

（㈳日本養鶏協会）

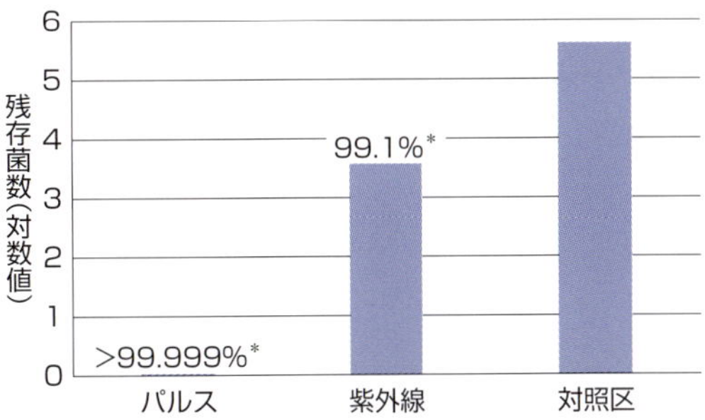

●図 2-1-3　卵殻鈍端の *S.* Enteritidis に対する殺菌効果－光パルスと紫外線灯の比較

パルス：100 joule/flash，3 秒，紫外線：95W，3 秒，SE 菌量：9.2304 cfu，n＝3，＊＝除菌率　（横関）

拭き取り，付着していた塵埃を普通寒天培地で培養したことがあるが，多数のコロニーが出現した。灯管の表面で終日照射されていても殺菌できないのに，約 20 cmも離れた場所を数秒間で通過する卵殻面の細菌が殺菌できるであろうか。

洗卵乾燥機のメーカーは，紫外線の卵殻殺菌効果を訴求しているが（**図 2-1-2**），それは新品の時に調べた結果であって，実用中の効果を調べた例は少ない。著者の調査したなかでは，効果が低い例もあった。また，灯管は定期的に交換しなければならないが，これもほとんど実践されていないのが現状である。このような実情にあるのは，導入時のメーカー側の説明が不十分なためと考えられる。㈳日本養鶏協会が平成 17 年度に全国の 587 軒の採卵養鶏場のアンケート調査で得られた結果によると**表 2-1-3** のように，灯管の清拭や定期交換の実施状況にはかなり問題があると考えられる。

近年，卵殻殺菌には紫外線以外にもパルス光線による殺菌も実用化されている。きわめて短時間に大きなエネルギーを放射できる点が特徴である。著者の実験では**図 2-1-3** のように市販の紫外線灯よりも効果的であった（横関，1999）。

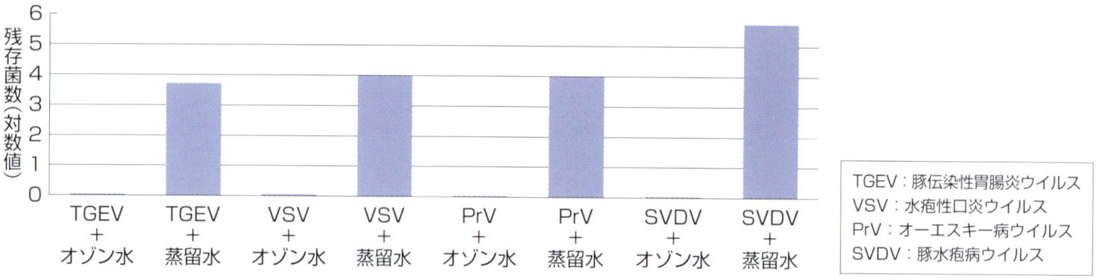

●図 2-1-4　オゾン水（7～8ppm）の各種ウイルスに対する効果

100 mℓのオゾン水に各ウイルス 0.5 mℓを注入し，5分間感作した　（白井）

■ オゾン

物理的消毒法とはいえないが，ほかで言及しにくいテーマなので，ここで説明する。オゾンは，現時点では，GP センターでの洗卵機への使用が多い。廃水処理の必要がない点が長所である。オゾンガスやオゾン水は発生後急速に変質して殺菌力を失う（残存効果がない）ので，畜鶏舎の消毒などには適さないと考えられている。GP センターでの使用効果については第 5 章（151 ページ）で詳述する。また，有機物による効力低下もきわめて著しい弱点がある。著者の実験では，オゾンガスによるゴム長靴や作業衣の保管中の消毒などは効果的と考えられるが，商品化はされていない*。オゾンは人畜に有毒であり日本産業衛生学会許容濃度委員会は，1985 年に 0.1 ppm を労働環境における許容濃度としており，1 日 8 時間，週 40 時間程度の労働時間中にオゾン曝露濃度の算術平均値がこれ以下であれば，健康上は悪影響が見られないとしている。著者はオゾンガスによるネズミの駆除効果を実験したが，1 ppm で忌避効果はあったが 20 ppm で一夜感作させても死には至らなかった（横関，1995）。

家畜疾病の病原微生物に対するオゾン水の効果を白井（2006）が実験しており（**図 2-1-4**），別の実験でも水温 7 ～ 8 ℃の低温下で，5.5 ppm のオゾン水が 0 ～ 10 秒間で豚水疱病ウイルスを殺滅することを報告している。

＊：㈱エコノス・ジャパンで特注品として製造できるという

■ 放射線

伊藤（2011）によると，食品の放射線照射の研究は 1945 年ごろから米・英・仏，西独，ソ連などで本格的にはじめられ，我が国でも 1959 年には緒方らが馬鈴薯の発芽防止に成功した。この成果は食品衛生法により 1972 年に許可され，北海道で実用化された。その他いくつかの研究の成果が得られている（**表 2-1-4**）。しかし，原爆被害国として「原子」とか「核」とか「放射能」に極端なアレルギーを持つ国民の反対により，その後の研究が実用化されることはなかった。欧米でも放射線の副作

●表 2-1-4 食品照射の研究

品目(照射目的)	放射線	照射効果	健全性試験	備考
馬鈴薯(発芽防止)	γ線	室温 8カ月間発芽防止	影響なし	食品衛生法許可 1972年
玉ねぎ(発芽防止)	γ線	室温 8カ月間発芽防止	影響なし	研究成果報告 1980年
米(殺虫)	γ線	カビ防止効果も	影響なし	研究成果報告 1983年
小麦(殺虫)	γ線	カビ防止効果も	影響なし	研究成果報告 1983年
ウィンナーソーセージ(殺菌)	γ線	貯蔵期間を 3～5倍延長	影響なし	研究成果報告 1985年
水産練り製品(殺菌)	γ線	貯蔵期間を 2～3倍延長	影響なし	研究成果報告 1985年
温州みかん(表面殺菌)	電子線	貯蔵期間を 2～3倍延長	影響なし	研究成果報告 1988年

健全性試験：栄養試験，慢性毒性，世代試験，変異原性
研究機関：農水省研究機関，日本原子力研究所，㈳日本アイソトープ協会，国立栄養研究所，国立衛生研究所，食品安全センター

用，タンパク質の変性や有害物質への誘導などが心配されているが，多くの実験により，許容強度内なら実用的に問題がないことが保証されて，放射線処理された食品が受け入れられている。

我が国が停滞している間に世界では各種の食品への照射が商業的に普及した。例えば，米国では **FDA** により承認され，鶏肉・穀物・果実・野菜・馬鈴薯・ニンニク・生姜・バナナ・マンゴー・香辛料などに応用されている。**CDC** のホームページには，「生肉への照射で，O157：H7，*Salmonella*，*Campylobacter* を除菌して，年間数百万人の感染と数千人の入院を防ぐことができる。また，ホットドッグなどでは *Toxoplasma* と *Lysteria* を，香辛料などでは *Shigella* や *Salmonella* を，飼料では *Salmonella* を除菌できる」と説明されている。

また，伊藤(2006)は食肉などの衛生化に必要な放射線量は2～3 kGyで十分と思われるが，薬剤耐性病原菌も同じような線量で殺菌できることが明らかであるとしている。

鶏肉については，第5章(163ページ)で詳しく説明するが，その処理加工工程の特徴(多数の生鳥をひとつの槽内に浸す脱羽槽や冷却槽，同じ機械で腸を摘出する中抜き機など)から，腸内細菌(サルモネラ，カンピロバクターなど)による汚染を防止できないので，市販鶏肉の20数%，最高約80%，あるいはそれ以上がサルモネラやカンピロバクターに汚染されているという調査結果があるのが現状である。食品である鶏肉の除菌には食品に残留する抗菌剤を使用することはできないので，放射線照射がほとんど唯一の対策であるが，我が国では国民の反対により実現できないでいる。放射線照射がいかに安全かを科学的に説明しても，「核反対」のシュプレヒコールの前にはいかんともできないのである。カンピロバクター食中毒は難病の**ギラン・バレー症候群**を誘発する危険があるのだが，その現実の危険よりも心情的反感で安全な放射線照射を拒否するのは，果たして合理的対応であろうか。

FDA：Food and Drug Administration アメリカ食品医薬品局
CDC：Centers for Disease Control and Prevention アメリカ疾病予防管理センター
ギラン・バレー症候群：筋肉や神経を侵すが根本的治療法はない。我が国では本症の患者の10数%～数10%が事前にカンピロバクター食中毒を経験しているという

余談になるが，近年普及してきたMRIという診断法がある。Magnetic Resonance Imagingの略だが，核磁気共鳴(Nuclear Magnetic Resonance, NMR)を利用するので，当初は「核磁気共鳴CT検査」と称していたが，「核」を嫌う患者が検査に応じないということで，MRIに変えたというのである。我が国には，ここまで「核」嫌いが蔓延しているのである。そこへもってきて今回の大地震後の福島原発事故である。「絶対大丈夫」と保証されていた原発が破壊され，事後処置に大いに手間取り，停電により我が国の経済を混乱させ，農業や畜産業にも大きな被害をもたらしている。このことで，国民が専門家を疑うようになり，「核嫌い」，「原子嫌い」がますます増強されたのではないかと気がかりである。

CHECK SHEET

□1．物理的消毒法は，消毒薬による化学的消毒法に比べて，廃水処理の問題がないことが最大の利点であるが，効力には強弱あり，長所も短所もあるので，どのような場面でどのような使い方をするのか，よく考慮して用いるのがよい。

□2．スチームクリーナーや高圧温水洗浄機は，熱自体による消毒効果よりも消毒液の温度を高めることによる消毒力の増強が目的と考える方がよい。

□3．現場における加熱消毒は時間をかなり長く取るのが効果を確実にする。

□4．オゾン水・オゾンガスともに効果的な消毒方法であるが，残存効果がないこと，有機物などによる効力低減が甚だしいことを認識して用いるべきである。

□5．放射線は我が国では心情的な反対が強いが，啓蒙により認識を変えて，実用化できることが望ましい。

第2節
化学的消毒法：消毒薬

■ 消毒薬の種類と特徴

市販の動物用消毒薬はアルコールおよびアルデヒド製剤4，逆性石けん製剤23，両性石けん製剤5，ハロゲン塩製剤5，複合製剤5，そのほかの殺菌用消毒剤4の合計で46品目である㈳日本動物医薬品協会，2012)。消毒薬として承認されていないが，除菌剤として同じ目的に使用されるものもある。以下，消毒薬の種類と特徴については主として恵口(1991)の解説による。

1．逆性石けん

カチオン界面活性剤のうち第4級アンモニウム塩が殺菌力に優れて消毒薬として利用される。本剤では第4級アンモニウム塩の陽電荷を持つ原子団が菌体表面に吸着し，さらに細胞内に侵入して菌体蛋白に影響を与えるとされている。細菌の生理機能に及ぼす阻害作用は呼吸阻害が最も大きいとされている。また，本剤は種々の塩類により殺菌作用が阻害される。蛋白によっても殺菌力が低下する。第4級アンモニウム塩は窒素(N)に直結する側鎖アルキル基の長短で殺菌力や塩類の影響が大きく異なり，同じ塩化ベンザルコニウムでも炭素(C)の数により石炭酸係数が67から110まで差があったとの報告もあるという。pHアルカリ性側で殺菌力が強まり，酸性側では弱まる。毒性・刺激性が弱く，発癌性や催奇形性もないので，獣医療方面から畜産用まで機械器具類，畜鶏舎，飲水消毒などに広く利用されている。注意点は，石けん(陰イオン界面活性剤)との混合で殺菌力が低下すること，繊維や肌に吸着するが殺菌力は残っていること，抵抗性菌があること，である。

2．両性石けん

グリシン系両性界面活性剤の殺菌力はpH 8～9で最大で，それより酸性・アルカリ性のどちらに離れても弱まる。注意点は，抵抗性菌の存在，繊維による吸着，有機物による殺菌力の低下，肌荒れなどで，結核菌には有効とされているが長時間(0.2～0.5％液で1時間以上)作用させることが望ましいとされているので，用途は非常に限定的なものと考えられる。

両性石けんは「蛋白や脂肪による殺菌力の低下が少ない」と記載している成書もあったが，それを見たのは40年以上も前なので書名は記憶にない。しかし，今日でもweb上ではそのように記載している例はいくつも見られる。特にメーカーのホームページである。専門書や技術書ではその記載がない例が多いようである。

内藤による石炭酸係数を比較した実験によると，有機物による殺菌力の低下は逆性石けんよりも両性石けんの方が大きかった。**表 2-2-1** は各消毒薬の殺菌力が，鶏糞の混合により本来の石炭酸係数の何分の一に低下したかを示している。成書の記事との違いの原因については，おそらく有機物の種類によるものと推測される。つまり，成書の実験で用いられた有機物は乾燥酵母であったが，これは非常に単純化された蛋白質で鶏糞や豚糞などの畜産現場にある有機物とは異なる性質であるからだということであろう。医療分野で用いられる消毒薬にあっても，喀痰とか糞便を用いて実験するべきであろう。基礎的実験の成績を直ちに現場に導入するのは混乱の元ではないだろうか。

●表 2-2-1　鶏糞混合による消毒薬の殺菌力の低下（石炭酸係数）

消毒薬	乾燥鶏糞 3%
逆性石けんの一種＊1	1/11.7
逆性石けん（塩化ベンザルコニウム）	1/27.5
両性石けんの一種	1/110
逆性石けん＋両性石けん＊2	1/32.4

＊1：複合型，＊2：成分は逆性 8：両性 2　（内藤）

3．塩素剤

塩素系消毒薬は，水と接触すると次亜塩素酸（HOCl）または塩素（Cl_2）を生成して殺菌作用を表すもので，主として以下の製剤が使用されている。

・次亜塩素酸ソーダ　NaOCl
・塩素　Cl_2
・二酸化塩素　ClO_2
・塩素化イソシアヌール酸　$(CNO)_3 \cdot Cl_3$
・塩素化イソシアヌール酸ナトリウム　$(CNO)_3 \cdot Cl_2 \cdot Na$
・さらし粉（次亜塩素酸カルシウム　$Ca(OCl)_2$）
・複合塩素剤（本品 100 g 中に，ペルオキソ一硫酸水素カリウム 50.0 g および塩化ナトリウム 1.5 g を含有）

次亜塩素酸は細菌の細胞膜，細胞質中の有機物を酸化分解して殺菌すると同時に漂白作用・脱臭作用もある。また，ウイルスの構成蛋白質を酸化して不活化する。芽胞を除く細菌・真菌・ウイルスに著効があり，耐性菌ができない。他の薬剤の耐性菌にも有効だが結核菌には不確実である。繊維製品・金属・ゴム・皮膚に対する腐食性が強く，かつそれらの存在で，自身も分解して殺菌力が低下する。分解されやすく，pH，温度，光線などにより濃度低下が起きやすい。浅野（1993）によると，夏季に高温の室内で 10 日間遮光放置しておくと，規定濃度 12％の製品で 2％以上の濃度低下があったという。畜産関係では，酪農現場や GP センターあるいは食鳥処理場などで汎用されている。

次亜塩素酸は酸性下で殺菌力が向上し，アルカリ性下では低下する。次亜塩素酸ソーダ製剤は pH12 以上の強アルカリ性になっているが，これは次亜塩素酸の活性を抑制して塩素が放散することを防ぎ，商品寿命の延長を図っているからである。したがって，次亜塩素酸ソーダに塩酸などの酸性液を加えると，瞬間的に塩素ガスを発生するので，きわめて危険である；$NaOCl + 2HCl \rightarrow NaCl + H_2O + Cl_2 \uparrow$（ガス発生）。トイレの掃除をしていた主婦が，塩酸洗剤に次亜塩素酸ソーダを混合して，塩素ガス中毒で死亡した例があり，今日ではこの種の家庭用洗剤には「危険！　混ぜるな，注意」

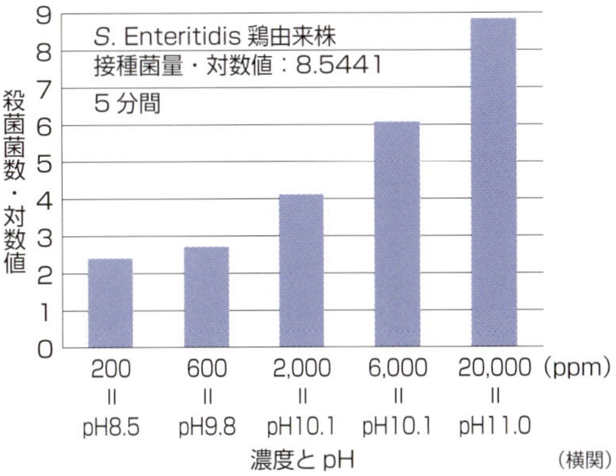

●図 2-2-1　次亜塩素酸ソーダの濃度と殺菌力

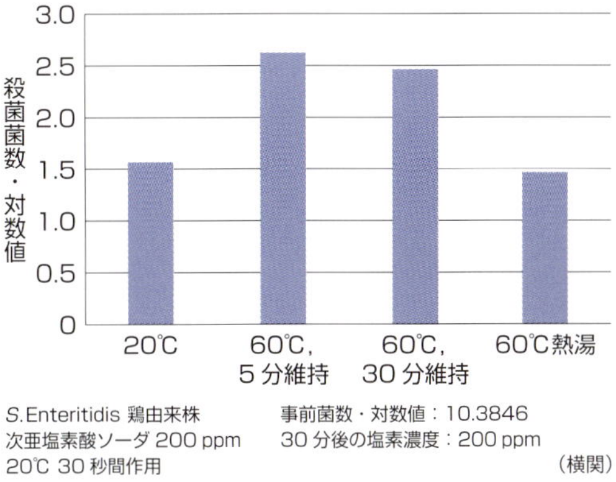

●図 2-2-2　次亜塩素酸ソーダの温度と殺菌力

の表示が義務付けられている。

前述のように，次亜塩素酸はアルカリ性下で殺菌力が落ちる。次亜塩素酸ソーダ製剤はアルカリ性である。したがって，次亜塩素酸ソーダ消毒液の濃度が濃いほどアルカリ度は高い。そうなると次亜塩素酸の殺菌力が低下する。そのために,「次亜塩素酸ソーダ消毒液は濃度が濃いほど殺菌力が弱くなるので，濃い消毒液を使ってはいけない」という指導が現場ではなされているようである。

著者はこれに疑問を持ったので，実際に濃度をいくつか設定して殺菌力の試験を行ってみた。その結果を**図 2-2-1** に示すが，pH は濃度に応じて 200 ppm の 8.5 から 2 万 ppm の 11.0 まで高くなったが，濃度と殺菌力の間には正の相関しかなかった。つまり次亜塩素酸ソーダ消毒液も濃いほど殺菌力が強くなるという，ほかの消毒薬と同じ傾向を示したのである（第 1 章［10 ページ］で述べたが，消毒液は濃度が高くなる，つまり分子数が増えるほど殺菌力も強くなる）。これは，濃度が濃くなりアルカリ度が強くなったために低下する殺菌力の程度よりも，濃度が濃くなり分子数が増えたための殺菌力の増加が大きかったということであろう。

もうひとつ次亜塩素酸ソーダの殺菌力に関して現場で言われているのは，次亜塩素酸ソーダ消毒液の温度を高くすると塩素が蒸発するので殺菌力が低下するということである。したがって，消毒液温を 43℃以上にしてはならないと言われている。

これにも著者は疑問を抱き実験をしてみた。結果は**図 2-2-2** に示すが，60℃の高温に 30 分間維持した 200 ppm の次亜塩素酸ソーダ消毒液は 20℃の消毒液よりも殺菌力が強かった。60℃の熱湯よりも殺菌力が強かったことから考えると，塩素の殺菌力も働いていることが明らかである。これは，次亜塩素酸ソーダの塩素が蒸発して塩素濃度が低下した殺菌力の低下よりも，消毒液温度が高くなることがもたらした殺菌力の増強が勝ったということと推測する。つまり，現場で使用する次亜塩素酸ソーダ消毒液の殺菌力は単に塩素濃度のみに依存するのではなく，温度も影響しているということである。

理論的には「塩素濃度の低下＝殺菌力の低下」ということになるだろうが，実際現場ではそうならないということである。現場での指導には実験室内（基礎的実験）の結果を単純に持ち込むだけでなく，総合的に現場の状況をよく勘案する必要があるということではないか。

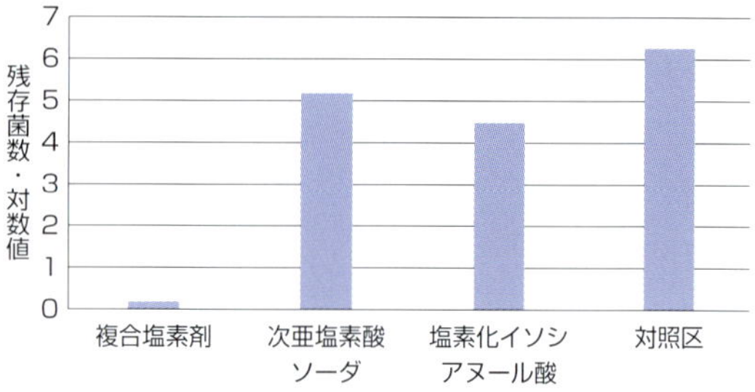

複合塩素剤，次亜塩素酸ソーダ，塩素化イソシアヌール酸，各 200 ppm 1.5 ℓ/㎡噴霧

●図 2-2-3　木板上の *S.* Enteritidis に対する除菌効果（塩素剤３製品比較）　（横関）

複合塩素剤は我が国では２製品発売されている。この製剤の特徴は製剤に塩素を含有していないことである。しかし，作用機序は次亜塩素酸の殺菌力によっている。本剤の特徴は水で希釈すると両成分が反応して次亜塩素酸をつくるが，それが徐々に進むために，次亜塩素酸の濃度がほぼ一定に保持されるという点にある。

木板に塗布した *Salmonella* Enteritidis に対して，ほかの塩素剤，すなわち次亜塩素酸ソーダおよび塩素化イソシアヌール酸と比較した実験では，同じ塩素濃度であるにもかかわらず本剤が最も除菌効果が高かった（**図 2-2-3**）。試験管内と異なり，より実際に近い形での実験であるが，本剤の次亜塩素酸の濃度が保持されることが効いていたのかとも考えられる。

塩素剤は発錆性があるとされているが，これも製剤による差が大きい。第３章（70 ページ）でも述べるが，次亜塩素酸ソーダ，塩素化イソシアヌール酸，複合塩素剤の３剤を比較した実験では，複合塩素剤が最も発錆し，次いで次亜塩素酸ソーダで，塩素化イソシアヌール酸はほとんど発錆しなかった。一概に塩素剤と一括りして「発錆する」とは言えないのである。

次亜塩素酸ソーダは経時的に塩素濃度が減少するので，GP センターなどでは適宜塩素濃度を監視して使用する必要がある。

4．ヨード剤（ヨードホール）

ヨウ素の化学反応力は塩素よりもかなり弱いが，殺菌力は強く，細菌・ウイルス・カビ・原虫・結核菌に有効である。ヨウ素は中性よりも酸性側でのみ殺菌力が働き，アルカリ側では褐色が消えて殺菌力もなくなる。発錆性があり，有機物や還元剤により容易に不活化される。

ヨードホールは，水に溶け難いヨウ素をポリビニルピロリドン（PVP）または界面活性剤などのキャリアと複合体を形成させて水溶液としたものである。殺菌力は変わらないが，ヨウ素単独よりも皮膚粘膜への刺激性が低い。毒性は PVP やポリビニルアルコール（PVA）を配合した場合はヨウ素単独よりも２分の１程度である。

用途は畜鶏舎の消毒から乳頭のディッピングまで幅広い。

5．フェノール系（フェノール剤・オルソ剤・クレゾール剤）

フェノール（石炭酸）は蛋白質とゆるく結合し蛋白変性を起こす。高濃度では蛋白溶解作用を示す。細胞膜に対する浸透性が強く，細胞膜の表層に取り込まれて表層電位のバランスを崩し，細胞膜の機能低下，構造破壊を起こす。さらに蛋白質と結合して酵素作用を不活化して細菌を死滅させる。一般細菌や結核菌には有効だが，ウイルスと芽胞には無効である。有機物の影響はほとんど受けない。酸性下では効力が強まり，アルカリ下では弱まる。皮膚，粘膜への刺激が強い。下水道法による排水規制で病院などでの使用は減少している。各種消毒薬の効力測定試験である「石炭酸係数試験法」の基準消毒薬として古くから用いられている。

クレゾールはフェノールより４倍程度殺菌力が強いが，水難溶性のためカリ石けん液として使用される。クレゾールにはオルト，メタ，パラの異性体があるが，メタクレゾールが最も強力である。特有のにおいが強い。排水基準ではフェノール類として規制されるが，結核菌対策としては不可欠の消毒薬である。喀痰や血液による効力の低下が少ない。希釈すると殺菌力が著しく低下する。結核菌対策では３％，通常は２％で使用する。使用上の問題点として消毒液の分離沈澱がある。これは，希釈水の硬度により起きるが，踏み込み消毒槽などでは主成分が沈澱していることもある。

使用後石けん水で洗浄すれば皮膚や粘膜への刺激を緩和できる。塩素系消毒薬との混合は禁忌である。オルソ剤はクレゾールとオルソジクロロベンゼンの合剤であり，同じ性状を示すが，消毒薬のなかで唯一コクシジウムオーシストに有効という特徴を持っている。

6. ビグアナイド系（クロルヘキシジン）

ビグアナイド基［－NHC(=NH)－NH－C(=NH)－NH－］を持つ化合物には抗菌力の優れたものが多いが，一般にグルコン酸クロルヘキシジンとポリヘキサメチレンビグアニジン塩酸塩が殺菌剤として使用されている。大腸菌や黄色ブドウ球菌にクロルヘキシジンを作用させると，細胞に取り込まれ細胞膜と細胞内に分配される。また，酵素蛋白に吸着して作用を妨害し，細胞膜の能動輸送を妨げて静菌的に働く。細胞内のクロルヘキシジン濃度が高くなると細胞内の蛋白沈澱を起こして殺菌作用をあらわす。真菌・結核菌・ウイルスおよび芽胞には有効でない。メチシリン耐性黄色ブドウ球菌（MRSA）やグラム陰性桿菌（緑膿菌）には抵抗性菌が多い。ポリヘキサメチレンビグアニジン塩酸塩は黄色ブドウ球菌に対する殺菌力が優れているので，食品業界で環境殺菌用に汎用されている。グルコン酸クロルヘキシジンはその有効性と安全性から医療関係での使用が多い。手指・器械類または一般環境や施設などの日常消毒に用いられる。耐性菌が多数報告されている。皮膚刺激が少なく，においはほとんどない。金属や繊維の腐食性がない。繊維類に吸着されやすい。有機物に吸着され殺菌力が低下する。石けん（陰イオン界面活性剤）と結合し沈澱する。次亜塩素酸ソーダと混合すると赤褐色の粘調物質を形成してシミとなる。

7. アルデヒド系消毒薬（グルタルアルデヒド，フタルアルデヒド）

アルデヒド基（－CHO）を持つ化合物は一般に殺菌力を示すものが多いが，実用的にはグルタルアルデヒド（$OHC-CH_2CH_2CH_2CHO$）とホルムアルデヒド（HCHO）の２種類である。アルデヒド系消毒薬の殺菌作用は主としてアルデヒド基の化学反応力によるもので，蛋白の$-NH_2$，$>NH$，SH基などの活性基と反応して蛋白を凝固する。そのために細胞表面の硬化や酵素蛋白の不活化が起こり殺菌される。この反応はアルカリ側で速くなり，強い蛋白凝固作用を起こすので確実に殺菌・殺ウイルスができる。有機物により不活化されるが，その程度は次亜塩素酸ソーダに比べればかなり少ない。アミノ酸と反応して直ちに殺菌力を失う。グルタルアルデヒドは細菌・カビ・ウイルスなど広範囲の殺菌スペクトルを持つ。グルタルアルデヒドの２％液はpH ８，25℃下120分で *Bacillus subtilis*（枯草菌）の芽胞を殺菌できる。肝炎ウイルス，エイズウイルスをはじめ各種ウイルスの不活化効果も認められている。また，ほかの消毒薬の耐性菌にも有効である。グルタルアルデヒドは低温では効力が弱くなり，さらに加えて，重合により殺菌力のあるモノマーの濃度が低下して殺菌力が低下する。また，アルカリ性水溶液中では縮合により殺菌力・毒性・揮発性が低下する。

グルタルアルデヒドについては，医療機関での従事者の健康被害が問題化しており，その防止のために平成17年に厚労省労働基準局長通達が出されている。後の「消毒薬の危険性」で説明する。

グルタルアルデヒドは弱酸性下では安定だが，pH 8では約1週間で濃度が半減する。すべての病原微生物を殺菌できると言われるが，結核菌・芽胞に対してはかなりの長時間を要することを知っておかねばならない。

8. ホルマリン

35～38％のホルムアルデヒドを含有する水溶液で，安定剤としてメタノールを若干量加えてある。使用法は，1～5％ホルマリン水(原液を7～35倍に希釈)に2時間浸漬，10％ホルマリン水を噴霧(空間55 mℓ/m³)または煮沸蒸発，10％ホルマリン水15 mℓに過マンガン酸カリ20 gを加え蒸発などがある。水蒸気を発生させると殺菌効率が向上する。この場合，部屋は7時間以上密閉封鎖すること。

実測濃度0.79 g/m³以下では芽胞の殺菌はできないと言われている。室内におけるホルムアルデヒドの濃度の指針値(職域における屋内空気中のホルムアルデヒドの濃度を0.08 ppm以下とする)が設定され，発癌性が認められている(高杉製薬㈱，2009)。

畜産現場では，孵化場で古くから孵卵機内の消毒に用いられてきた。今日でも，ウインドウレス鶏舎・豚舎の消毒に用いられている。燻蒸またはプルスフォグなど熱煙霧機による噴霧あるいは小規模な建物では電熱器による「鍋式燻蒸」も行われる。一般に，燻蒸後の畜鶏舎にはガスの残留があるために，3～4日は作業ができず，空舎期間が長くなるのが難点である。

9. 石灰

消石灰と生石灰がある。粉末散布または石灰乳塗布として使用される。殺菌力はどちらも同程度であるが，生石灰は水と反応して高温を発生するので注意が必要である。主として畜鶏舎の床面や踏み込み消毒槽あるいは土壌の消毒に利用されるが，土壌の場合はよく混合する必要がある。消石灰は放置すると空気中の炭酸ガスと結合して炭酸石灰となりpHが中性化して殺菌力を失うと言われるが，著者がシャーレに薄く消石灰を広げ，蓋をせずに2カ月間以上放置したがpHは変化しなかった。しかし，吸水後乾燥すれば短期間に炭酸ナトリウムになり失活すると言われている(異なる実験結果もある)。

10. 酸化剤(除菌剤として)

消毒薬の承認は得ていないが，現場には除菌剤の名目で普及している。「ハイペロックス」は過酢酸5％と過酸化水素25％を成分としている。ホルムアルデヒドガスと比較すると毒性・刺激性は低く，発癌性はない。ホルムアルデヒドの燻蒸後の畜鶏舎には，ガス残留のために数日間は入れないが，ハイペロックスでは，通常，翌日には入ることができるので，空舎期間の短縮の利得もある。

■ 高度消毒薬とは

消毒薬は一般的に抗菌スペクトルの広さから「高度(高水準)」，「中度(中水準)」，「低度(低水準)」

●表 2-2-2　主な消毒薬の抗微生物スペクトル

水準	消毒薬	G 陽性菌		G 陰性菌		真菌		結核菌など抗酸菌	ウイルス				芽胞
		黄色ブドウ球菌など*1	腸球菌・連球菌など*2	緑膿菌など*3	腸内細菌群*4	酵母	糸状菌		エンベロープ有	エンベロープ無	HIVエンベロープ有	HBVエンベロープ有	
高	過酢酸	●	●	●	●	●	●	●	●	●	●	●	●
高	グルタルアルデヒド	●	●	●	●	●	●	●*5	●	●	●	●	●*6
高	フタラール	●	●	●	●	●	●	●	●	●	●	●	●*6
中	次亜塩素酸ソーダ	●	●	●	●	●	●	●*7	●	●	●	●	●*8
中	ポピドンヨード	●	●	●	●	●	●	●	●	●	●	●	▲
中	エタノール	●	●	●	●	●	▲*6	●	●	▲*6	●	●	×
中	フェノール	●	●	●	●	●	▲*6	●	▲	×	−	−	×
中	クレゾール	●	●	●	●	●	▲*6	●	▲	×	−	−	×
低	グルコン酸クロルヘキシジン	●*6	●*6	●*9	●*10	●	▲	×	▲	×	−	−	×
低	塩化ベンザルコニウム	●	●	●*9	●*10	●	▲	×	▲	×	−	−	×
低	塩酸アルキルジアミノエチルグリシン	●*6	●*6	●*9	●*10	●	▲	●*11	▲	×	−	−	×
他	オキシドール	●	●	●	●	●	●*6	▲*12	●	●	●	−	▲*6
他	ホルマリン	●	●	●	●	●	●	●	●	●	●	−	▲

●：有効　▲：十分な効果が得られない場合がある　×：無効　−：効果を確認した報告がない
これら●×などによる区分は便宜的なものであり，厳密なものではない

＊1：MRSA を含む
＊2：コアグラーゼ陰性ブドウ球菌（表皮ブドウ球菌など）
＊3：ブドウ糖非発酵グラム陰性桿菌（緑膿菌，バークホルデリア・セパシアなど）
＊4：大腸菌 O157 を含む
＊5：グルタラールに抵抗性を示す非定型抗酸菌の報告あり
＊6：長時間の接触が必要な場合がある
＊7：1,000 ppm 以上の高濃度で有効
＊ 8：1,000 ppm 以上の濃度が維持できれば有効
＊ 9：バークホルデリア・セパシア，シュードモナス属，クリセオバクテリウム属，アクロモバクター属などが抵抗性を示す場合がある
＊10：セラチア・マルセッセンスが抵抗性を示す場合がある
＊11：0.2～0.5％の濃度で有効，抵抗性を示す非定型抗酸菌の報告あり
＊12：高濃度の過酸化水素で有効

（吉田製薬㈱文献調査チーム）

の3クラスに分けられている。「高度消毒薬」としては，グルタルアルデヒド，過酢酸，ホルマリン，フタラール（オルトフタルアルデヒド）があり，これらは細菌，真菌，芽胞，結核菌，ウイルスを含むほとんどすべての病原微生物に有効である。しかし，消毒対象は機械器具や環境に限定され，人体・畜体には毒性や刺激性が強いために使用できない。「中等度消毒薬」に属するものは，アルコール，次亜塩素酸ソーダ，ヨードホール，クレゾール石けん液などである。これらは結核菌を含む細菌，真菌に有効であるが，芽胞には無効である。ウイルスに対しては薬剤あるいはウイルスの種類により効力が異なる。毒性・刺激性が比較的低いために適用範囲が広く，人体・畜体にも適用可能である（制限はあるが）。「低度消毒薬」には，第4級アンモニウム塩（逆性石けんとして知られる。塩化ベンザルコニウムなど），グルコン酸クロルヘキシジン，両性界面活性剤が使用されている。一般細菌，酵母様真菌に有効であるがウイルスには種類により異なり，芽胞や結核菌には有効ではない。このように殺菌対象は限られるが安全性が高いので人体・畜体にも適用でき，機械器具や環境にも広く使用され，鶏豚の飲水消毒に用いられるものもある。**表 2-2-2** に主な消毒薬のスペクトルを示す。

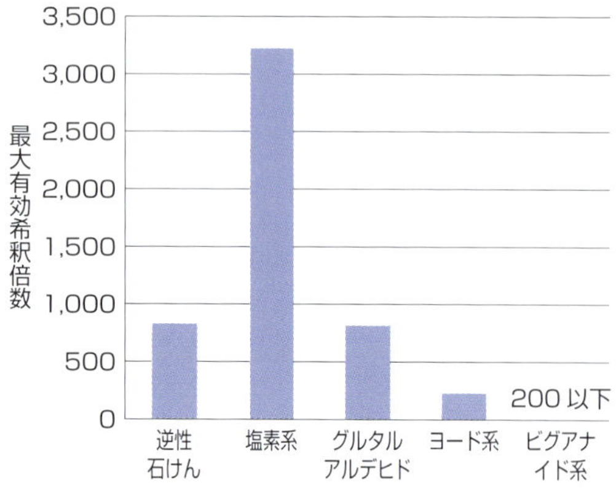

●図 2-2-4　IBDV に対する各種消毒薬の効力

（山口・平井）

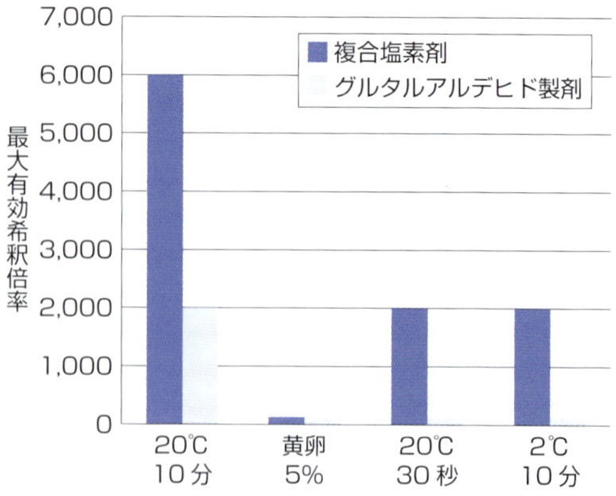

●図 2-2-5　塩素剤とグルタ剤の効力比較（*S.* Enteritidis）

（横関）

ここで誤解のないように説明をしておくが，“高度”は殺菌力が強く“低度”は弱いと思われたり，あるいは意図的に思わせたりしている向きがあるが，殺菌力の強弱とこの分類は関係ない。あくまでもスペクトルの広さで分類しているだけである。誤解を生むような語は適当ではないのだが，抗生物質・抗菌剤のように「広範囲」とか「狭範囲」と言うのも適当でないので，当面，真の意味を理解して用いるしかないように思われる。

“高度”が必ずしも強力ではない証拠の一例を挙げると，“高度”のグルタルアルデヒドと「中等度」の塩素剤（イソシアヌール酸），“低度”の逆性石けんなどとを比較した山口・平井の実験では，**図 2-2-4** のように伝染性ファブリキウス嚢病ウイルス（IBDV）に対する最大有効希釈倍率は塩素剤が格段に高く，逆性石けんとグルタルアルデヒドは同じレベルだったのである。また，著者の実験によると，*S.* Enteritidis に対しての *in vitro* の殺菌力は複合塩素剤の方がグルタルアルデヒドよりも強かった（**図 2-2-5**）。つまり，これらの場合には“高度”よりも“中等度”や“低度”を用いる方が消毒効果が高くなったのである。

芽胞や結核菌などに汚染されている場合を除けば，あえて毒性や刺激性の面で使いにくい高度消毒薬を使う必要はないと言えるのではないだろうか。

■ 消毒薬の危険性

通常は，「消毒薬の安全性」と称されているが，それは消毒薬を売る立場からの言い方で，使う立場からすれば「危険性」とする方が適切に感じられるのではないか。

消毒薬の危険性の要因としては，経口毒性，経気道毒性，経皮毒性，皮膚刺激性，発癌性，催奇性，乳肉への移行残留，環境への影響（廃水処理）が考えられるが，40 年ほど前までは，厚生省・農水省の承認にも，経口毒性の急性毒性，亜急性毒性，慢性毒性だけで通じていた。その後，上記の各種項目が順次追加されたのである。

●表 2-2-3　逆性石けんの毒性

被験動物	投与方法	LD_{50}
マウス	経口	340 mg/kg
	静脈	10 mg/kg
ラット	経口	400 mg/kg
	静脈	100 mg/kg

●表 2-2-4　フェノール剤の毒性

被験動物	投与方法	LD	LD_{50}
ラット	経口		317 mg/kg
	腹腔		127 mg/kg
マウス	皮下	0.35～0.6 g/kg	
	腹腔		180 mg/kg
イヌ	静脈		112 mg/kg
	経口	0.5 g/kg	

以下，各種製剤については，主として田伏(1991)による。

1. 逆性石けん(塩化ベンザルコニウム)

・毒性

表 2-2-3 を参照。

・急性中毒

ヒト推定致死量(経口)は 30 ～ 400 mg/kgと言われている。消化管の刺激作用(ときに消化管粘膜の壊死)，呼吸障害(肺水腫・呼吸筋麻痺・上気道狭窄)，ショック，中枢神経障害(錯乱・痙攣・昏睡)が発現する。

・副作用

皮膚に過敏症状(発疹・掻痒感)が発現することがある。

・使用上の注意

原液または濃厚液が目に入った場合はすぐに清水で洗い流すこと。

石けん類と混合しないこと。

硬水を用いるときは濃度を 1.5 ～ 2 倍にすること。

繊維に吸着されるので，手洗い盤にタオルを浸さないこと。

2. フェノール剤

・毒性

表 2-2-4 を参照。

・急性中毒

ヒト推定致死量は経口で 5 ～ 8 gとされているが，1 gの経口摂取でも死亡例がある。経皮的吸収でも大量だと死亡する。強い腐食作用(5 %液でも)を持ち，上部消化管の壊死・穿孔を生じる。消化管から速やかに吸収され，中枢神経・肝臓・腎臓・肺に強い障害を生じる。

3. クレゾール石けん液

・毒性

表 2-2-5 を参照。

●表 2-2-5　クレゾール石けん液の毒性

被験動物	投与方法	LD *	LD50 *
マウス	経口		828 mg/kg
	皮下	0.45 g/kg	
	腹腔		168 mg/kg
ラット	経口		242 mg/kg

＊：m- クレゾール

●表 2-2-6　ヨード剤の毒性

被験動物	投与方法	LD50 *
マウス	経口	8,500 mg/kg
	皮下	5,200 mg/kg
	静脈	480 mg/kg
ラット	経口	>8,000 mg/kg
	皮下	4,090 mg/kg
	静脈	640 mg/kg

＊：ポピドンヨード

・急性中毒

ヒトの推定致死量は 180 ～ 250 mℓ（経口，42 ～ 52％液）とされている。消化管粘膜の腐食，中枢神経抑制，肝臓・腎臓の壊死など広範囲な中毒症状を発現する。

4．次亜塩素酸ソーダ

・毒性

ネズミ（経口）LD_{50}：12 mg/kg

・急性中毒

小児の経口致死量は 5 ％液で 15 ～ 30 mℓとの報告がある。上部消化管の腐食性変化，声門浮腫，肺水腫，昏睡が見られる。吸入により声門浮腫，肺水腫，化学性肺炎が出現する。酸性液との混合により急激に塩素ガスが発生するので注意を要する。

5．ヨード剤（ヨードホール・ポピドンヨード）

・毒性

表 2-2-6 を参照。

・急性中毒

安全性が高く，通常の誤飲程度ではあまり問題となる症状は見られないと言われている。大量服用で悪心・嘔吐・腹痛がある。広範囲創傷面に連日大量使用あるいは新生児に大量使用すると興奮・幻覚・代謝性アシドーシス，腎不全・血清 GOT 上昇・甲状腺機能異常が出現することがある。

6．グルタルアルデヒド

・毒性

表 2-2-7 を参照。

・眼粘膜刺激

2 ％液による小動物に対する接触試験で，自然放置の場合は角膜・結膜・虹彩に中等度～重度の充血・腫脹・混濁が継続した。10 分以上の水洗をした場合は弱い充血が見られたが，約 1 ～ 2 週間後に回復した。小動物に対する試験によると，20％液では接触直後に水洗しても眼内の損傷はきわめて大きい。

●表 2-2-7 グルタルアルデヒドの毒性

被験動物	投与方法	LD_{50}
マウス	経口	290 mg/kg
	皮下	>590 mg/kg
	静脈	16.2 mg/kg
ラット	経口	311 mg/kg
	皮下	>750 mg/kg
	静脈	18.2 mg/kg

●表 2-2-8 ホルマリンの毒性

被験動物	投与方法	LD_{50}	MLD＊
マウス	経口	355 mg/kg	
	皮下	233 mg/kg	
	腹腔	30.2 mg/kg	
ラット	経口	510 mg/kg	
	皮下	278 mg/kg	
	腹腔	35.2 mg/kg	
イヌ	皮下		0.35 g/kg
	腹腔		0.09 g/kg

＊ MLD＝最小致死量

・吸入毒性

ラットに2.5，3.5，6.0 ppmのガスを1日6時間5週間吸入させたところ，2.5および3.5 ppm吸入群では増体抑制，肺・気管支の局所性炎症がみられた。6.0 ppm吸入群では著しい増体抑制，鼻出血，眼結膜出血，呼吸器の刺激症状が見られ，肝の炎症・変性・壊死が見られた。

・急性中毒

ヒトの致死量は明らかでない。本剤は気化しやすく，吸入(0.7 mg/m³以上)により胸部違和感がみられる(動物実験ではうっ血と間質の炎症による hemorrhagic lung がみられた)。経口摂取では中枢神経抑制作用(めまい・運動失調・痙攣・昏睡)，循環系の抑制(血圧低下，ショック)，肝・腎障害，代謝性アシドーシスを生じると考えられる。さらに，強い蛋白変性作用を持つため経口摂取では上部消化管の腐食が強い。

グルタルアルデヒドは前述のとおり，医療分野には広く普及しているが，医療機関従事者の健康被害が問題化しており，その防止のために2005年に厚労省労働基準局長通達が出されている。そのなかで参考として添付されている安全衛生情報センターの資料には,「有害性として，眼，皮膚，呼吸器に対する激しい刺激性を有する。反復または長期接触すると皮膚感作され，長期吸入により喘息を起こす。癌原性については，ラットおよびマウスを用いた吸入による癌原性試験では否定されているが，ヒトに対する癌原性に関する評価は定まっていない。微生物などに対する変異原性が認められている」とある。

グルタルアルデヒド製剤については，病院の検査室で内視鏡の消毒に従事していた看護師が化学物質過敏症になったとして勤務していた病院を訴え，2006年に安全配慮義務違反として1,600万円余の支払いを当該病院に命じた大阪地裁判決が出ている。

7. ホルマリン

・毒性

表 2-2-8 を参照。

---

hemorrhagic lung：肺出血

・吸入毒性

ウサギにホルマリンガスを吸入させると，100 ppm では 8 カ月以上生存し，500 ppm では 23 ～ 33 日，1,000 ppm では 14 ～ 16 日，2,000 ppm では 4 ～ 13 日で死亡した。病理組織所見として，咽頭，気管支，肺に著明な出血，充血，気腫が認められ，また気管，気管支の上皮の壊死，剝脱，偽膜の形成など著しい変化が見られた。

・発癌性

ラットに 2.6 および 15 ppm のホルムアルデヒドを 1 日 6 時間，1 週 5 日間，24 カ月吸入させた。1 カ月後，15 ppm 投与ラットの 78％に鼻粘膜の扁平上皮癌が発生した。

2002 年 3 月に職域における屋内空気中のホルムアルデヒド低減のためのガイドラインが厚生労働省基準局により策定され，職域における屋内空気中のホルムアルデヒドの濃度を 0.08 ppm 以下としている。また，2007 年 12 月に特定化学物質障害予防規則（特化則）が改正され，ホルムアルデヒドが第 2 類物質とされたことに伴い，これを製造し，または取り扱う屋内作業場については，作業環境測定が必要となった。

CHECK SHEET

□1．消毒薬はまず目的と現場の状況，さらに使用方法にマッチした製剤を選定しなくてはならない。そのためには，製剤の特徴，つまり効力や危険性（毒性・刺激性）などをよく知ることが重要である。

□2．消毒薬では *in vitro* の基礎的実験の結果を，そのまま現場の指導に持ち込むことが必ずしも正しいとは限らないことがある。

□3．「高度消毒薬」は抗微生物スペクトルが結核菌や芽胞に至るまで広いことを表しているので，効力の強弱とは関係ない。スペクトルの範囲内なら「中等度や低度消毒薬」の方が効力が強いこともある。

□4．消毒薬は化学物質であるから，当然危険性を持つ。したがって，消毒薬の選定と使用にあたっては，その製剤がどのように危険性を持っているか，それにいかに対処するかを考慮しておくことが重要である。

第3節
消毒薬の正しい使用法

■ 消毒薬の事故

消毒作業（消毒液散布）にあたっては，使用薬剤の性質にもよるが，作業者の安全のために，防水着・ゴム手袋・ゴーグル・マスクなど保護具の着用が必要である。マスクは普通の布マスクではなく農薬散布用の対化学品マスクを用いるべきである。

作業者の安全確保については，労働安全衛生規則に次のような規定がある。

①呼吸用保護具等（規則593条）

事業者は，著しく暑熱または寒冷な場所における業務…（中略）…ガス，蒸気または粉じんを発散する有害な場所における業務，病原体による汚染の著しい業務その他有害な業務においては，当該業務に従事する労働者に使用させるために，保護衣，保護眼鏡，呼吸用保護具等適切な保護具を備えなければならない。

②労働者の使用義務（規則597条）

第593条から第595条までに規定する業務に従事する労働者は，事業者から当該業務に必要な保護具の使用を命じられたときは，当該保護具を使用しなければならない。

消毒薬による事故は，次亜塩素酸ソーダと塩酸の混合による主婦の死亡事故やグルタルアルデヒドによる医療関係者に多発した健康被害などがあるが，著者が製薬会社勤務当時に担当していた逆性石けん製剤でも約30年間に数件の事故があった。うち，死亡事故は2件あったが，そのひとつは養鶏場経営者の家族の老人で，町役場が無料配布した消毒薬を焼酎の空き瓶に入れて鶏舎の隅に置いてあったのを焼酎と間違えて飲んだものであった。このように酒瓶やジュースの瓶に小分けするのは誤飲の原因となるので，非常に危険である。2例目は自殺。消毒薬を飲んでの自殺は消化管の壊死などでひどい苦痛に長時間苛なまれた挙句に死に至ると医師から聞いたことがある。

重症には至らなかったが，ドラム缶から18 ℓ缶に小分けするために，ホースから口で吸い取ろうとして誤って飲み込んだ例もあった。このときは，すぐに吐き出してから牛乳を飲ませ，医者に行かせて，大事には至らなかった。当人は，数日の間，のどが痛いと言っていたが，これは消毒薬の原液を飲んだことで，口腔や咽頭の粘膜に一過性の炎症を起こしたためである。また，消毒液を作るためにタンクに消毒薬を注いでいて，跳ねた飛沫が目に入った例もあった。このときは，あわてて眼をこすったのが悪く入院することになったが，数日で回復し，視力に異常は残らなかった。

人間ではないが，乳牛の死亡例もある。共済組合による酪農場の集団消毒で，牛のいるままの牛舎を消毒している際に，牛の顔面に噴射したため，その牛が肺炎を起こして死亡した。30気圧以上の圧力で放射霧状ではなく棒状に近い状態の消毒液を噴射したので，溺れて水を飲んだような状態になったと推測される。消毒液は肺胞内に侵入すると，直接血管内に入ったのと同じような状態になるので，毒性が強く発現すると考えられている。

事故とはいえないが，酪農家の主婦には，いわゆる主婦湿疹の発生が少なくなかった。これは家庭用洗剤などでも起きるのであるが，乳房洗浄や搾乳器具の消毒などで，日常的に消毒薬や洗剤を多用するために手の皮膚の脂肪が失われるのが第一の原因とされている。二次的には，体調や疲労の蓄積も引き金になるので北海道では夏の乾草作りの時期に多いと皮膚科の専門医は言う。皮膚科に行くと，まずパッチテストにより，原因物質を特定して，治療の第一段階として原因の消毒薬や洗剤に触れないことを指示するが，症状が出てから長く放置しておくと，皮膚が最初の原因の消毒薬や洗剤以外の物にも過剰反応するようになるので，原因が特定できなくなることが多いという。

化学製品による中毒の駆け込み寺として関西と関東に“中毒110番”があり，専門家が対応してくれる。
大阪中毒110番：072-727-2499　365日　24時間
つくば中毒110番：029-852-9999　365日　9～21時
Webは，日本中毒情報センター：http://www.j-poison-ic.or.jp
電話代以外の情報提供料は無料。

■ 消毒薬の廃水処理

最近のように，畜産農場が大型化すると消毒後の廃水の処理も容易ではない。そのまま場外に排出すれば，下水道がない場合には直接河川に流入して，川魚が死んだりする。場内に汚水処理施設を持っている場合でも，大量の消毒薬廃水は活性汚泥の働きを抑制したりしてトラブルの原因となる。

1．活性汚泥槽への影響

活性汚泥は原虫で，もともと細菌の親戚であるため病原菌を殺す消毒薬の影響を受けないはずはない。原虫に対する消毒薬の毒性はどのくらいか。これは消毒薬の種類や含量により異なるので，製剤ごとに実験をして確認する以外に方法はないが，小城は，実験により10分間で原虫（高倍率）が死滅する濃度をクレゾールが1,000倍，オルソ剤が1万倍，逆性石けんが400倍としている。低濃度ほど毒性が強いことになるので，これによると，オルソ剤は通常使用濃度が100倍だから，細菌に対する殺菌力の範囲以上に原虫への毒性が強いことになる。逆性石けんは3種類のなかでは最も毒性が低いことになる。

石丸によると，逆性石けんの一種は，固形分（MLSS）が少ないとき（300 ppm）は1,000～5,000倍の濃度で微生物の呼吸を阻害したが，固形分が多いときは500倍でも阻害しなかったという。この消毒薬の通常使用濃度は1,000倍である。石丸は引き続いて実験用浄化槽を用いて，MLSS 4,000～

●表 2-3-1　豚舎消毒後の活性汚泥槽の状態の変化

		ばっ気槽			放流水				
		SV*%	SS** ppm	大腸菌(cfu/mℓ)	COD	BOD	大腸菌(cfu/mℓ)	透視度(cm)	pH
二段酸化槽	消毒前	95	8,060	21,000	−	83	360	5.2	7.4
	消毒 1 日後	95	9,400	18,600	−	50	180	11	7.3
	消毒 4 日後	95	−	−	−	83	20	5	7.4
酸化溝法	消毒前	23	300	113,000	−	73	30,000	11	7.2
	消毒 1 日後	30	4,580	53,000	−	60	3,320	19.5	7.4
	消毒 4 日後	35	−	−	−	36	40	13	7.4
機械撹拌ばっ気	消毒前	30	2,530	1,000	−	80	330	4.5	7.4
	消毒 1 日後	37	3,040	300	−	80	30	6.7	7.2
	消毒 4 日後	35		−	−	73	83	5	7.4

処理方法	ばっ気槽容積(m³)	畜舎消毒面積(m²)	消毒薬使用量(ℓ)	備考
二段酸化法	50	300	200	200 頭処理用
酸化溝法	200	800	560	1,000 頭処理用
機械撹拌ばっ気法	8	120	80	50 頭処理用

＊：SV：活性汚泥沈殿率
＊＊：SS：浮遊物質濃度
1)消毒薬は逆性石けんの一種 500 倍液
2)消毒液散布量は 0.6 ℓ/m²
3)散布方法は動力噴霧器使用

(楢崎・曽根)

5,000 ppm，**BOD** 負荷 1.25 kg/m³/日，**SV**30(活性汚泥沈殿率)40 〜 50%の条件下で 15 日間連続運転して調べた結果，本剤の 1 万倍液(槽内濃度)では Tk-N(ケルダール窒素)は抑制されたが，**BOD**，**COD** は変化がなかった。2,000 倍液では呼吸阻害が起きたとして，槽内で 1 万倍となる濃度なら実用上問題なかろうと結論付けた。

同じ消毒薬を用いて楢崎と曽根(1975)も実験を行っている。**表 2-3-1** に示すが，ばっ気槽内の汚泥はほとんど影響を受けていないようである。しかし，放流水中の大腸菌は格段に減少しているので，汚泥には影響がない程度の殺菌力でも放流水の水質改善には有効と考えられる結果である。

活性汚泥槽のトラブルは，冬に入る時期などに多発する。そのため，日常管理の不適宜が不具合原因のかなりの部分を占めると考えられ，一概に消毒薬に責任を負わされても改善できないことがある。

2. 排水規制

水質汚濁防止法では，排出規制物質としてヒ素やシアンなど有害な物質を定めている。そのなかにフェノールがある。法律でいうフェノールとはフェノール基を有する化合物のことであるから，石炭

MLSS：Mixed Liquor Suspended Solids 活性汚泥処置におけるばっ気槽内の汚泥混合液の浮遊物質
BOD：Biochemical Oxygen Demand 生物化学的酸素要求量
COD：Chemical Oxygen Demand 化学的酸素要求量
SV：Sludge Volume 活性汚泥沈殿率

酸，合成フェノール剤，クレゾール，オルソ剤も対象となる。法律ではフェノールを5 ppm 以上含む廃水は河川または下水道に放流してはならないとある。

3．廃水処理の方法

原理的には，酸性の製剤にはアルカリを，アルカリ性の製剤には酸を混合すれば中和できる。その後は活性白土とかカオリンに吸着させればよいということだが，各種製剤についての詳しいことは，専門の水処理業者に聞くことが最もよいと思われる。3例ほど簡単に紹介しておく。

●次亜塩素酸ソーダ

以下の方法でチオ硫酸ソーダ液と混合して中和させることで処理できる。

中和例（原液 12%の場合）
①次亜塩素酸ソーダ消毒液を濃度1%以下に希釈する（高濃度であると発熱とガス発生があるため）。
②希釈した次亜塩素酸ソーダ液1ℓに対してチオ硫酸ソーダ（固体）30 g を添加する。
③チオ硫酸ソーダが完全に溶解するまで攪拌する。
④ pH を測ってから排水する。

●ホルマリン

下記のような方法が『消毒薬テキスト第3版』に記載されている。

まず，水でホルマリンを希釈して，次亜塩素酸を含む水溶液で pH を中性にし，過酸化水素水を加えて酸化分解して，水で希釈して廃棄する。また，水酸化カルシウム（消石灰）をホルマリンに加えてしばらく放置すると，ホルムアルデヒドがホルモース反応を起こし，縮合して糖になるので，これを廃棄する。この反応はアルカリ性で進行するので，あらかじめ水酸化ナトリウム水溶液を加えてアルカリ性にしておく。

●逆性石けん

逆性石けんはカチオン（陽イオン）系界面活性剤であるから，電気的に逆の性質のアニオン（陰イオン）系界面活性剤を混合すれば中和できる。消毒薬としての逆性石けんには通常の石けんや洗剤は配合禁忌であるが，この原理を逆に応用して消毒廃液を処理できるのである。逆性石けん廃液に例えばカリ石けんを2：1から10：1の割合でよく混合して無害化し，スラッジは陰イオン系の凝集剤で沈殿しやすくして除去する。上澄み液には逆性石けんは含まれていないので河川に放流できる。なお，両性石けんは陽と陰の両方に帯電しているので，この方法は使えない。

■ 魚類・作物への影響

魚のエラは人間の肺胞に相当し，薄い膜を通して血液が外部と接しているので，水中の化学物質の影響を強く受ける。したがって，毒性も陸上動物の経口や経皮よりも大きく，経静脈に近いレベルになる。重政の実験では，コイの致死量が両性石けんで5 ppm，普通の石けんで5 ppm であったのに対して逆性石けんは2ppm，中性洗剤は数ppm～百数十ppmであった。

廃水が河川に流入すると，下流で河川水を灌漑水に利用している作物は影響を受けることになる。著者の遭遇した例では，小規模の孵化場の廃水が常時流入していた水田で稲が枯死する被害が発生したことがあった。この場合は，使用していた逆性石けんとホルマリンが疑われたが，土壌の検査の結果，ホルマリンが検出された。しかし，それが枯死の原因であるかについては確定できなかった。この事例を契機に，著者は各種植物への消毒薬の影響の調査を大学の専門家に依頼した。中村(1975)によると，桑の葉に逆性石けんの500倍液を毎日噴霧したが，枯れるなどの現象は見られず，それを与えたカイコにも影響はなかった。カボチャやバラなどに葉面散布しても影響は見られなかった。灌漑水に逆性石けん500倍液を使用した実験では，ポット栽培のトマトは何ら障害もなく結実し，水稲は苗から収穫までできた。トマトの果実およびモミへの主成分の移行残留についても調べたが，検出されなかった。逆性石けんの場合，土に栽培されている作物には影響はなかったが，土を用いない水耕栽培では被害が強く現れると考えられる。何故なら，土の粒子はアニオンに帯電していて逆性石けんのカチオンを強く吸着するので，作物の根に影響しにくいと考えられる。逆性石けん，中性洗剤，普通洗剤(陰イオン系)の3種類の水稲への影響を調べると，水耕栽培では逆性石けんの方が陰イオン系よりも毒性が強いが，ポット栽培では逆性石けんの毒性は極端に低下するのに反して陰イオン系は変わらないので，実用的には逆性石けんの方が毒性が低いという結果になった。

余談になるが，著者が1972年の国交正常化直後に北京に出張したときに，北京郊外の農村を見学した際のこと，村の責任者が「この村の灌漑水は北京市の下水を引いている。以前は水不足で作物もできなかったが，毛沢東主席のお陰で水路ができて下水が引けるようになり，作物も豊作だ」と自慢していた。下水を灌漑に用いると危険な物質の残留問題も生じるのではないかと思っていたら，数年後，中国の医学雑誌に，北京近郊の農村のトマトなど作物がサルモネラや寄生虫に汚染されており，それは灌漑水に下水を用いているからだと発表(Wei-Liang Chao ら，1987)されていた。農作業者の保菌者も，下水を用いている農家に多いということであった。

■ 消毒薬の耐性菌

人医療分野では，メチシリン耐性黄色ブドウ球菌(MRSA)や多剤耐性緑膿菌(MDRP)などの耐性菌の問題が大きくなってきている。抗菌剤のみに限らず消毒薬でも耐性菌は生じるとされている。以下，恵口(1991)による。微生物は，消毒薬によるストレスに対して通常発育停止か死滅するはずだが，ある種の消毒薬には耐性を獲得して消毒薬の存在する環境下でも生存または増殖することが知られている。通常，抗菌剤(消毒剤または抗生物質)による抗菌作用があるはずの菌と同じ菌種の菌が，その抗菌剤の実用濃度で効果が得られないときに，その菌を耐性菌と言ってよいが，耐性菌であることを証明するには，耐性機構を証明できる検査法によって確認することが必要とされている。病院環境から分離されたグラム陰性桿菌の常用消毒薬に対する抵抗性を検査したところ，消毒薬としてはグリシン系両性界面活性剤，グルコン酸クロルヘキシジン，塩化ベンザルコニウム，ジデシルジメチルアンモニウムクロライド(DDAC)を用いたが，清掃用モップなどに緑膿菌，*Burkholderia cepacia*, *Flavobacterium indologens*, *Agrobacterium radiobacter* などが存在していた。塩化ベンザルコニウ

●表 2-3-2　MRSA に対する消毒剤の殺菌効果（*in vitro*）

報告者	報告年度	塩化ベンザルコニウム	グリシン系両性界面活性剤	グルコン酸クロルヘキシジン	ポピドンヨード	消毒用エタノール	グルタルアルデヒド
Haley	1985			×	○		
Mycock	〃			○	×		
小林	1987	×	△	×	○		
渡	1988	○		○	×	○	
高橋	1989	△	×	×	○		
吉村	〃	○	○	×	○		
桐田	〃	△		×	○	○	○
白石	〃	○		×	○		
長野	〃				○		
相原	〃				○		
山崎	〃	△	×	×	○		
東山	〃	△*	×	△	○		
恵口	〃	△**	△	×			
総合評価	〃	△	×	×	○	○	○

○：効果がある，△：手指消毒不可，×：手指消毒・環境殺菌不可　（恵口）
＊：塩化ベンゼトニウムで試験
＊＊：塩化ベンザルコニウムと DDAC の２種類で試験
報告者により条件が異なるので，評価はそれぞれ恵口が行った

ムに比べ，グリシン系両性界面活性剤，グルコン酸クロルヘキシジンに抵抗性の強い菌株がやや多いようである。塩化ベンザルコニウムに抵抗性の菌株は DDAC にも抵抗性を示す。**表 2-3-2** は MRSA に対する殺菌力について多くの研究者の報告を集めたものだが，ある者が「効果あり」と判定した菌株でも他の者は「なし」と判定している。どれが正しいのか判断が難しい。耐性菌について現実の殺菌力だけで判定すると，このような矛盾が生じるのではないだろうか。

カンピロバクターの消毒薬感受性について実験をした石井の報告がある。これは消毒薬の濃度を 3 段階に設定して，感受性がある菌株数を調べたものである。結果を**図 2-3-1** に示すが，*C. jejuni* に対してはカチオン系では 16,000 倍が最大有効希釈濃度の菌株が 7 株であり，4,000 倍，1,000 倍は 0 株であった。アルデヒド系は 1,000 倍が 4 株，4,000 倍が 3 株であった。このように菌の感受性も菌株によりかなりのバラツキがあることが分かる。したがって，殺菌力（あるいは殺菌効果）のみをもって簡単に耐性菌と判定してよいかどうかは難しいと思われる。抵抗性の菌と耐性菌とは別ものである。

耐性菌でなくても，消毒薬への抵抗力が強くなる現象がある。緑膿菌にはムコイドと呼ばれる粘質物を産生して菌体外に分泌するものがある。これらをムコイド型緑膿菌と呼び，ムコイドの主成分はアルギン酸で粘性の高いムコ多糖である。ムコイド型緑膿菌が増殖すると，分泌されたムコイドが菌体を覆い包む。このような膜をバイオフィルムと呼ぶ。バイオフィルムは物質表面に対して強く付着しているため，洗浄などの機械的な除去に対して強くなる。また，バイオフィルムの内部には消毒薬などの薬剤が浸透しにくいため，化学的な刺激に対しても抵抗性が増す。したがって，バイオフィルムができると消毒の効果が激減し，*in vitro* では有効とされている消毒薬の通常有効な濃度で効果がないことになり，あたかも耐性菌が出現したかのような印象を与える。

高島（1979）が行った畜産現場に普及している各種消毒薬の耐性獲得性試験結果を紹介する。黄色ブ

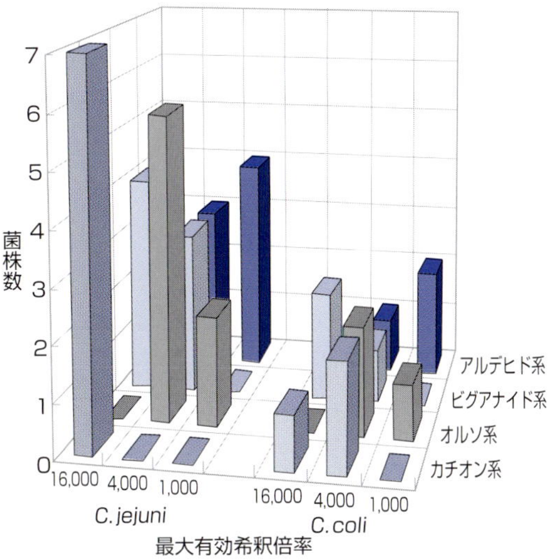

●図 2-3-1　カンピロバクター菌株による消毒薬感受性の差異 (石井)

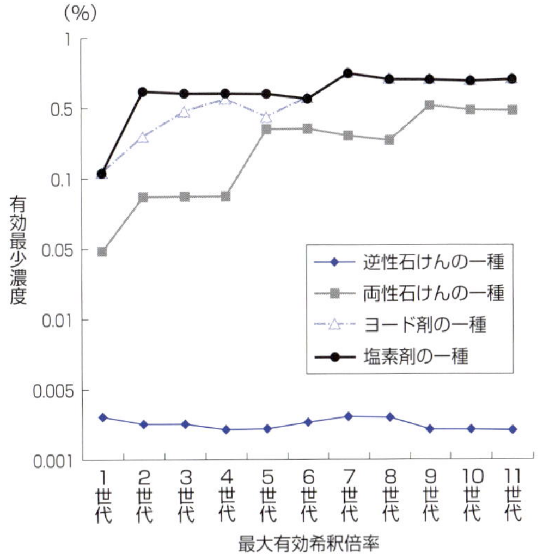

●図 2-3-2　各種消毒薬の耐性獲得性

(高鳥)

ドウ球菌209P株に対して11代継代しても耐性菌は出現しなかった。**図2-3-2**では，グラフの位置が低いほど低濃度で有効で，殺菌力が強いことを示している。逆性石けんはほとんど変化がなかった。ほかの3剤は1代目から2代目にかけて濃度がほぼ2倍(殺菌力が半分)になっているが，その後は変化していない。もし，耐性が獲得されているなら，グラフは右肩上がりに登っていくはずである。この試験の結果からは，ここに供試した消毒薬に対しては黄色ブドウ球菌は耐性を獲得しないということである。

耐性に関連して「菌交代現象」という概念もある。生体のある場所の正常細菌叢の菌が抗菌剤などで減少あるいは死滅すると，通常は劣勢な他の菌が異常に増殖して優勢を持つようになるということである。これにより臨床症状を示す状態を「菌交代症」と称す。抗菌スペクトルの広い抗菌剤を投与した場合などに，薬剤感受性の高い正常細菌叢が減少し，抵抗性菌や耐性菌あるいは非感受性の菌が増殖することをいう。しかし，これは生体内の現象である。消毒薬は，生体外の畜鶏舎のような雑多な細菌しかも消毒薬抵抗性の高い土壌菌や環境細菌が無数に存在する状況で使用される。このようなか黄色ブドウ球菌が死んで緑膿菌に代わるということが実際に起き得るかどうか，著者は疑問を持っている。しかし友人で，昔，安全性試験を担当していた研究者の言では，そこでは外部からの侵入防止のために試験室に入るときは下着から全部着替え，もちろん履物も替えて，しかも通路は出入とも，自分の歩いた後に消毒液(4種類を交互に使用)を噴霧しながら歩行するという厳重な措置をしていたのにもかかわらず，あるとき，ラットが緑膿菌感染症で死んだ。これは菌交代現象ではないかというのである。試験室のような閉鎖的で清潔な環境で消毒薬でほとんど無菌に近くしていれば，何かの原因で侵入してきた消毒薬に抵抗性の強い緑膿菌だけが独占的に優越することになったともいえるかもしれない。

■ 消毒薬使用の注意点

市販されている消毒薬製品は，動物用医薬品として，効力・安全性その他の点について審査された結果，発売を承認されたものであるが，正しく使用しないと期待した結果を得られず，さらに人畜に危険を及ぼすおそれもある。以下に注意すべきポイントを述べる。

1．用途によって選択……常用消毒薬と特殊用途消毒薬

消毒にはオールアウト後の畜鶏舎の消毒のように，特定の感染症に汚染されたわけではない場合の消毒と，ある悪性の感染症に汚染された場合の消毒の２種類がある。前者の場合に用いるのが「常用消毒薬」である。畜産に関与する多くの病原微生物に有効であるとともに安全性も高いことが必要である。例えば，酪農現場での乳頭清拭とか搾乳器具の殺菌のような用途にも用いることができる消毒薬である。消毒薬は効力が強い方がよいのは当然である一方，安全性も無視することはできないので，日常的な消毒に無理に強力な消毒薬を使用する必要はない。それは無駄であり，危険でもあることを認識しなければならない。

炭疽菌・気腫疽菌・結核菌・口蹄疫ウイルスなどの特殊な悪性伝染病などの防疫に用いるのが「特殊用途消毒薬」である。これらは，特定の病原微生物に対して強い効力を有するなら，たとえ安全性に問題があったり，畜産物の品質に悪影響があっても使用しなければならない。芽胞に対するグルタルアルデヒド，結核菌に対するフェノール剤などがその例である。

2．正しい濃度の調製

消毒薬の効力が希釈液の濃度に依存することは第１章(16ページ)で説明したが，濃ければ濃いほどよいわけではない。濃すぎると，安全性が損なわれるし，コストもかかる。逆に薄ければ効力が弱い。したがって，規定どおりの正しい希釈液をつくらねばならない。それには，使用するバケツまたはタンクに適した計量カップを使用すること，次に，よく撹拌することである。消毒薬には意外に混ざりにくいものがある。特に逆性石けんや両性石けんなど粘度の高い界面活性剤を主成分とするものは混ざりにくい。透明な消毒薬は水に希釈すると，一見混ざったように見えるが，実は濃い部分と薄い部分が混在していることがある。

試験管内の液体を撹拌するには，昔はピペットを口先で吸ったり吐いたりを繰り返していたのだが，試験管のような小さな容器のなかでもかなりの回数をしないと完全に混合しないものであった。以前，消毒薬の検定をしている専門家に聞いたことだが，反復が足りないと試験管の上部と下部では薬剤の濃度が異なるのだそうである。そうなると当然に試験の結果が不正確になるという。これを防ぐために，別の研究者に聞いたことだが，試験管内の水に青インクを１滴たらし，試験管を紙で覆って見えないようにして，ピペットを吸ったり吐いたりして練習するというのである。よほどしっかりやらないとインクの濃度が一定にならないという。ましてや，20 ℓ入るバケツや１t も入るタンクであればなおさらである。タンク内の撹拌は時間がかかるので，動力噴霧機の非加圧循環運転を５分ほど行う。

GP センターや食鳥処理場など，あるいは農場でも使用する自動薬液混合装置もあるが，これは日

常の点検管理が不十分であると，濃度が正確に出ないことがある。一度設定した濃度も時間が経つと変わることがしばしばあるようで，著者は以前に多くの畜産現場で使用している消毒液の濃度測定の調査をしたことがあるが，規定の1,000倍が8,000倍になっていたなどの実例が枚挙にいとまがないほどであった。

3．殺虫剤との混合使用

畜産現場では，消毒と害虫駆除を一度に行うことが多く，消毒液と殺虫剤を混合して散布すれば手間が省けるので，両剤を混合して散布することが多いようである。しかし，消毒薬も殺虫剤も，製剤としては単独で使用することを前提にして設計されているので，混合すると予想外の問題が生じることがあると考えられる。つまり，効力や毒性に変化が生じるのである。これは主成分だけでなく，溶解剤や安定剤などの副成分も影響するので，実際は，個々の製剤ごとに殺菌・殺虫の実験をして確認しなければ分からないものである。

例えば，逆性石けんの一種とピレスロイド系殺虫剤の一種またはカーバメート系の一種，有機リン系のあるものなら，混合しても殺菌力も殺虫力も変わらないことが，メーカーの実験により分かっている。

実施にあたっては，両剤のメーカーに確認する必要がある。そのうえで混合使用するときは，第１に原液同士で混合しないこと。原液では反応が強く出ることがあるからである。第２に混合したら直ちに使用すること。反応は時間とともに進むからである。第３は，沈殿や分離が生じたら使用しないことである。

4．ほかの消毒薬との混合使用

最近はほとんど見られないが，以前は，逆性石けんとオルソ剤の混合散布が，細菌・ウイルス対策とコクシジウム対策を一度に済ませるというので行われていたことがあった。これも殺虫剤の場合と同じく，両剤の混合が効力や毒性に影響をもたらすことがあるので，基本的にはよくない。原理的には，逆性石けんと塩素剤，両性石けんと塩素剤のように混合可能なものもあるが，逆性石けんとオルソ剤は界面活性剤の電気的性質が逆なので混合はできない。また，次亜塩素酸ソーダをヨード剤などの酸性の薬剤と混合すると，前述したように，塩素ガスが発生して危険である。次亜塩素酸ソーダとフェノール剤を混合して用いていたビルの掃除婦が皮膚ポルフィリン症にかかった例もあるという。

CHECK SHEET

□1，消毒薬の廃水処理は病院などの施設でも問題になっているが，大量に散布する畜産現場では特に大きな問題である。処理せずに放流すると河川の魚類や田畑の作物に被害をもたらし，結果として人間の健康に影響することになる。日常的に使用する常用消毒薬の選定にあたっては，廃水処理をいかに行うかも考えにいれなくてはならない。

□2．魚類や作物に対する消毒薬の毒性は，個々の成分・含量により異なるので，各薬剤ごとに実験を行う必要がある。

□3．消毒薬にも耐性菌が生じるとの知見もあるが，耐性獲得性はないとの実験例もある。おそらく薬剤により異なるのであろう。

□4．畜産現場で菌交代現象があるかないか，これについても個々の状況が異なるので，一概には言えないのではないだろうか。

□5．消毒薬には，通常の消毒に用いる安全性の高い「常用消毒薬」と口蹄疫などの悪性伝染病の防除に用いる「特殊用途消毒薬」とある。非常時には毒性のいかんにかかわらず，最も強力な消毒薬を用いるべきであるが，通常時には各種安全性に配慮した薬剤の選択が望ましい。

□6．消毒薬は本来単独で使用するように設計されているので，無暗に他剤と混用してはならない。

■引用文献

第1節

・CDC：Food Irradiation
〈http://www.cdc.gov/ncidod/dbmd/diseaseinfo/foodirradiation.htm〉
・濱田 久，横関正直：㈱野田食鶏食鳥処理場における器具等の洗浄殺菌実験，未発表
・伊藤 均：薬剤耐性菌の放射線殺菌効果，食品照射，41(1～2)，9～13(2006)
・伊藤 均：わが国における食品照射技術開発の経緯と今後の展開，JAPI 放射線照射利用促進協議会ニューズレター，13(6)，2～8(2011)
・㈱食品検査機構，㈱ナベル資料
・神谷 晃，尾家重治：消毒剤の選び方と使用上の留意点，11，じほう(2006)
・森 光国：HACCP―これからの食品工場の自主衛生管理，328，中央法規出版(1992)
・野島徳吉：ワクチン，岩波新書(1972)
・小沼博隆：腸管出血性大腸菌O 157：H7 のD値に関する研究，平成 15 年度農林水産省食品製造工程管理情報高度化促進事業(2004)
・芝崎 勲：HACCP―これからの食品工場の自主衛生管理，148～150，中央法規出版(1992)
・白井淳資：高純度・高溶解オゾン水を利用した消毒，Pig Jounal，9(6)，36～38(2006)
・㈳日本養鶏協会：平成 17 年度，鶏卵格付包装施設の実態調査報告書
・横関正直：オゾンガスによる環境の消毒―第 3 報オゾンガスによるネズミの排除(忌避)効果，畜産の研究，49(10)，1114～1118(1995)
・横関正直：卵殻殺菌におけるキセノンフラッシュランプ発光殺菌装置のサルモネラ除菌効果，鶏卵肉情報，9月10日号，38～39(1999)
・横関正直：畜産施設の踏み込み消毒槽と衣服噴霧消毒の一評価，畜産の研究 61(5)，555～558(2007)

第2節

・安全衛生情報センター：グルタルアルデヒドに関する情報
〈http://www.jaish.gr.jp/horei/hor1-46/hor1-46-6-1-5.html〉
・浅野俊雄：微生物制御実用事典，411，フジテクノシステム(1993)
・恵口 利一郎：消毒剤ハンドブック，25～86，日総研出版(1991)
・判例@ pedia：損害賠償請求事件(安全配慮義務違反)平成 16(ワ)6715
〈http://hanrei.atpedia.jp/html/1406.html〉

・厚生労働省報道発表資料：職域における屋内空気のホルムアルデヒド濃度軽減のためのガイドラインについて，平成 14 年 3 月 15 日
〈http://www.mhlw.go.jp/houdou/2002/03/h0315-4.html〉
・厚生労働省労働基準情報：平成 19 年 12 月の特定化学物質障害予防規則等の改正
〈http://www.mhlw.go.jp/bunya/roudoukijun/anzeneisei17/index.html〉
・厚生労働省労働基準局長通達，基発第 0224007「医療機関におけるグルタルアルデヒドによる労働者の健康障害防止について」，平成 17 年 2 月 24 日
・内藤悦夫：各種消毒薬の有機物存在下の殺菌力の低下について，エーザイ㈱資料
・田伏久之：消毒剤ハンドブック，223 ～ 246，日総研出版(1991)
・高杉製薬㈱製品安全データシート MSDS ホルマリン(37%)，2009/09/28
・㈳日本動物用医薬品協会：動物用医薬品医療機器要覧 2010
・山口彰雄，平井克哉：各種消毒薬の IBDV(伝染性ファブリキウス囊病ウイルス)に対する効力試験，エーザイ㈱資料
・吉田製薬文献調査チーム：消毒薬テキスト第3版
〈http://www.yoshida-pharm.com/text/〉

第3節

・恵口 利一郎：消毒剤ハンドブック，177 ～ 186，日総研出版(1991)
・石井営次：キャンピロバクターに対する各種消毒薬の殺菌力，エーザイ㈱資料
・石丸圀雄：活性汚泥に対する消毒薬の影響について，エーザイ㈱資料
・石丸圀雄：活性汚泥に対するパコマ消毒液の影響，エーザイ㈱資料
・小城春雄ら：消毒薬の魚毒性，エーザイ㈱資料
・中村久郎：逆性石鹸型殺菌剤の水稲への影響，滋短大紀要，16(1975)
・楢崎秀男，曽根 勝：浄化槽設置農家における畜舎消毒の問題点，昭和 50 年度静岡県業績発表
・労働安全衛生規則〈law.e-gov.go.jp/htmldata/S47/S47F04101000032.html〉
・重政恒夫：パコマ原体の魚毒性試験結果について，エーザイ㈱資料
・高杉製薬㈱：製品Q＆A〈http://www.takasugi-seiyaku.co.jp/prdt/04_01.html〉
・高鳥浩介：畜産用消毒薬の耐性獲得性試験，畜産の研究，33(6)(1979)
・吉田製薬文献調査チーム：消毒薬テキスト第3版
〈http://www.yoshida-pharm.com/text/〉
・Wei-Liang Chao et al.：J Microbiol Immunol Infect., 20, 339 ～ 348(1987)

第3章

侵入防止のための消毒

第１節
畜産現場を汚染する各種要因とその対策

病原菌やウイルスはどのようにして畜産現場に侵入してくるのか。ウイルスや細菌が単独で畜産現場に飛行して侵入することはほとんどないと言ってもよい。口蹄疫のウイルスが飛んでくることや，鳥インフルエンザのウイルスが中国から黄砂に乗って飛来して侵入することもないとは言えないそうだが，これは非常に稀なことである。病原菌やウイルスは必ず何かに付着して侵入するのである。それは何であるか。

病原菌やウイルス伝播の媒体(図 3-1-1)

病原体やウイルスを持ち込むものとして，次のようなものが挙げられる。

①ヒト
②車両
③器材
④導入畜・ヒナ
⑤飼料
⑥水
⑦外来生物など

したがって，侵入防止の消毒は，これらの諸要因について行われなければならない。本章では，これら諸要因に対する消毒について解説する。

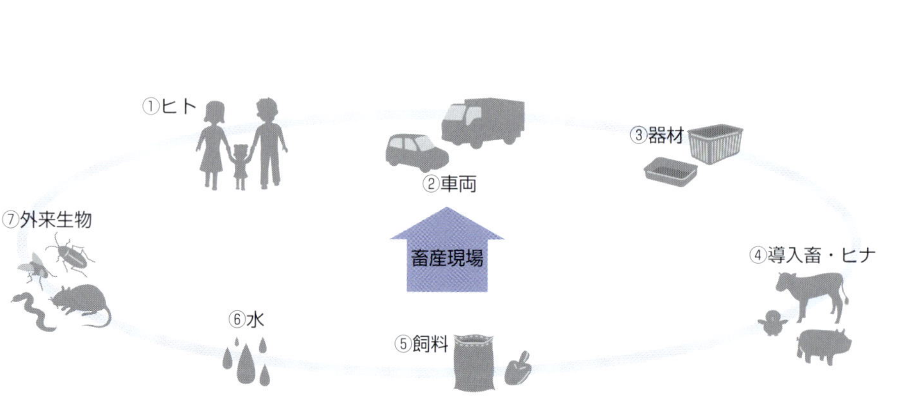

●図 3-1-1　畜産現場を汚染する各種要因

第2節
ヒトによる持ち込みの防止

■ 履物の消毒

第1章(10ページ)で踏み込み消毒槽は効果がないと述べたが，納得していない読者もいると思うので，さらに詳しく説明する。

畜産現場に病原菌やウイルスが侵入する際に伝播の媒体になるヒトには，畜産現場内部の者(すなわち従業員)と外来者がいる。ヒトが意図的に，積極的に病原菌やウイルスを持ち込むことはないだろうが，知らず知らずに無意識に持ち込むことはしばしばあると考えるべきである。

では，どのような手段で持ち込むのか。その第一は履物である。例えば，ほかの畜産現場とか畜産施設を訪問した者の靴底には，その畜産現場の土が付着している。もし，その畜産現場が何かの伝染病の病原菌やウイルスに汚染されていたら，その土には病原菌やウイルスが混入しているかもしれない。それが持ち込まれるのである。

畜産現場に来る外来者には，飼料トラック・家畜輸送車・出荷車の運転手，機械の修理業者，農協の指導員，獣医師，家畜保健衛生所の職員，飼料や薬の営業マンなど多岐にわたる。これらの外来者は当然ほかの畜産現場も訪問しているから，もし，そのなかに汚染畜産現場があれば病原菌やウイルスをどこかに付着させているかもしれないのである。

余談になるが，外来者の履物による病原菌やウイルスの持ち込み防止を考えているのは，何も畜産現場や畜産施設だけではない。近来，病院の院内感染が問題になっているが，大病院ほど院内感染の発生が多く，開業医院ではほとんどないことの理由が履物だと言われている。病院は一般に外履きのまま院内に入るが，開業医院では大抵スリッパに履き替える。これが開業医院に外から病原菌を持ち込まない理由だというのである。もっとも，小規模な開業医院では手術も少ないし患者数も少ないので，一概に履物が原因とは言えないと思うが，そのような意見があるのは事実である。現に，病院でも外来棟は別として，入院病棟は病棟内専用履きに履き替えさせているところが多くなっている。

ところで，履物による病原微生物持ち込みを防止するのが踏み込み消毒槽である(と信じられている)。今日，畜産現場をはじめ畜産施設で，それが適切に管理されているかどうかは別にして，場門あるいは玄関に踏み込み消毒槽がないところは多くはあるまい。もちろん，畜鶏舎の入り口にもあるはずである。

その有無は，伝染病の防疫に関する知識と熱心さの表れと言えるほどである。それほどに踏み込み消毒槽は防疫の立役者として期待されている。しかし，それが期待通りに役割を果たしていないのではないかと指摘されたのである。

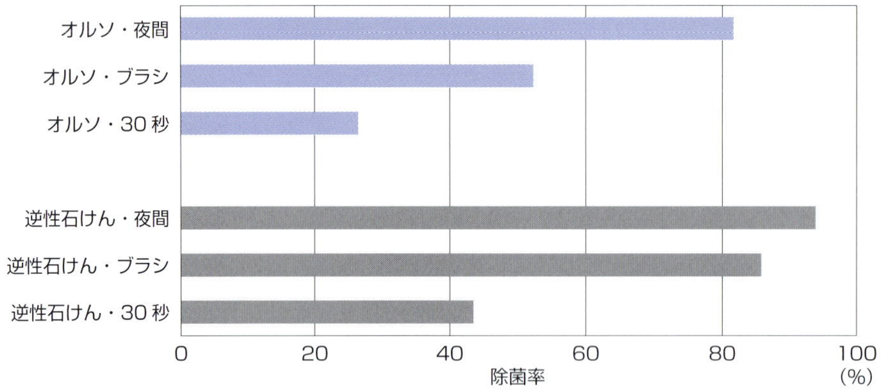

●図 3-2-1　踏み込み消毒槽の効果(鶏舎作業靴・総菌数)

両薬剤とも 100 倍液，浸漬後直ちに拭き取り採材，夜間は翌朝採材，ブロイラー鶏舎作業員のゴム長靴　　　(横関ら)

1．踏み込み消毒槽は本当に機能しているか？

外来者の靴を消毒するために農場入り口とか事務所の玄関とかに設置してある踏み込み消毒槽については，第 1 章(10 ページ)に効果が認められないと述べた。

では，農場作業員のゴム長靴ではどうだろうか。ブロイラー養鶏場の鶏舎作業員の履物の踏み込み消毒槽での除菌効果について実験を行った(横関ら，1993)。結果は**図 3-2-1** のようになった。この実験では，泥や糞のついているゴム長靴で踏み込み消毒槽にまず 30 秒間踏み込んだ。直後に靴底の一定面積を綿棒で拭き取り採材して細菌学的検査に供した。次の区は 30 秒間踏み込んでいる間にブラシで靴底の汚れを擦り取った。第 3 の区は，靴を脱いで踏み込み消毒槽のなかで丁寧にブラシ洗いし，その靴を別の新しい踏み込み消毒槽に浸して一夜放置後に採材した。消毒薬はオルソ剤と逆性石けんの各 100 倍液を用いたが両剤とも絶対値には差があるものの同じ傾向の結果を示した。

この結果を見て，第 1 章の**図 1-1-1**(11 ページ)の結果よりも鶏糞や泥が付着しているゴム長靴の方が除菌率が高い結果になっているのを不審に思われるであろうが，それは，今回の方が浸漬時間が 30 秒と 10 倍も長く，消毒液の濃度も 100 倍液と 5 倍も濃厚なためであると考えられる。

誤解のないように付言しておくが，踏み込み消毒槽の効果がなかったということは，踏み込み槽の消毒液の殺菌力がなかった，あるいは弱かったということではない。消毒液自体に殺菌力があっても靴の付着細菌は除菌できていなかったのである。この実験では調製直後の消毒液を使用しているから，当然殺菌力はある。踏み込んだあとの消毒液を調べても細菌はいないであろう。しかし，靴に付着した細菌は殺せなかったのである。後の章でも述べるが，消毒薬の効力(殺ウイルス・殺菌力)と消毒の効果は同じではない。もちろん相関性はあるのだが同じではないのである。

蛇足かもしれないが，踏み込み消毒槽の消毒液の殺菌力について調べたことを紹介する。これは踏み込み消毒槽の消毒液の適期更新時期を検討するために行ったのであるが，消毒薬としては逆性石けん，フェノール剤，ヨード剤の各 100 倍液を供試した。踏み込み消毒槽に消毒液 10 ℓ を入れ，6 日間にわたり，毎日，畑土 20 g と鶏糞 30 g を加えて撹拌混合した。毎日消毒液を採取して細菌数を測定した(横関，1975)。結果は**図 3-2-2** に示すように経日的に菌数の増加が見られ，フェノール剤では

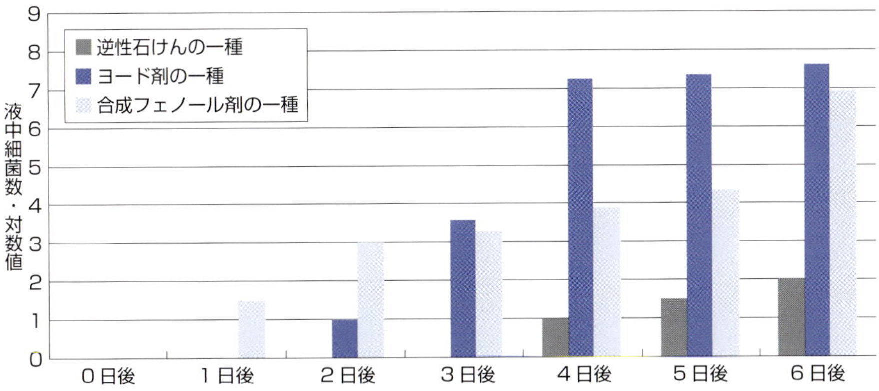

●**図 3-2-2 踏み込み消毒液の殺菌力の推移**

（横関）

1日後にはすでに殺菌力が失われていることが明らかであった。しかし，この実験は共存有機物量としてはかなり過酷な条件であるので，実際現場ではすべてこのようになるわけではないが，槽内の消毒液から細菌が検出されるということは，24時間もの長時間作用させてもなお生き残った細菌がいるということで，消毒液がその程度の殺菌力しか保持していないことを示すものである。したがって，その消毒液でたかだか数秒しか踏み込まない履物を消毒できるわけがないのである。

一般に，消毒薬の効力(殺ウイルス・殺菌力)は，消毒液濃度が濃いほど，作用時間が長いほど，液温度が高いほど，強くなる。このことは第1章(17ページ)で述べた。この点からすると，踏み込み消毒槽は消毒薬にとってきわめて条件が厳しい使用法であると言えよう。本来，消毒薬の試験管内殺菌力は「石炭酸係数法」という公定法では20℃，10分間で菌を死滅させる濃度を求めて(石炭酸の100倍液と比較して)表示している。例えば，逆性石けんの一種Aでは *Salmonella* Typhimurium に対して最大有効希釈倍率が16,000倍とされているが，これは試験管内で20℃の消毒液に10分間感作させる条件での最大希釈倍率である。ところが，踏み込み消毒槽には数秒しか入っていない。第1章で紹介した実験では3秒である。だから，500倍液でも除菌率ゼロになってしまうのである。繰り返すが，これは消毒薬の責任ではなく，わずか数秒しか入っていられないような踏み込み消毒槽という使用法の責任である。

ただし，終業時にゴム長靴を洗浄して踏み込み消毒槽に一夜浸漬しておく使用法では，作用時間が長くなるので除菌率は格段に向上し，かなりの程度の除菌効果を期待できる。

従来から，踏み込み消毒槽の管理は，消毒液の適期更新とか直射日光を遮るとか，泥を入れないように予備洗いをするとかが指導されてきたが，前述の実験で分かったことは，そんなことよりも踏み込み消毒槽の使用そのもの(つまり，踏み込み消毒槽に靴を浸して消毒するということ自体)が，本質的に難しいということである。

ちなみに，最近のバイエル薬品㈱の養豚家を対象にした調査によると，踏み込み消毒槽を設置しているのは197軒中86軒(42.7%)で消毒液の更新期間は平均5.1日であったという。

2．ではどうすればよいのか

このように踏み込み消毒槽が当てにならないとしたら，どうすればよいのか。もっと強力な消毒薬を使うという手が考えられるので，とりあえず消毒液の濃度を高くしてみた。しかし，結果は，ある程度改善されたものの総菌数に対してはやはり有効なレベルまでには至らなかった。

総菌数とはそこに存在するすべての細菌（実は好気性菌だけだが，特定の病原性は持っていない雑菌がほとんどである）を相手にしているが，このなかには消毒薬に特に抵抗力が強い細菌もいる。そこで，相手を絞って病原菌の *Salmonella* Enteritidis を対象にすることにして実験をした。その結果は**図 3-2-3** に示す通り複合塩素剤Bの100倍液は99％以上の除菌率をあげることができた（横関，2007）。サルモネラはそれほど弱い細菌ではないが，塩素系やヨード剤には抵抗性が低いので，これらの消毒薬はよく効くのである。

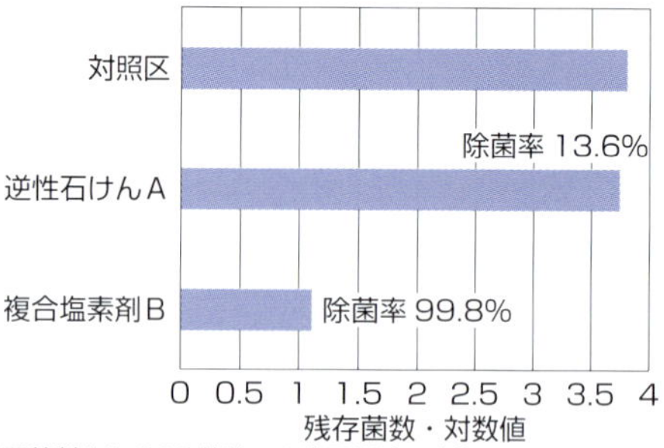

両薬剤とも100倍液、3秒間浸漬、直後にふき取り採材

●図 3-2-3　*S.* Enteritidis に対する高濃度踏み込み消毒槽の効果

（横関）

しかし，それでも完璧と言えない。なぜなら，除菌率99％ということは100個の細菌のうち99個を殺滅するが1個は残るということである。1個なら問題ないと思われるかもしれないが，もとの菌数が10^5個なら10^3個は残ることになるのだから，バイオセキュリティの観点からは到底効果十分とは言えないのである。もっとも，侵入する病原微生物が特定される場合に，それに対して特に強力な消毒薬を用い，踏み込み時間を十分に延長することができれば，実用的な踏み込み消毒をバイオセキュリティ対策の一環とできる可能性もなくはないであろう。例えば，コクシジウムオーシストは多くの細菌よりは抵抗力が強いので，通常の踏み込み消毒ではまったく効果がないが，畜産生物科学研究所の実験によると，オルソ剤を24時間踏み込み消毒槽で作用させると成熟オーシストを死滅させることができた（**表 3-2-1**）。したがって，コクシジウム汚染鶏舎で使用した履物でも24時間以上踏み込み消毒槽に浸漬しておけば十分に消毒することができる。

しかし，大方の場合には，現場での唯一の解決策は外来者の履物を履き替えることになる。これしかないのである。畜産現場では場門に近い場所で，訪問者も出勤してくる従業員も履物を「場内履き」に履き替える。畜鶏舎作業員は畜鶏舎入り口で各舎ごとの「舎内専用作業靴」に履き替える。使い捨てのオーバーシューズでもよい。こうすれば，履物で病原菌やウイルスを畜鶏舎に持ち込む心配はなくなる。また，万一，どこかの畜鶏舎が汚染されていても，履物でほかの畜鶏舎に伝播することは防げる。面倒なようでも，これが最善の策である。この方法は実際に励行しているところがあるから，理論だけの実行不可能なことではない。どこの畜産現場でもやろうと思えば必ずやれることである。

なお，使用後の場内履きや舎内履きは使用後直ちに洗浄消毒して保管するが，その際にオゾン箱内で保管する方法もある。オゾンガスにより靴を殺菌することができるのである。著者はオゾン箱に簡単に水洗いして汚れを落とした舎内履きを納め，オゾンガスを注入する実験を行った（横関，1995）。ガス濃度および作用時間を変えて靴の内外底部の一定面積を拭き取り採材して除菌効果をみたのである。

●表 3-2-1　踏み込み消毒槽から回収したオーシストのヒナへの感染試験成績

薬剤	希釈倍数	感作時間	血便の程度				盲腸病変の程度・ヒナ5羽				
			4日	5日	6日	7日	No. 1	No. 2	No. 3	No. 4	No. 5
オルソ剤*	100	24	−	−	−	−	−	−	−	−	−
	500	24	−	−	−	−	−	−	−	−	−
水道水		24	++	++++	++++	+	++++	++++	++++	++++	++++
		48	++	++++	++++	+	死亡	死亡	++++	++++	++++
		72	++	++++	++++	+	++++	++++	++++	++++	++++

*オルソ剤：キノメチオネート製剤（ゼクトン）

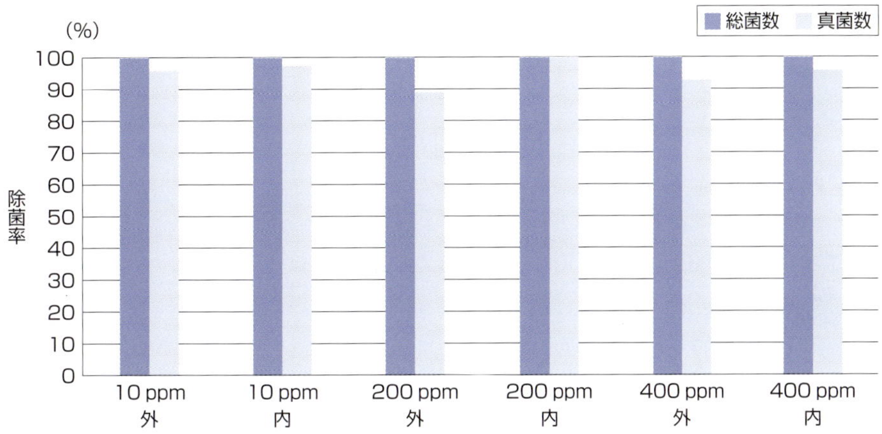

●図 3-2-4　オゾンガスによる履物消毒の効果

処理時間：10 ppm12 時間，200 ppm1 時間，400 ppm30 分間　（横関）

結果は**図 3-2-4** に示す。10 ppm・12 時間でも，400 ppm・30 分でも，靴の内外でも，ほとんど99％以上の除菌効果が得られた。もちろん，履き替えなしにこの方法だけで対応するのは無理であるが，洗浄後の消毒保管には使えるのである。オゾンガスによる履物の消毒が踏み込み消毒槽よりも優れる点は，靴の内外を同時に消毒できることである。著者の調査では作業靴の内側はほとんど外側と同じレベルに細菌汚染されていた。

紫外線を照射するスリッパ保管箱は医院などで利用されているが，これは第２章（22 ページ）で説明した通り，影の部分には消毒効果は及ばないので有効な方法とは言えないが，オゾンガスは隅々まで侵入するので履物や衣服の消毒には適している。

しかし，これらの製品は，一般に商品化されていないようなのが残念であるが，下記会社に依頼すれば特注に応じてくれるとのことである㈱エコノスジャパン，TEL；0537-35-0667，FAX；0537-

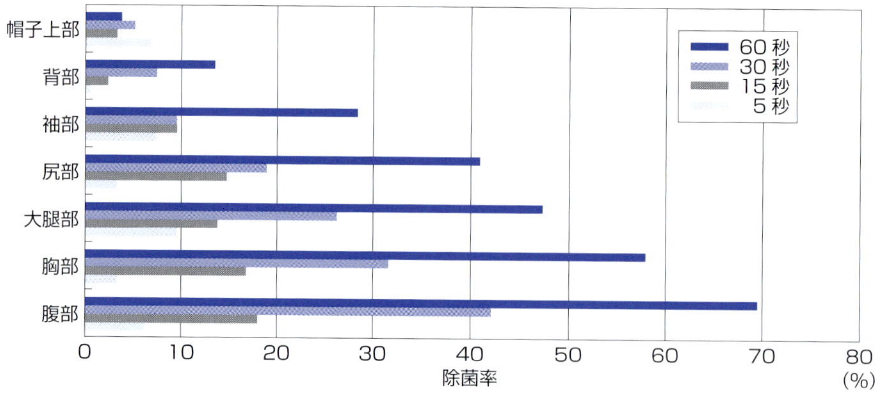

●図 3-2-5　着衣の噴霧消毒効果・総菌数

対象は鶏糞希釈液に浸漬乾燥した布片。逆性石けん 500 倍噴霧　（中村）

35-0668，E-mail；econos@econos.co.jp）。

■ 衣服の消毒

履物の次に問題になるのは衣服である。汚染された畜産農場や施設に立ち入ったヒトの衣服にも塵埃と一緒に浮遊していた病原微生物が付着しているおそれがある。外来者は，場門付近で履物と同時に衣服も替えるのが理想的であるが（近所に鳥インフルエンザなどの伝染性の強い疾病が発生しているときは絶対に替えねばならない），通常はそこまで求めるのは煩雑すぎるであろうから，オーバーオールを着てもらうことでもよい。これは，付着している病原微生物が場内施設に移行しないようにする最低限の措置である。

1．電動噴霧器の効果

畜産施設の場門や玄関付近でよく見かけるジェット噴霧器は，衣服の消毒にどれほどの効果があるのだろうか。

中村（1973）が鶏病研究会報に発表した報告がある。同氏が 40 年も前に衣服消毒の効果に着目された炯眼と，着衣噴霧の効果の不十分さに警告を発せられたことには大いに敬服すべきであろう（しかしながら，今日なお衣服噴霧消毒で事足りるとしている畜産施設が多くあることは，現場指導者の不勉強のゆえとしなくてはならないであろうか）。

この実験は，鶏糞の希釈液に浸して乾燥した布片を作業衣の各部位に貼り付け，2 台のジェット噴霧器で作業衣を着たヒトに逆性石けんの 500 倍液を規定秒数間噴霧し，その後，布片に残存している菌数を測定したものである。結果を**図 3-2-5** に示すが，5 秒では各部位とも数％しか除菌できていない。15 秒で 20％以下，30 秒でも 40％以下である。60 秒間噴霧すると腹部は 70％程度除菌できたが，ほかの部位はそこまでには至らず，帽子の上部にいたっては 5％程度しか除菌できていないとい

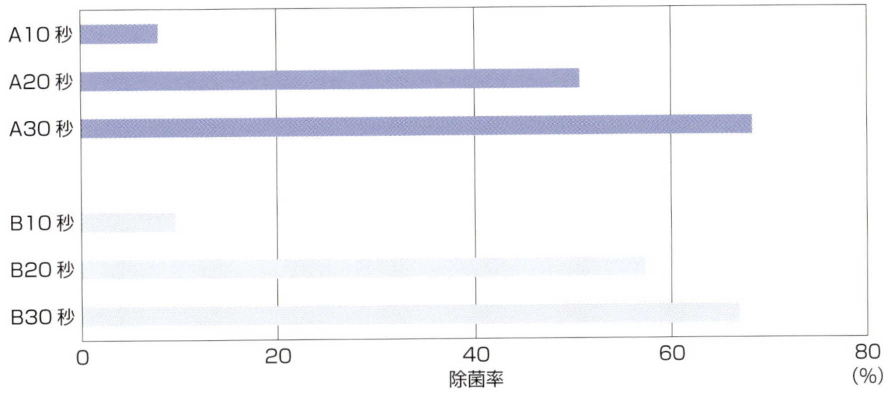

●**図 3-2-6　衣服噴霧の効果・総菌数**

A：逆性石けんの一種，500倍液，B：塩素系の一種，500倍液　（横関）

う状況である。報告によると60秒間噴霧するとギャバジンの作業服の下に着ている２枚目の下着まで濡れるほどだったという。

しかし，実際の現場を考えてみると，来客が玄関にある噴霧器の前に60秒も立ち尽くしていることができるであろうか。しかも，下着まで濡れるのに……である。60秒はどう考えても非現実的な時間である。しかも，これほどに噴霧しても最大70%程度しか除菌できないのだから，少なくとも畜鶏舎作業衣にはこの種の噴霧消毒は効果がないと判断した方がよいと思われる。

もっとも，この実験の条件は，鶏糞希釈液に浸して乾燥した布片が対象であるから，それほどには汚れていない，通常の外来者の衣服ではどうかという疑問も生じることになるだろう。鶏糞は消毒薬の効力を阻害する代表的な有機物であるとは前にも説明した通りである。そこで，もう少し軽い汚染源として，著者は鶏舎内浮遊塵埃を使うことにした。鶏舎内の壁面に１～４日間吊るしておいた布片を対角線状に２分して，一方を処理区として噴霧器で逆性石けんと塩素系の各500倍液を電動噴霧器の５～30秒間噴霧に相当する液量を噴霧して，その直後に細菌検査をした。他方は対照区として比較に供した。

結果は**図 3-2-6** に示した(横関，2007)。両消毒薬とも30秒間噴霧しても除菌率は最大で70%以下であった。先の中村の実験では60秒で除菌率が最大で70%程度であったから，それよりは効果があるが，満足するには程遠いレベルである。つまり，大して汚れていない衣服に対しても噴霧消毒の効果はほとんど期待できないということになったのである。

それでは，どのような噴霧をしたらよいのか。前出の履物の場合と同じように思い切って消毒液の濃度を高くしてみた。布切れに *S.* Enteritidis を浸みこませて乾燥後に噴霧した実験の結果は，複合塩素剤Ｂの100倍液では５秒間で99%，10秒以上で100% *S.* Enteritidis を除菌できることが分かった。逆性石けんはどの濃度でも０%であった。

しかし，これも直接に消毒液が当たった箇所についてだけであるから，実際の場合では陰になる部分も多いので十分とは言いがたいが，サルモネラ対策に限定して実施するための衣服噴霧としてはある程度は実用的と言えないこともないと考えられる。また，ほかの病原微生物に対しても，それに対して強力な消毒薬を用いれば同様の結果を得られると考えられる。

もっとも，実験に使用した複合塩素剤Bはピンク色をしているので，白い衣服が染まることも考慮しておかねばならない(ヨード剤は黄色)。したがって，背広姿の外来者には問題が生じるおそれがあり，日常的に実施するわけにはいかないであろう。鳥インフルエンザなどの悪性伝染病の発生時なら，衣服が染まるなどは小さなことなので文句を言う人もいないかもしれないが，平常時には困るであろう。

注意：この実験に用いた逆性石けんAも複合塩素剤Bも，薬事法ではヒトの衣服を消毒することは適用外として認められていないので(使用上では特に差し支えはないが)，実際には薬局などで販売されている医療用の消毒薬を用いるのがよい。もし本剤を使用する場合は，使用者が自己責任で使うことになる。

2. 衣服による持ち込み防止の実際的対策

さて，前述のように，衣服による持ち込み防止対策としては，訪問者はもちろん従業員も場外と場内では衣服を替えるのが最善の対策ということになる。さらに，鶏舎にまで立ち入る者は，当然，上から下まで鶏舎専用着に着替えてもらわねばならない。鶏舎作業員も鶏舎ごとに作業衣(オーバーオール)を替えることにしたい。

現実に，防疫に熱心な大手養鶏場や種鶏孵卵場あるいは種豚場などでは，畜鶏舎に入るにはシャワーを浴びたうえで，下着から靴下まで着替えさせるところもある。**図3-2-7**は，そのような目的で設けられた更衣室の一例である。上の図では，更衣室内で外着・外ばきと舎内着・舎内履きが混在して交差汚染が生じることを防ぐために手洗い消毒盤を介して一方通行になるようにしてある。下の図は，手洗いだけでなく，シャワーと浴槽も設備した例である。もちろん，畜鶏舎ごとの作業衣の着替えも行っている。

場内着や畜鶏舎内作業衣は毎日終業後に場内で洗濯することが最も望ましいが，あまり汚れていないなら，夜間，オゾンガス殺菌する方法もある。紫外線殺菌は前述したが光線が当たらない影の部分はまったく殺菌できないので，この用途には不適当である。

洗濯は，万一，伝染病が侵入していることを考えれば，従業員が自宅に持ち帰ることは危険であるから場内で行う。外来者が着たものは，そのつど洗濯することが望ましい。

■ 手の消毒

ヒトの手はあちこちに触れるので，汚染物質や病原微生物を付着させやすいものである。そのために，食中毒や伝染病予防には，まず，手洗いというのが常識である。インフルエンザやSARSあるいは鳥インフルエンザ・豚インフルエンザも呼吸器感染症であるため，当然，伝播経路は経気道的であるのだが，実際は経口的にも感染するからである。普通の風邪の場合はほとんどが経口的感染と言われる。つまり，風邪のウイルスに汚染された物に触れた手で食べ物を掴んだりすることで感染するのである。電車の吊り革やドアの取っ手などが危ないとされている。サルモネラ食中毒は，トイレのフラッシュバルブやドアノブが伝播したり，トイレのロールタオルが原因となったりすることもある

SARS：Severe Acute Respiratoy Syndrome　重症急性呼吸器症候群

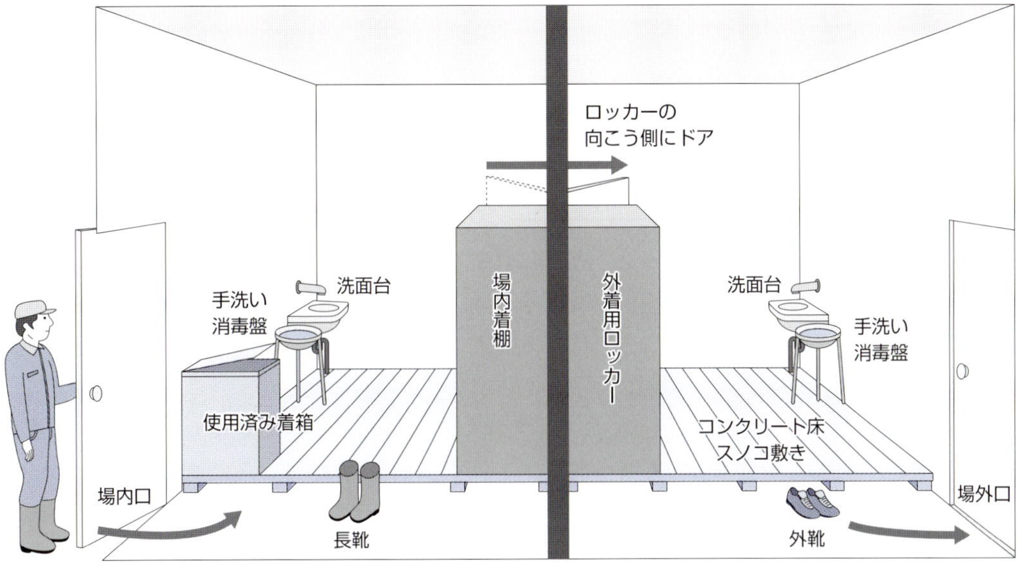

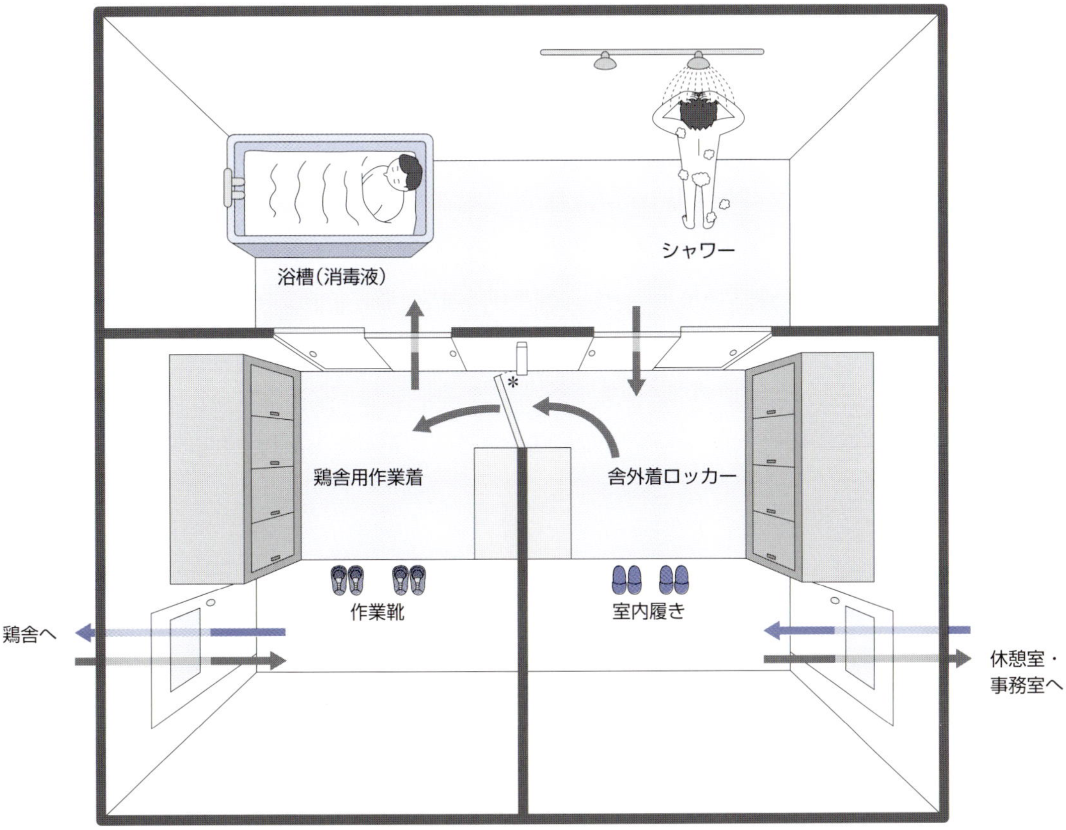

●図 3-2-7　洗面シャワーを備えた設備のレイアウト例(横関案)

と言われる。

1．手洗い器の設置

このように，手は病原微生物を伝播する危険な媒体であるため，畜産現場においても外からの病原微生物の持ち込みを防ぐには，訪問者には場門付近で手洗い消毒をしてもらわねばならない。手洗い消毒には，大体どこでも手洗い器（洗面器）に消毒液を満たしたものが置いてある。その効果はどうであろうか。訪問者の手が泥だらけということはないので，単に通常は手を浸す程度であるが，その程度の洗い方では十分な病原微生物の除去効果は期待できないのではないだろうか。それに，手洗い器（洗面器）ほどの消毒液量では，ヒトが洗うのに伴い肉眼ではそれほどに汚れていなくても消毒液の効力が低下していくので，適時交換が必要になる。さらに，手洗い器にタオルが浸してあるところも見かけるが，これは絶対に禁物である。理由は，タオルの繊維が消毒液の消毒薬成分を吸着して消毒力（殺菌力・殺ウイルス力）を低下させるからである。

手洗い消毒の効果を向上させるには，給水栓で十分な温水が出るようにすることと，液体石けんと消毒液を備えることが必要である。さらに紙タオルも必要となる。これはジェット乾燥器でもよい。

単なる水道水では，冬季には冷たいのでつい洗い方が雑になる。それを防ぐために，トイレの手洗い器で水を30秒以上出さないとドアが開かないようにロックする仕掛けを付けている食品工場もある。GPセンターでも見たことがある。しかも，そこでは冷水しか出なかった。ロックを付ければ，確かに時間をかけて手の洗い方を丁寧にさせ得るかもしれないが，冬場に冷水で30秒も手を洗う人がいるだろうか。ほとんどの人は単に水だけを流しているのではないか。それよりも，温水を出すようにしておけば，温かい水で気持ちよく手を洗うことができる。丁寧に時間をかけて洗うことができるのである。ロックに金をかけるより，よほど効果的で，しかも人道的である。

2．正しい手の洗い方

2009年，新型インフルエンザ（外国では豚インフルエンザと称している）対策として，手洗いが推奨され，効果的な手洗いの方法が紹介された。これは今までになく画期的な出来事であった。過去，O157腸管出血性大腸菌症やコレラ，あるいはその他の伝染病の発生時には，テレビで細菌学者などの識者が「手を洗え」と提唱していたが，どのように洗えと説明した人はひとりもいなかった。著者はこれが不思議であり，不満であった。効果的な手洗いの方法については，早くから実地に詳しい研究者や指導者が研究しており，発表もされていたのである。

基本的な方法は，まず流水で手を濡らし，次に石けん液を少量手のひらに受け，手のひら，指の先，指のまた，手首と，こすり洗いをするのである。そして，流水で流し，水気を拭き取ったあとで消毒液で同様にこすり洗いする（水気があると消毒液が薄まって消毒力が低下する）。最後に乾燥させて終わる。**図3-2-8**を参照願う（榮研器材㈱，2002）。この洗い方は，今日では最も効果的な手洗いの方法として知られているので，是非とも応用されることをお勧めする。

手洗いで気をつけることは，洗いすぎである。手洗い消毒の目的は，手に一時的に付着している病原微生物を除去することで，手を無菌状態にすることではない。かつそれは不可能である。手には常在細菌叢があるが，それは無害であり，かえって病原菌が付着して増殖するのを防ぐ働きもあると言われる。この常在細菌まで除去しようとブラシで手荒にこすったりすると皮膚の表面が損傷して微細

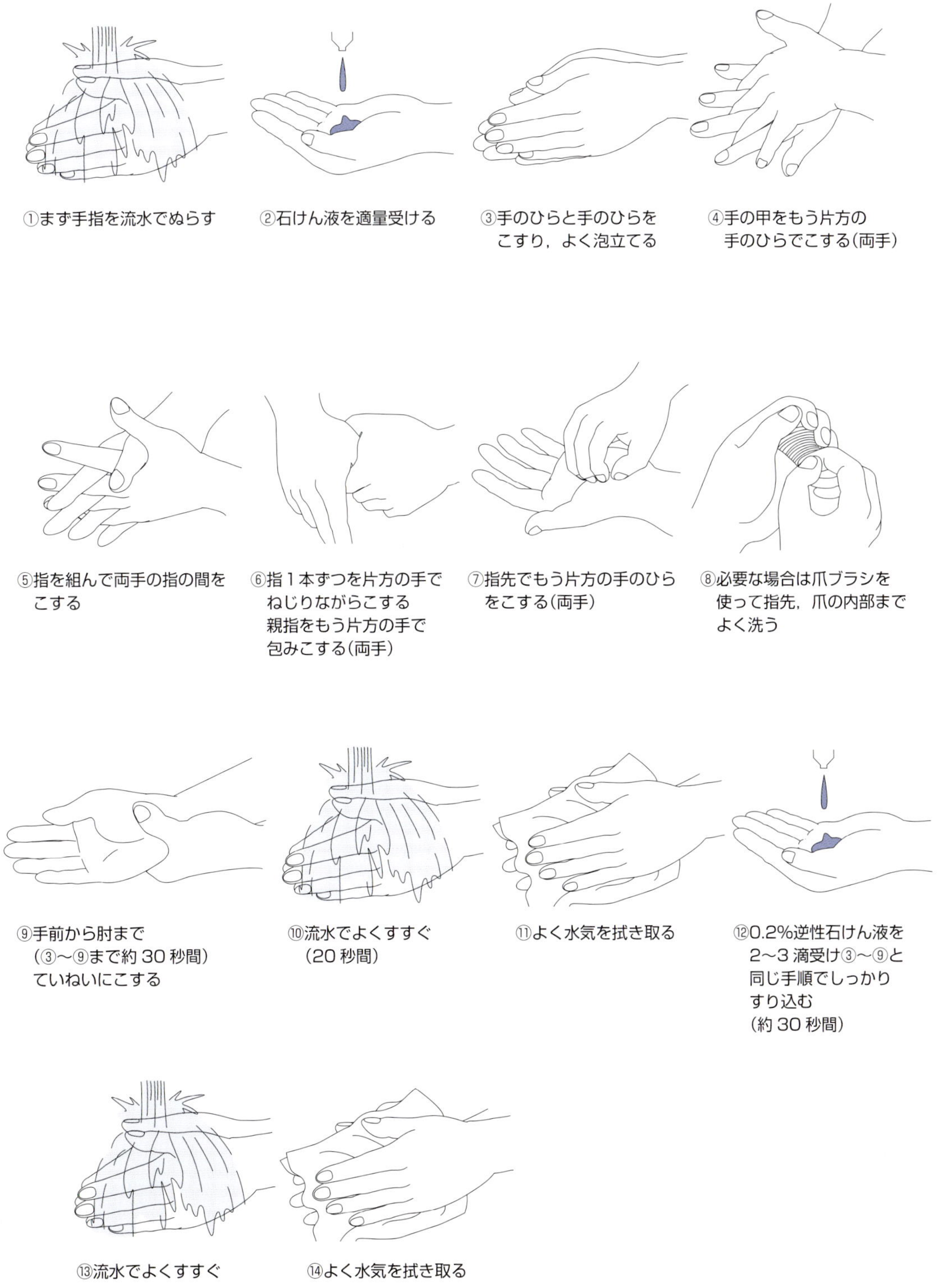

①まず手指を流水でぬらす
②石けん液を適量受ける
③手のひらと手のひらをこすり，よく泡立てる
④手の甲をもう片方の手のひらでこする(両手)
⑤指を組んで両手の指の間をこする
⑥指１本ずつを片方の手でねじりながらこする
親指をもう片方の手で包みこする(両手)
⑦指先でもう片方の手のひらをこする(両手)
⑧必要な場合は爪ブラシを使って指先，爪の内部までよく洗う
⑨手前から肘まで(③〜⑨まで約 30 秒間)ていねいにこする
⑩流水でよくすすぐ(20 秒間)
⑪よく水気を拭き取る
⑫0.2%逆性石けん液を2〜3 滴受け③〜⑨と同じ手順でしっかりすり込む(約 30 秒間)
⑬流水でよくすすぐ
⑭よく水気を拭き取る

●**図 3-2-8　手洗いの手順**

食品微生物検査マニュアル(2002)

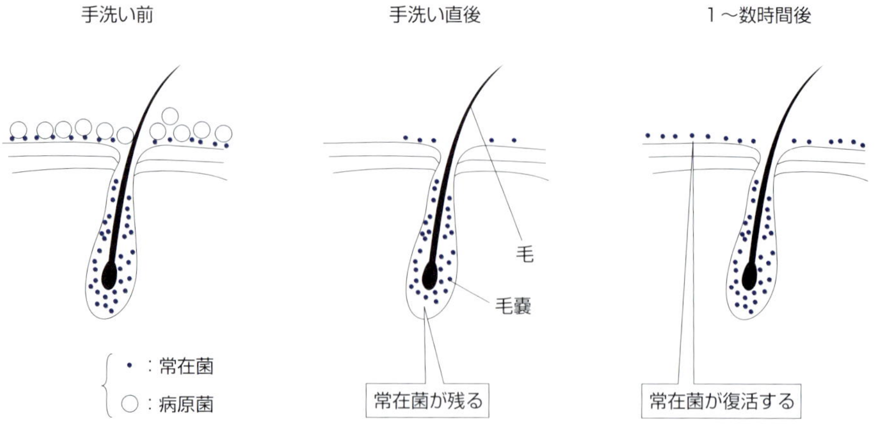

●図 3-2-9　手洗いと皮膚の状態

な傷ができる。傷口には黄色ブドウ球菌が好んで寄生するので，食品の取扱者などではかえって食中毒にいたる危険な状態をつくることになるのである。

手を洗浄消毒すると，表面に付着している病原微生物や常在細菌はともに除去されるが，皺や毛嚢などに潜入している常在菌は生き残る。数十分～数時間後には常在菌が表面に出てきて元の常在細菌叢を復活させるのである(**図 3-2-9**)。したがって，総菌数を検査すると，手を洗うことにより，かえって皮膚菌数が増加することもあるので，以前は専門家ですら手洗いは無駄だと言う人がいたこともあるが，それは短見というべきであろう。

また，手洗いでは消毒液による副作用もみられることがある。酪農家のように頻繁に洗剤や消毒液を用いて作業や手洗いをする人々には慢性的な手の皮膚の異常がみられることがあるが，これは「主婦湿疹」といわれるものである。直接の原因は洗剤や消毒薬による皮膚の脱脂や刺激であるが，慢性化すると多くの化学物質に過剰反応するようになり，完治しにくいと言われている。また，全身的な健康状態にも影響されるそうで，北海道では重労働で疲労が蓄積する牧草の刈り取り時期に多発すると道内の皮膚科の専門医に聞いたことがある。手の湿疹は早目に専門医の診療を受けるべきである。

予防的には，ゴム手袋などで直接消毒液に触れないようにすることになるが，ゴムによる接触性皮膚炎もあるので，木綿手袋の上に重ねることが勧められている。また，消毒液や洗剤液に触れたときには，作業後直ちに微温湯で洗い落し，保湿剤を塗布するのがよいとされていて，就寝時には保湿剤を塗り手袋をはめて寝るとよいと言われている。

3．ウイルスに対する手洗い

ノロウイルスの感染防止を目的とした手洗い消毒についての森ら(2006)の実験報告を見る機会があったので紹介する。

ノロウイルスは培養ができないので実験にはネコカリシウイルス(FCV)を代用している。供試消毒薬としては，エタノール，クロルヘキシジン，逆性石けん，ならびに主成分としてそれぞれヨード化合物，トリクロサン，フェノール誘導体を含む手指洗浄用石けん(ハンドソープ)を用いた。手洗い

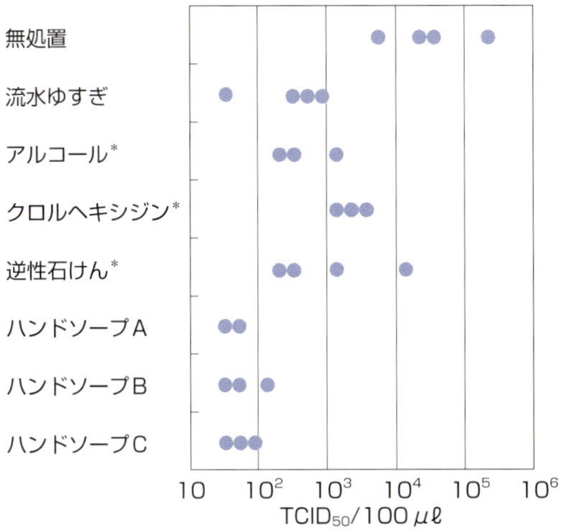

●図 3-2-10 手洗いの FVC 感染価に及ぼす効果

＊：消毒薬は洗い後流水ゆすぎを加えた （森ら）

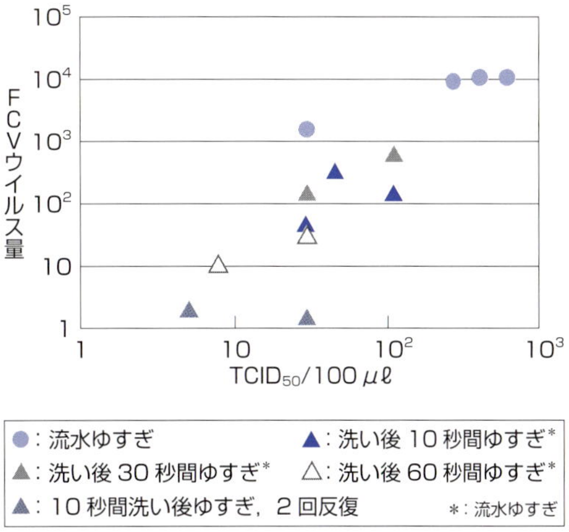

●図 3-2-11 手洗い方法の効果比較（ハンドソープB使用）

＊：消毒薬は洗い後流水ゆすぎを加えた （森ら）

の方法は，FCV ウイルス液 1.5 mℓを両手指に 20 秒間すり込んだ後，それぞれの薬剤による「もみ洗い」を 10 秒，流水による「ゆすぎ」を 15 秒行った。薬剤量は，ポンプ式のハンドソープは 1 回押し（1 mℓ），ほかは指示通りの希釈濃度液を 50 mℓ使用した。また，アルコールは 3 回噴霧し，10 秒間両手に摺り込んだ後 15 秒流水でゆすぎ，ペーパータオルで拭き取った。検体の採取は「Glove Juice 法」の森田変法により採取した（MEM 培地 20 mℓ中で指頭 2 秒，指間 2 秒を 2 回，手掌 10 秒，手甲 10 秒のもみ洗い）。感染価とウイルス量を測定した。結果は感染価でもウイルス量でも大きな差異はないので**図 3-2-10** には感染価の変化を示す。

クロルヘキシジンは単なる“流水ゆすぎ”よりも効果が劣ったが，消毒薬の場合にも流水ゆすぎをしているので本来なら少なくとも同レベルにならないとおかしい訳である。逆性石けんとエタノールも流水ゆすぎと同程度であり，消毒薬による手洗い消毒は効果がないと判定されそうであるが，本実験で使用した消毒薬はいずれも FCV のようなエンベロープを持たないウイルスには無効の種類であった。もともと効力がない消毒薬を用いて手洗いの実験をしても無駄ではないか。もし，消毒薬の効果を測るつもりであったのなら供試薬剤の選定を誤ったものといえよう。

ハンドソープはいずれも流水ゆすぎよりもほぼ log 1 桁優れていた。配合されている界面活性剤の洗浄作用による除去効果が貢献していると考えられる。

最も効果の大きかったハンドソープ B を用いて，各種の洗い方の効果を比較した。

図 3-2-11 では，“流水ゆすぎ”は最も効果が低かった。無処置区がなく比較できないのでどれほどの効果かわからない。10 秒間の“こすり洗い”，その後“ゆすぎ洗い”これらを 2 回反復するのが最も効果的で“流水ゆすぎ”に比較して log 4 桁も残存ウイルス量が少なかった。

結論として，この報告では，界面活性剤の洗浄効果が最も有効であるとしている。これには著者もある程度同感であるが，しかし，先に指摘したように，供試消毒薬はいずれもこのウイルスに効力がない種類であったので，もし，効力のある消毒薬を用いれば，異なる結論が得られたものと考える。

CHECK SHEET

□1．踏み込み消毒の効果はほとんど期待できない。その理由は作用時間が短いことにある。

□2．ある種の病原菌のみを相手にする場合なら踏み込み消毒槽もかなり有効ではあるが完璧とは言えない。

□3．代替策は，場内や畜鶏舎内で靴を履き替えることしかない。

□4．使用後の場内履きや畜舎履きを洗浄後，踏み込み消毒槽やオゾン箱に保管する場合は，かなりの消毒効果を期待できる。

□5．バイオセキュリティのための着衣の噴霧消毒は一般的にはほとんど効果はないと認識した方がよい

□6．着衣による病原微生物持ち込みの防止法は，場内衣・舎内衣に着替えることしかない。

□7．使用した衣服は毎日終業時に場内で洗濯する。

□8．手も病原微生物を持ち込む媒体である。正しい手洗い消毒が重要である。

□9．手の洗いすぎは逆効果になる。ゴム手袋や保湿剤で手の保護をするとよい。

□10．ハンドソープは界面活性剤の洗浄効果により，効果が高い。

□11．対象病原微生物に効力のない消毒薬を用いれば，手洗いに限らず効果がないのは当然である。

第3節
車両・器材による持ち込みの防止

■ 車両の消毒

1．車両消毒の方法

畜産現場には毎日多くの車両が出入りしている。飼料トラック，導入子畜・ヒナ輸送車，卵や生鳥・成畜の出荷車，集乳車，設備機械の修理業者の車，薬品や飼料の営業マンの車，獣医師や農協指導員の車，それに従業員の車などである。

多くの車両は，ほかの畜産現場や畜産関連施設をも巡回して来るので，万一，汚染された畜産現場を訪問していれば，病原微生物が付着して来場する危険性がある。特に，タイヤは地面を踏んでくるので，土壌を汚染していた病原菌やウイルスが付着している危険性はきわめて大きい。著者が遭遇した事例では，養鶏場へ来る道路のそばに酪農農場の糞堆積場があり，そこへ糞や敷き料を運んでくる車両が糞などを路面にこぼすのであるが，養鶏場へ来る飼料トラックがそれを踏んで養鶏場の場内に入り，場内の土壌に移していった。このことが分かったのは，その養鶏場は著者が指導していた“サルモネラ・フリー”の養鶏場で，日常的な検査により“サルモネラ・フリー”を確認していたのだが，あるとき鶏舎入り口付近で *Salmonella* Enteritidis が検出され，検査や推論を繰り返した結果，たまたま糞堆積場の牛糞を調べたところ，*S.* Enteritidis が見つかったからである。

バイオセキュリティとしては，外来車両の出入りを禁止すればよいのだが，車はそれぞれ畜産現場の運営に必要な役割を持っているので，鳥インフルエンザや口蹄疫の発生時のような緊急非常時以外には，無闇に入場禁止にはできない。

そうなると，来場した車両を消毒することで汚染病原微生物を除去して，それから入場させなければならないことになる。車両消毒の必要性は，著者も20数年以上前から強調していたのであるが，近年理解が広まり，多くの畜産現場や畜産施設でそのための設備がなされるようになってきた。

車両消毒の方法としては，①動力噴霧機による消毒液噴霧，②発泡消毒，③車両タイヤ消毒槽，④自動・車両消毒装置がある。以下に，簡単に特徴を解説する。

①動力噴霧機による消毒液噴霧

動力噴霧機と水槽を場門付近に設置して，来場車両の運転者に消毒液噴霧をしてもらう方法である。最も簡単な方法であるが，問題点としては消毒液切れや機械の故障に気付かないで数日を経過するようなことがある。その間，来場車両は無消毒で自由に出入りするのである。病原微生物を付着している車両が入ってくることがあるかもしれない。これは非常に不安な問題点である。また，消毒液噴霧をどの程度しっかりやってくれるかは運転者任せになる。忙しいというので適当にやってもらっ

●図 3-3-1　消毒専門の作業員を配置し，動力噴霧機を用いた消毒を徹底している農場

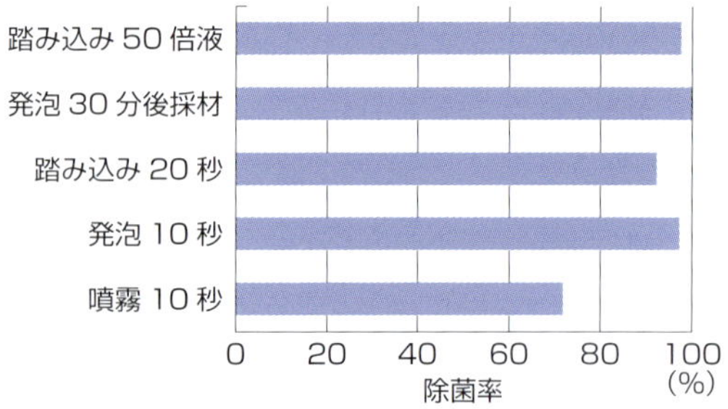

●図 3-3-2　車両タイヤ消毒の効果

逆性石けん A200 の 1,000 倍液　発泡消毒は 100 倍液　（横関）
消毒後 2 分後に採材，発泡 30 分区のみ 30 分後採材

ては，バイオセキュリティは不完全になる。これも大きな不安要素である。この点を回避するためにある大手ブロイラーインテの農場では，専門の消毒作業員を置いて，終日，出入車両の消毒を実施している(図 3-3-1)。この作業員のやり方をみると，実に徹底的に噴霧している。写真からもその状況は見て取れるであろうが，これくらいやれば，なるほど効果はあると思われる。

②発泡消毒

設備としては前述の動力噴霧機による消毒液噴霧と同じであるが，ただ，噴霧ノズルの代わりに発泡ノズルが必要である。この価格は 3 万円ほどであり，㈱丸山製作所が製造販売している。第 4 章(107 ページ)で詳しく説明するが，発泡消毒は非常に効果の優れた消毒方法であるが，著者の実験によると車両消毒でもほかの消毒方法と比べて高い効果を示している。図 3-3-2 に紹介する通り，タイヤに塗布した *S.* Enteritidis に対して消毒液噴霧では除菌率が 70%，車両タイヤ消毒槽でも 2 倍の時間をかけて 92%になるが，発泡消毒は 97%と最も高い除菌率を示した。この消毒方法は，消毒液が泡状になるために被消毒物体に付着している時間が長くなるので効果が高いのであるが，車両においても消毒液は長時間付着する。また，泡状になっているために消毒状態が目に見えるので，自然と丁寧にまんべんなく消毒するようになるのも特長である(図 3-3-3)。この実験では，3 種類の方法の効果を比較するのが目的なので，発泡消毒もできる逆性石けんを供試したが，サルモネラに対して最も強力な消毒薬を用いれば，除菌率はさらに向上したと考えられる。複合塩素剤の一種(ビルコン S)は補助剤を併用して発泡消毒もできるので(横関，2005)，これを用いた実験が期待される。ほかの病原微生物(例えば，口蹄疫ウイルス)についても，最も強力な消毒薬(薬品)を用いて実験をすれば，少なくとも本実験以上の効果は得られるはずである。さらに，最も効果的かつ実用的な作用時間などを検討すれば，発生時の防疫対策に貢献できると考える。

③車両タイヤ消毒槽

タイヤ用の踏み込み消毒槽である。大型トラックのタイヤが最低でも槽内で 1 回転できるだけの槽の長さが必要である。実際はこれよりも長いほうがよい。幅はトラックの幅に余裕をもって合わせる。深さは最低でも消毒液の深さが大型タイヤのゴム部分の側面が十分に浸漬するほどが必要である。実際は，車が入ると液量が増えるので，槽の深さはそのときに消毒液が溢れないほどに深くすることが必要である。車両消毒槽の使用に当たっての注意点は，運転者に車の速度を十分に低く抑える

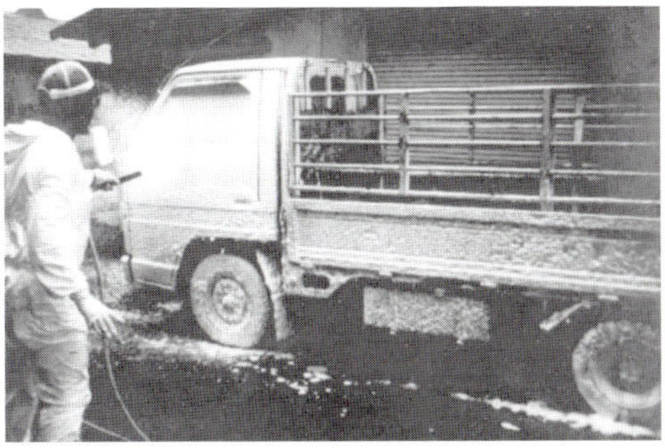

●図 3-3-3　発泡消毒は，消毒状態が見えるメリットがある

●図 3-3-4　稼働している車両用の消毒装置

ように徹底することである。タイヤの消毒効果はタイヤが消毒液に浸漬している時間によって決まるので，高速で通過するのと低速で通過するのとでは効果に差が出るのは当然である。しかし車の運転者は，通常気がせいているのでゆっくりと通過させるのは難しい。槽内の床面を凸凹にするとか，槽の外側(場外)にセンサー，内側(場内側)に遮断機を設置して，一定時間を経過しないと遮断機が上がらないようにするのもよいアイデアである。

④自動消毒装置

本格的な車両消毒設備である。**図 3-3-4** はある畜産現場に設置してある装置である。このように，車両の上から側面，下面，タイヤに向けて多数のノズルから消毒液を噴霧するので，車両の全体が短時間で消毒できる。しかも人手は不要である。この装置では，タンクに消毒液を自動的に貯める仕掛けになっているので，消毒薬の缶が空になるまでは消毒液が出なくなる心配はない。しかし，自動装置といっても，薬液注入器の不具合とかノズルのつまりとかがあるので，機械が完全に動くかどうかを毎朝確認しなくてはならないのは言うまでもない。

なお，このような装置でも噴霧がボディに集中して肝心のタイヤ部分に消毒液がかからないような設計になっているものもときどき見かけるので，設置するときには事前に図面をみてノズルの位置や噴霧方向，個数など，さらにそれに相応の能力のポンプを付けているかなどをよく検討することが必要である。このような機械設備では(特に注文製作品では)，高額な買い物の割に，後で不具合が見つかることはしばしばあり得る。

⑤車両内部の消毒

車両消毒では通常は外部の消毒だけであるが(特に前述の通りタイヤが重点になる)，近隣に悪性伝染病の発生時などでは内部の運転席なども消毒の対象とすべきである。内部はシートやダッシュボードなどは消毒液を含ませた布巾で丁寧に拭くこと。床面のマットは終業時に外して消毒液を噴霧あるいは浸漬した後，乾燥する。マットを外した床面は消毒液に漬けた雑巾またはモップなどで拭き取る。消毒液の噴霧は液量が多くなるので，ほかの部分を濡らしたり，乾燥が遅くなる。

ブロイラーインテ：孵卵，飼育，加工，販売までを一貫して行う経営体制（インテグレーション）を行うブロイラー養鶏場，またはそれを行うブロイラー農場

さらに，運転手による病原菌やウイルスの伝播を防ぐためには，農場現場では極力下車しないのが望ましいが，下車する際には，使い捨ての紙つなぎとオーバーシューズを着用してから降りる。再び乗車する際には車外で脱ぎ捨ててごみ袋に入れて処分するなどの注意が必要である。また，窓やドアは農場内では常に閉めておくことも塵埃や浮遊菌・ウイルスの侵入による車内汚染を防ぐには必要である。

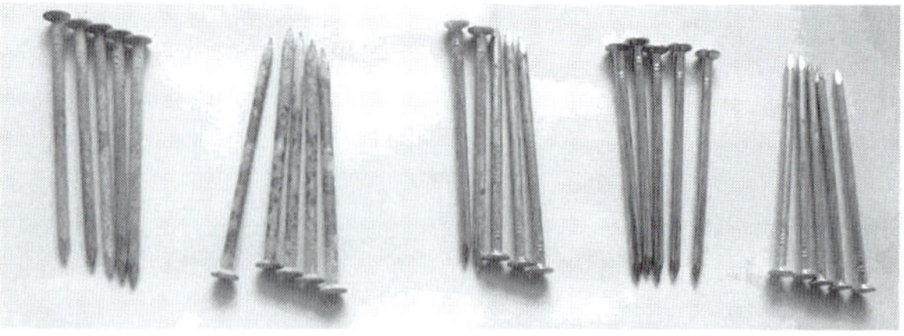

塩素剤B 200 ppm 発錆＋＋＋	ヨード剤L ×500 発錆＋＋＋	逆性石けんA ×500 発錆＋	塩素化 イソシアヌール酸C 200 ppm 発錆－	次亜塩素酸 ソーダP 200 ppm 発錆 ±

●図 3-3-5　消毒薬の発錆性比較(浸漬 12 日目)

2．車両消毒用消毒薬

これらの車両消毒で使用する消毒薬は，踏み込み消毒槽の場合と異なり効力が強いだけでは問題が生じる。車体の発錆の問題があるからである。塩素系やヨード剤はサルモネラとかエンベロープのないウイルスをも強力に殺せるので，車両消毒にも使いたいところであるが，発錆性が強いものがあるので注意が必要である。一般に逆性石けんや両性石けんなどが適しているとされているが，製剤によりかなり差があるようで，逆性石けんでもまったく発錆性がないとは言えない。**図 3-3-5** は，各薬剤の使用濃度液に亜鉛メッキの鉄クギを浸して 12 日後に観察したものである。発錆性がないと言われている逆性石けんでもかなりの発錆が認められている。他方，発錆性が強いと言われている塩素剤でもほとんど発錆が認められないもの(塩素化イソシアヌール酸)もある。

車体の発泡消毒をするなら，発泡性のある製品(逆性石けんの一種「アストップ 200」など)が最も適しているといえよう。複合塩素剤(ビルコンS)でも発泡補助剤を加えて発泡消毒はできるが，発錆性が強いのが問題となる。

しかし，近在に伝染病が発生したときなどは，発錆性を云々するよりも効果が第一であるから，その病原微生物に最も強力な消毒薬を使用しなければならないのは言うまでもない。

3．車両消毒設備のメンテナンス

今まで述べてきた設備においては，発泡消毒以外では消毒液の廃液処理の問題がある。廃液を流すためには排水溝が必要である。排水溝がないと，廃液が周囲の地面に流れ，場内の各所に流れ込むことにもなるからである。車両消毒の廃液は，鶏舎消毒の廃液と異なり糞便などの有機物が混入することが少なく，廃液には強い殺菌力が残存しているので，河川などにそのまま放流すると周辺に影響を及ぼす恐れがある。その場合は，中和などの措置が必要になる。

立派な車両消毒設備をつくった畜産現場でも，そのメンテナンスが行き届いていなければ，バイオセキュリティの役には立たないのである。著者が実際に見たものでも，例えば,「動力噴霧機が故障している」，「消毒液タンクが空である」，「消毒薬がない」，「ノズルが詰まっている」，「消毒槽の消毒液が不足している」，「自動消毒装置の赤外線センサーが故障している」などがあった。これらの不具合があるのを知らずにいると，外部からの車両が無消毒で自由に進入することになる。そして病原微生物を持ち込むことにもなるのである。

4. 車両消毒の効果

前述の実験成績では，除菌率の最高は発泡消毒後に30分間放置してから採材した場合の99.99%であった。そのほかの処理区では，発泡消毒と消毒液濃度を10倍に高めた50倍液でのタイヤ消毒槽が97%台の除菌率に過ぎなかった。しかし，使用した消毒薬は逆性石けんの一種であるから，サルモネラに対して強力な効果を持つ塩素系やヨード系(特に複合塩素剤ビルコンS)を用いればさらに高い除菌率を得られたとも考えられるが，前述の発錆性も考慮に入れなくてはならず，畜産現場における日常のバイオセキュリティの一翼としては，十分とは言い難いのが残念である。今の段階では，微生物の侵入を一定程度減殺する手段と認識しておくのが適当であろう。その観点から，外来車両の駐車場所をできるだけ畜鶏舎から離れた場所に設け，場内には入れない配慮が必要であろう。

■ 器材の消毒

畜産現場に持ち込まれる器具器材も多種多様であるが，ほかの農場あるいは畜鶏舎で使用されていたものは病原微生物に汚染されている危険がある。著者の経験でも，ある養鶏場で床面掃除用の電気掃除機がサルモネラを伝播拡散していたことがあった。そのほか，パワーショベル，小型トラクターなども複数鶏舎で共同使用しているために汚染を拡散するものである。病原微生物を外部から持ち込む機材としては，養鶏場なら，鶏卵トレイ・コンテナ，廃鶏かご，生鳥かごなどがある。養豚場の場合には，ある現場に詳しい指導者に聞いたところでは，場内でも移動するので，例えば，離乳子豚の離乳豚舎への移動は四輪ワゴンや小型トラックを用いるし，離乳豚舎から肥育豚舎に体重30 kg程度の豚を移動するには，鉄製のケージを用いたり，小型トラックを使用したりする。さらに大型の候補豚とか肉豚の出荷用にも鉄製のケージとトラックを用いることが多い。これらの器材は通常，使用後に水洗・消毒・乾燥している，というが，それがどの程度実効があるかは不明である。

1. 鶏卵トレイ

トレイは，採卵養鶏場がGPセンターに卵を出荷するために使用するが，これは本来なら自農場から出したものは自農場に返却されることになっている。しかし，実際は間違って他農場のものが混入することがしばしばある。それがサルモネラなどに汚染されている農場のものであれば，汚染が持ち込まれる危険が大である。実際の例として，**表3-3-1**に示すが，誤返送されたトレイを検査したところ，5枚中1枚にサルモネラが検出された。さらに，それらのトレイを載せて卵詰め作業をしていた台車からも10カ所中2カ所から検出された。これは持

●表3-3-1 鶏卵トレイのサルモネラ汚染

検体		サルモネラ	血清型
他農場トレイ	1	陽性	O18
	2	陰性	
	3	陰性	
	4	陰性	
	5	陰性	
集卵台車テーブル	1	陽性	O18
	2	陰性	
	3	陰性	
	4	陰性	
	5	陰性	
	11	陰性	
	12	陰性	
	13	陽性	O18
	14	陰性	
	16	陰性	

トレイの消毒効果(ヨード剤100倍液数秒浸漬)
消毒前陽性率：3/5　消毒後：1/5

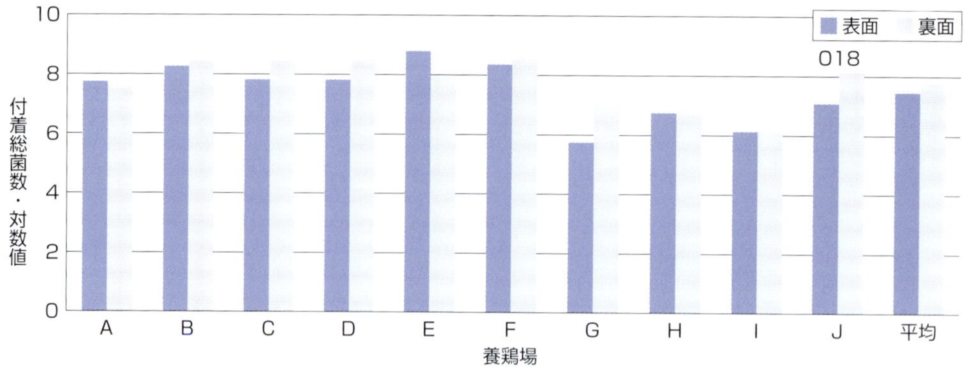

●図 3-3-6　集卵トレイの細菌汚染状況

10 養鶏場から 1 枚ずつ採取。両面(1/6)をガーゼで拭き取り普通寒天培地，37℃ 48 時間培養。J 養鶏場はサルモネラ O18 検出

（横関）

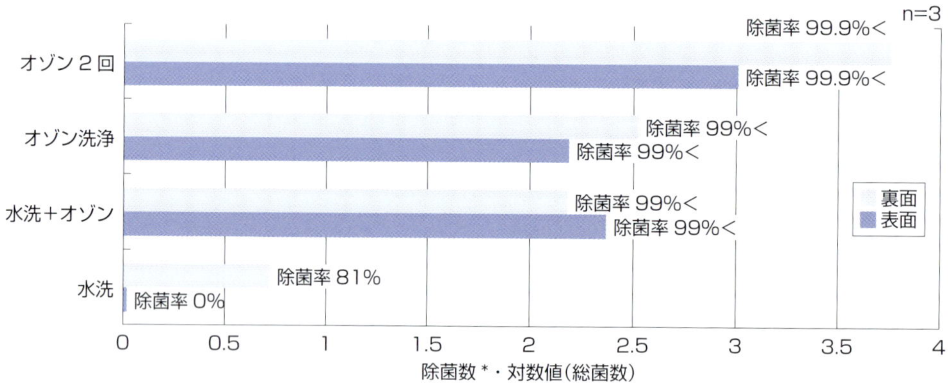

●図 3-3-7　トレイ洗浄機の消毒効果

＊：除菌数＝無処置菌数－処置後菌数

（横関）

ち込まれたサルモネラ汚染が，すでに自農場の内部に定着していることを示している。

トレイの消毒は本来なら多くの養鶏場からトレイが集散する GP センターで実施すべきものであるが，時間的制約や費用の関係で行っているところは多くないようである。したがって，養鶏場が自衛措置として，自ら行うことになる。

トレイの細菌汚染度は一般にどの程度か。10 カ所の養鶏場から平均的汚れの各 1 枚をサンプルに供してもらい，総菌数を調べた。結果は**図 3-3-6** に示す。1 面当たり表裏とも最大で 10^8 を超えた。10 枚中の 1 枚からは *Salmonella* O8 群が検出された。

トレイの洗浄と消毒は一般に市販の高速トレイ洗浄機が使用される。その消毒効果はどの程度か，実験をした(横関，1998)。消毒薬としてはオゾン水を供した。結果は**図 3-3-7** に示す。除菌率の最高は「オゾン水 2 回洗い」の 99.9%で，「オゾン水 1 回」と「水洗＋オゾン水 1 回」は 1 桁低かった。

「水洗のみ」の片面は除菌率０％で，目視的には清潔になったかにみえるが，細菌学的にはほとんど効果がないことを示した。一般に，トレイ洗浄機では単なる水洗いが多いようであるが，バイオセキュリティの役には立っていないことを認識する必要がある。

トレイ消毒のほかの方法として「浸漬消毒法」が一部で行われている。水槽に消毒液を満たして30分間ほどトレイを浸漬し，引きあげて(汚れがあればブラシで落とす)乾燥するだけの簡単な方法であるが，消毒液の作用時間が長いので除菌効果に優れる利点がある。消毒液浸漬時間と除菌率の関係は，実験(横関，1998)によると，市販ヨード剤Ｒ(500倍液)では30分後に99％以上，複合塩素剤Ｂ(500倍液)では99.9％以上であった(実験では単に消毒液に浸漬しただけでこすり落としの効果は含まれていない)。この除菌率なら，トレイに付着しているサルモネラの菌数はそれほど多くはないので(糞便などの汚れを除けば)実用的には有効と判定してよいと考える。

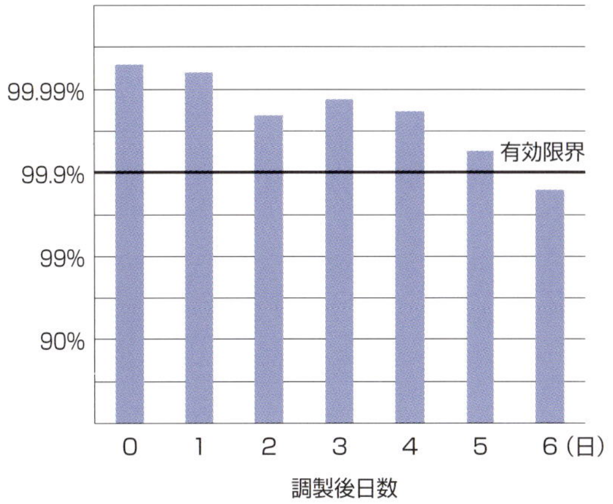

●**図 3-3-8　トレイ浸漬槽の消毒液の *S.* Enteritidis 殺菌力の変化**

複合塩素剤 500 倍液 500L．５分間浸漬，６日間で 24,000 枚消毒．*S.* Enteritidis ヒト食中毒株　（横関）

ただし，この方法では踏み込み消毒槽や手洗い消毒器の場合と同じく，消毒液の適期更新が必要になる。その確認のために実験を行った(横関，1998)。事前の予備的検討として，プラスチック片に鶏卵の５％希釈液を塗布した上に *S.* Enteritidis を塗布し，各消毒液に５～60分間，浸漬し除菌率を調べた。結果は短時間(５～10分間)の浸漬では，複合塩素剤(ビルコンＳ)では99.999％を超える除菌率が得られたが，ヨード剤では99％にとどまった。30分以上の浸漬では両剤ともに99.999％を超えた。実際使用中のトレイを用いて，トレイ消毒槽に複合塩素剤Ｂの500倍液を500ℓ入れトレイを約100枚ずつ投入し，約５分後に取り出す方法で毎日約８時間の作業を６日間継続した。毎日，終業時に槽内の消毒液200㎖を取り，残存殺菌力を求めた。結果は，消毒液の投与開始より６日後に除菌率は99.9％のオーダーに下がった(**図 3-3-8**)。また，目視でも消毒液の色調が最初のピンク色透明から白色不透明となった。pHは最初の2.7から順次高まり，６日後には4.5に至った。

この結果から，複合塩素剤Ｂの500倍液をタンクに500ℓ入れた場合，実用的には５日間で２万2,000枚の消毒まで99.9％を超える除菌効果をあげる殺菌力を維持できることが明らかになった。したがって，本消毒薬でサルモネラ対策のためのトレイ消毒をする場合には，この範囲内で消毒液を更新しておけば常に有効な消毒をすることができると考えられる。

コンテナについては実験を行っていないが，市販の洗浄機があるのでトレイと同様の結果を得られるものと考える。

2. 食鳥かご・廃鶏かごの消毒

ブロイラー養鶏場での出荷，採卵養鶏場での廃鶏出しの作業は，必ず，定期的に行わなければならない業務である。これに使用する食鳥かご・廃鶏かごは，基本的には集鳥業者(インテ)または廃鶏業者の所有になっている。これらの「かご」は養鶏場から食鳥処理場(成鶏処理場)へ，また次の養鶏場へと，順繰りに回して使用されるので，そのサイクルに伝染病の病原微生物に汚染されている養鶏場があることは常にあり得る。「かご」は鶏舎の中まで持ち込まれ，鶏を入れて相当の時間をかけて輸送するのだから，当然に，病原微生物に汚染される恐れが大きい。その間に，鶏は排糞もするからサルモネラやカンピロバクターにも汚染される。したがって,「かご」はヒトの履物や車両とは比較にならないほど病原微生物持込みの危険度が高い器材なのである。

その「かご」を何の対策も講じずに場内・鶏舎内に入れているのが養鶏場の過半ではなかろうか。何の対策も講じていないわけではなく，業者に消毒を依頼している養鶏場もあるだろうが，それが真に有効な消毒なのかどうか，それを確認しているのか。そこにも問題があると考えられる。履物や着衣あるいは車両の消毒の項で前述したように，消毒とはすることに意義があるのではない。病原微生物が除去されてはじめて消毒をしたと言うことができるのである。繰り返しになるが，一般的に「かご」の防疫措置については，経営者の関心の低さが気になる。

①食鳥かごの汚染度

かなり以前の調査だが，静岡県下のブロイラー養鶏場を調査した望月ら(1992)の報告がある。**図 3-3-9** に示すが，それによると使用中(消毒前)のかごのサルモネラ汚染率は 95%，消毒後の汚染率は 57%である。この消毒は動力噴霧機で逆性石けん消毒液を噴霧したのであるが，この程度の除菌率しか得られていないのである。一言で「この消毒の効果はない」と言ってもよい。ただし，サルモネラに強力な塩素系消毒薬などを使用すれば除菌率が一定程度向上する可能性はあると考えられる。

②かご消毒の効果

著者がある採卵養鶏場で，廃鶏出しの際にかごの検査をしたことがある。その一例を**表 3-3-2** に紹介するが，消毒前のかごからも消毒後からも同じようにサルモネラが検出された。このときの消毒方法はサルモネラには最も強力な複合塩素剤(ビルコン S)500 倍液を動力噴霧機で噴霧したのであるが，予め付着した糞便を除去することもなく，水洗もせずに，単に消毒液を噴霧しただけであった。消毒の効果はあまり期待できないと思いながら見ていたが，結果は**表 3-3-2** のようなものであった。経営者もこれでは不十分とは自覚しているのではあるが，かごが搬入されてから廃鶏出し作業がはじまるまでの，ごく短い時間に消毒をしようとすると，この程度の消毒しかできないのが現実であろう。

食鳥かごの消毒は食鳥処理場でも行っているが，これもどの程度実効性があるやり方かは事業場によって異なるであろう。著者が実際に見たところでは付着した糞便を動力噴霧機で吹き飛ばす水洗(あるいは消毒液洗浄)で終わっているようである。固着した糞便をブラシで除去するなどは手間と時間の関係で実施は困難なようである。したがって，そのようなかご消毒の効果は，おそらく，前述の望月らの調査結果と似たようなものではないかと推測される。

発泡消毒は食鳥かごの消毒においても優れた効果がある。著者は食鳥かごから切り出したテストプレートを用いた実験で，動力噴霧機による消毒液噴霧よりも 1 桁(10 倍)除菌率が高い結果を得ている(横関，1994)。

しかし，発泡消毒は泡が長時間持続して，鶏を出し入れする作業の際に手などに付着して支障になること，さらには泡が汚れも付着するので受け入れ側の食鳥処理場が嫌がることなどで，現場では実用的でないと思われているようである。

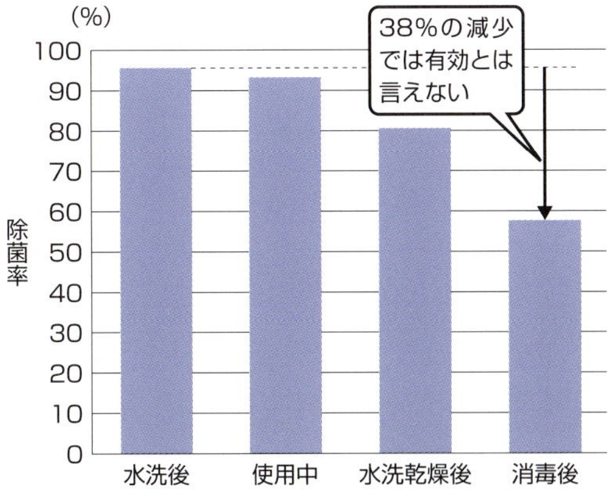

●図 3-3-9　食鳥かごのサルモネラ汚染と消毒の効果

消毒：逆性石けん，動力噴霧器散布　(望月ら)

●表 3-3-2　廃鶏かごのサルモネラ検査結果

検　体	処　理	サルモネラ
廃鶏かご 1	消毒前	−
廃鶏かご 2	消毒前	−
廃鶏かご 3	消毒前	+04
廃鶏かご 4	消毒前	+09(SE)
廃鶏かご 5	消毒前	+04
廃鶏かご 6	消毒後	+03，10
廃鶏かご 7	消毒後	−
廃鶏かご 8	消毒後	+03，10
廃鶏かご 9	消毒後	+08
廃鶏かご 10	消毒後	+013
作業中路面	消毒中	+04，08

かご消毒：複合塩素剤(ビルコン S)500 倍液　(横関・菊畑)
動力噴霧機噴霧

③かごの浸漬消毒

食鳥かごにおいても，トレイと同様に浸漬消毒ができる。これにはある程度時間がかかるから養鶏場での出荷時には行えないが実施しているところもあるようである。

この場合，やはり消毒液の適時更新が問題になる。著者が以前にある食鳥処理場で行った実験(横関，1979)では，縦・横が1 m以上で深さ1 mの水槽に逆性石けん(パコマ)1,000 倍液を満たし，食鳥かごを1個ずつ浸漬して，ザブザブとゆすり引き揚げる操作を繰り返し，100 かご終了ごとに水槽の中央部から消毒液のサンプルを採取し，消毒液中の菌数を調べた。さらに，採取消毒液とその2倍，3倍，4倍希釈液に，黄色ブドウ球菌と大腸菌を接種し，20℃ 10 分間放置後に培地に接種して，コロニーの発現を調べた。その結果，次のようなことが分かった。

①採取消毒液からは 1,000 かご消毒後まで，まったく細菌(総菌数)が検出されなかった。
②採取消毒液の原液(1,000 倍液)では，接種した黄色ブドウ球菌と大腸菌は 1,000 かご消毒後まで出現しなかった。
③採取消毒液を4倍まで希釈して前記の細菌を接種すると，700 かご消毒後の時点で大腸菌が培地上に出現した。黄色ブドウ球菌は 1,000 かご消毒後まで出現しなかった。

このことから，この実験の条件では食鳥かごを 700 個消毒するまで消毒液の更新は不要と判定した。ただし，この実験ではかご自体の付着菌数の推移を調べていないので，この方法が真に効果的な消毒法であるとは断言できない。また，水槽をさらに大きくし，消毒液量を増やせば，更新時期はさらに延長可能であろう。だが，洗浄の仕方をさらに丁寧にし，ブラシ洗いを併用したりすれば，落ちた汚れの混入により消毒液の殺菌力の低下は早くなると考えられる。

④かご消毒装置

著者は，ある食鳥処理場の依頼を受けて，そこで使用している食鳥かご消毒装置の効果を実験した

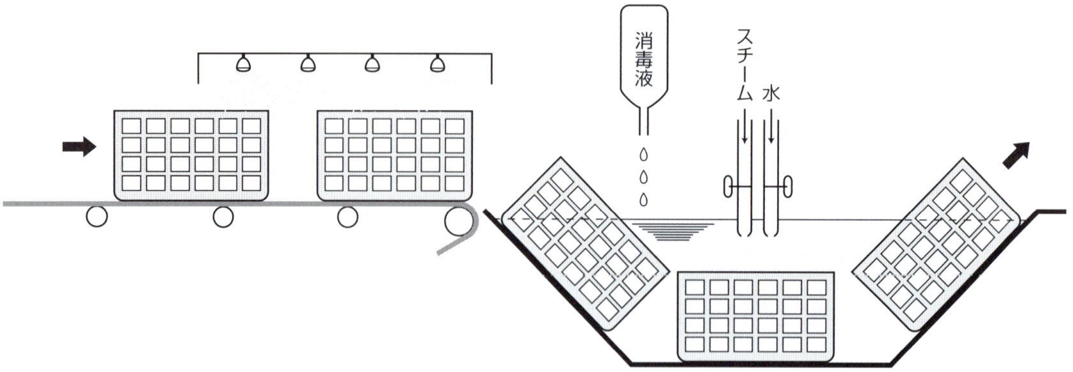

●図 3-3-10　かご消毒装置　（横関）

こともある（横関，1982）。**図 3-3-10** のような装置で，まず，かごをシャワーで水洗し，次いで，消毒液槽に入れる。消毒液の温度は蒸気の導入により任意の温度に加減できる。また，消毒液の殺菌力の低下を補うために，適宜，消毒薬を追加することもできる。この装置では，糞便の汚れが完全に除去できないので，最後に，作業員が動力噴霧機で糞便を吹き飛ばしていたが，糞便除去は最初にするのが，消毒液の殺菌力をより十分に発揮できるので効果的であろう。

この装置で，消毒液温度を 50℃，70℃，80℃と変えて除菌効果をみた。結果は 50℃と 70℃は大差なかったが，80℃では除菌率が 99.99％と格段に向上した。この装置では，消毒液槽内をかごが通過する時間がわずか約 30 秒であったが，この時間をさらに延ばせば，50℃でも 80℃並みの除菌率が得られると思われる（**図 3-3-11**）。

これは総菌数に対してであるが，サルモネラに対しても同様の実験を行った。食鳥かごから切り出したテストピースについて *S.* Enteritidis を塗布して，動力噴霧機・発泡消毒で消毒液を噴霧あるいは消毒液に 30 秒間浸漬し，直後に拭き取り採材した。その結果は，発泡消毒と熱湯 80℃，消毒液 80℃が除菌率 99.999％と最も高く，動力噴霧機，消毒液 50℃，消毒液 20℃は 1 桁劣った。

サルモネラに対しては，消毒薬は使わずに 80℃の熱湯だけでも同程度の除菌効果を得られることが分かった。ほかの病原微生物でもサルモネラ程度の耐熱性のものであれば，同様の効果を得られるであろう。しかし，そのためには燃料費が余計に必要になるので薬剤費の削減分と比較する必要があろう。熱湯では廃液の処理が不要になるメリットもある。

⑤食鳥かごによる持ち込み防止－実際的な対策

前述のように，通常行われているかご消毒の方法は，前項のかご消毒装置や消毒液浸漬あるいは発泡消毒を除けば満足な効果を得られるものではない。さらに，現場では時間的制約など，ほかの要因によりこれらの効果的な方法も使えないことが多いのである。したがって，養鶏場のバイオセキュリティの観点から見ると「かご」は非常に危険な状況にあると言わなければならない。

すべての食鳥処理場で，かご消毒装置による完全な消毒を行ってくれればよいのだが，現実はそこ

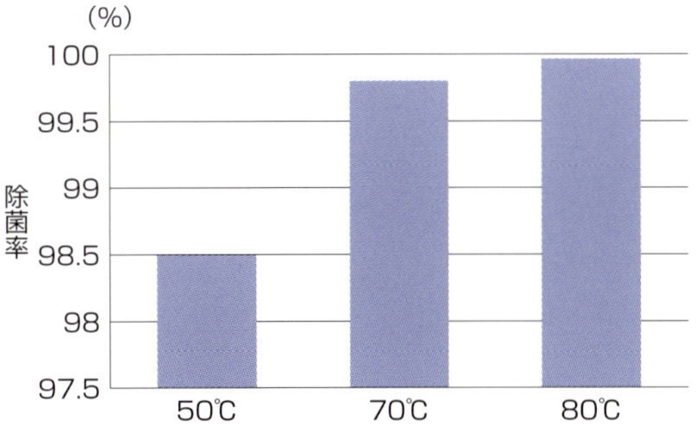

●**図 3-3-11　かご消毒における消毒液温度と除菌率（総菌数）**

逆性石けん（パコマ 200）1,000 倍液　（横関）

まではいかない。では，そのような場合に養鶏場ではどうすればよいのか。著者の知っている養鶏場は，自前で廃鶏かごを用意して，廃鶏業者に使ってもらい，用済み後には返送してもらい，自分で消毒を行っている。これには相当の出費と労働力と時間を投入しなければならないのだが，安全のためにはこのやり方しかないと言っている。そこまではできないが，何とかしたいと考える向きにはひとつの方法がある。

それは，出荷あるいは廃鶏出しの直後に，場門から鶏を出した鶏舎までの全経路の全面にわたり，石灰乳または石灰粉末を散布することである。石灰乳の方がより効果確実で推奨する。これにより，車からこぼれ落ちた病原微生物を殺滅できるのである。もちろん，鶏を出した鶏舎は直ちに徹底消毒する。この方法なら，いつでも，どの養鶏場ででもできる。

石灰の代わりに消毒液の散布でも悪くはないが，舗装以外の地面や排水溝がない場合には，病原菌やウイルスが完全に死滅する前の廃液が地面に流れ出し溜まるので感心しない。実際に**表 3-4-1** に示したように，かごを消毒している最中に地面に流れ出した消毒液に濡れた路面を拭き取った検体からもサルモネラが検出された。鶏以外も，子豚あるいは子牛の輸送用ケージの場合も同様に考えてよいであろう。

3．敷き料（オガ屑）の消毒

オガ屑はブロイラー・豚・乳牛・肉牛の敷き料として広く用いられている。これが細菌汚染されていることもかなり知られており，導入に当たって消毒をしている農場も少なくない。オガ屑の病原菌汚染は，数十年以前にヒトの非結核性抗酸菌症の流行があったときに，豚からの感染が疑われ，感染源としてオガ屑が挙げられたことがある。非結核性抗酸菌でヒトに感染するものはおよそ 30 種類あり，*Mycobacterium avium*，*M. intracellulare* のほか，*M. marinam*（肉芽腫型），*M. ulcerans*（潰瘍型），*M. fortuitum*・*M. chelonae*（膿瘍型）などが知られている。この菌は通常，土壌や湖沼河川に生息するグラム陽性桿菌で，本菌は経気道感染が主だが，外傷などによる局所の防御力低下などがある場合，比較的容易に経皮感染を起こす。感染は河川やプール，熱帯魚用水槽，海水，浴槽水などを介して起こることが多い（遠藤，2006）。土壌中にいる菌であるからオガ屑の保管場所やその状態により，汚染することは当然あり得ると考えられる。

そのほかの微生物による汚染もあり得るであろう。そのように考えると，オガ屑の導入に際しては，その保管場所や保管状態を知ることも必要であり，なおかつ導入時や畜鶏舎に搬入する前に消毒することが不可欠と考えられる。

オガ屑の消毒はブロイラー農場などでは，通常，洗浄消毒して乾燥させた鶏舎に敷き，その上から消毒液を噴霧するとか，鶏舎の前に一時的に小山状に堆積して，その上から消毒液を大量に噴霧して

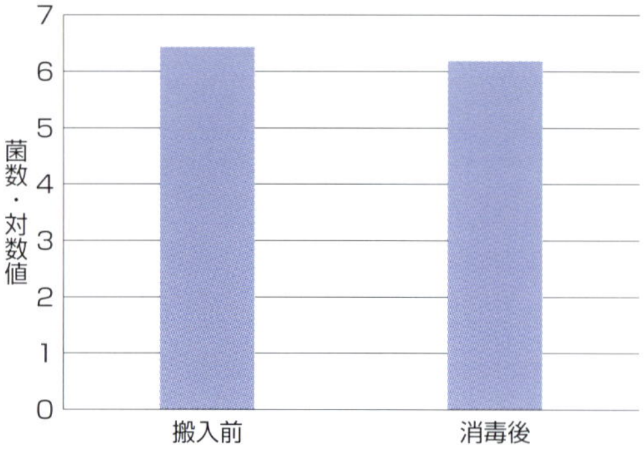

●**図 3-3-12　オガ屑の菌数・総菌数(cfu/g)**

逆性石けん 500 倍液噴霧　（横関）

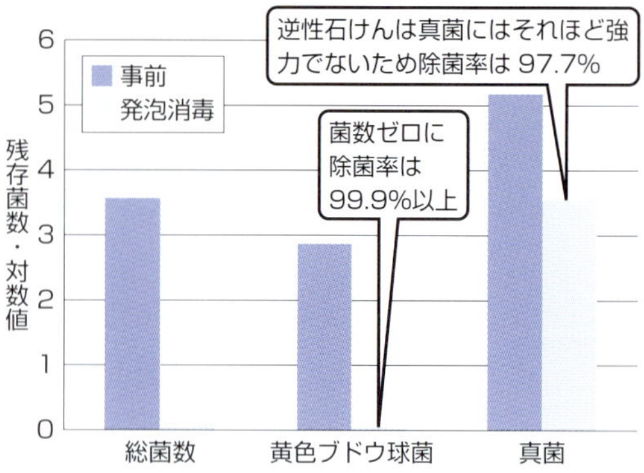

●**図 3-3-13　オガ屑の消毒効果－発泡消毒**

発泡消毒：逆性石けん(アストップ 50)　（横関）
入雛前の鶏舎のオガ屑　厚さ 1 cm
事前および消毒 30 分後に採取，3 カ所

天地返しすることが行われている。

前者では，せっかく消毒した鶏舎に汚染が疑われるオガクズを入れるのは論外である。後で消毒液を散布するからよいと考えているのであろうが，後述するようにその消毒効果はきわめて低いからである。

①オガ屑の消毒効果

ある大型インテの農場で実際に作業をしているところで，消毒液散布前と散布後 30 分に採材した。オガ屑を床面に小山のように積んで，消毒液を散布していたので表面から約 5 g を取り，約 3 ～ 4 時間後に 1 g を滅菌生理的食塩水 10 mℓに混入し，振盪撹拌後に液 1 mℓを取り，段階希釈して好気性菌用ペトリフィルムに接種して培養した。結果は**図 3-3-12** に示すようにほとんど効果はなかった。

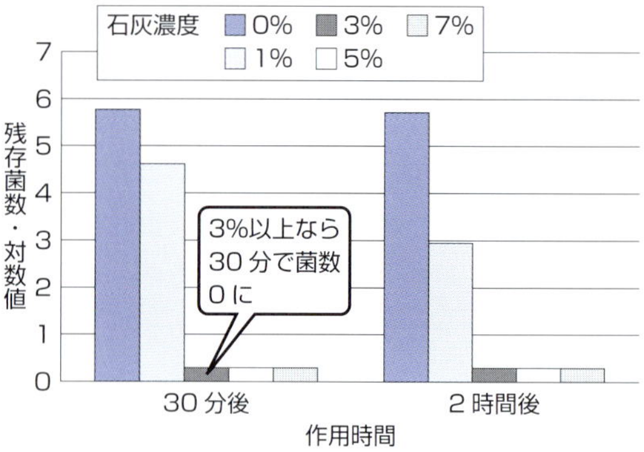

●**図 3-3-14　消石灰によるオガ屑の消毒効果(対クレブシエラ)**　（村田）

そこで，より効果的な消毒を目指して発泡消毒を行ってみたところ，**図 3-3-13** のような成績を得た。この場合は床面に 1 cmほどの厚さにオガクズを敷き，その上から発泡消毒をした。30 分後に採材して約 3 ～ 4 時間後に培地に植え付け，上記と同様の検査をした。結果は総菌数と黄色ブドウ球菌は残存菌数ゼロ(検出限界以下)にできたが，真菌は 97％の除菌率しか得られなかった。これは使用した消毒薬(逆性石けん)の抗菌特性によるものである。真菌に感受性が高い塩素系消毒薬などを供するとよい結果が得られると考えられる。

敷き料に 3 ％以上の消石灰を混合すると，30 分でクレブシエラを殺菌できたとの村田(1993)の実験がある(**図 3-3-14**)。これをもとに山村ら(1995)は，14 戸を対象に 2 年間にわたるウシ大腸菌性乳房炎(BCM)の防除の現場実験を行った。対象は，フリーストールでオガ屑敷き料使用の 1 戸(Ⅰ区)，タイストールでオガ屑使用通年舎飼の 6 戸(Ⅱ区)で対照区として，タイストール，オガ屑使用，５～10月は時間放牧の３戸（Ⅲ区），タイストールで乾草使用，６～10月は時間放牧の４戸（Ⅳ区）である。結果は，Ⅰ区およびⅡ区では，消石灰混合後はBCM発生率が有意に低下した。同時に対照区との差もなくなった。

CHECK SHEET

□1．車両消毒の方法は数種あるが，最も効果的なのは，実験では発泡消毒であった。しかし，その効果は履物の踏み込み消毒ほど低くはないにしても，ある程度限定的である。
□2．車両消毒では消毒薬の発錆性についても考慮しなくてはならない。一般に塩素系・ヨード系は錆が強く，逆性石けん・両性石けんは低いと言われるが，製品により異なるので実際に実験で確認することが必要である。
□3．器材による病原微生物の持ち込み防止の対策も行われているが，実行については不明な点が多いようである。
□4．外来器材のひとつとして卵トレイがある。トレイ洗浄機では消毒薬を用いないと目視的には清潔化したようでも細菌学的にはほとんど除菌できていない。
□5．トレイの浸漬消毒では消毒薬の適期更新が重要である。
□6．「かご（食鳥かご・廃鶏かご）」は病原微生物に汚染されている恐れがきわめて高い。
□7．「かご」消毒の方法はいくつかあるが，十分に効果的で，しかも現場でも容易に採用できる方法はないようである。
□8．農場において「かご」による病原微生物の持ち込みを防止するには，出荷直後に，場門から出荷鶏舎までの全経路を石灰散布または塗布することである。
□9．敷き料に用いられるオガ屑は病原微生物に汚染されている恐れがある。
□10．オガ屑の消毒は，通常，農場で行われているような動力噴霧器による消毒液噴霧ではほとんど効果はない。発泡消毒や石灰混合が効果的である。

第4節
飲水・飼料による持ち込みの防止

■ 飲水の消毒

1．飲水消毒の役割

上水道水を利用する場合を除いて，飲水が外部から病原菌やウイルスを持ち込むおそれがあるので，原水の消毒は重要な管理項目となっているが，舎内に配水された飲水を経由して伝染性疾患，特に呼吸器病が伝播することも広く知られている。家畜の飲水では給水器が共通なために，特にその危険性が大きい。

一般に上水道水を使用する場合には病原微生物による汚染は心配ないと考えられるが，井戸水や河川水を利用する場合には注意が必要である。特に，畜産団地内あるいは河川上流に畜産施設がある場合は警戒を怠ってはならない。定期的に水質検査を励行するのは当然であるが，大雨の最中あるいは直後にも採水して検査をするとよい。なぜなら，上流にある畜産施設などに，大雨に乗じて普段は排出できない汚水とか糞便を流すような不心得者がいないとも限らないからである。上水道水が大雨の直後にサルモネラに汚染されて集団食中毒を発生した例も報告されている（藤森，1990）。汚水が大量に流れ込んで，河川から取水している浄水場の処理能力を超えたのが原因とされているが，その汚水がどこから流入したかは報告では明らかになっていない。あるいは，畜産施設である可能性もあり得ると考えられる。また，大雨のときだけでなく，日常的に河川水がサルモネラに汚染されていると，かなり以前であるが岐阜県の揖斐川流域の調査結果で報告されている（後藤ら，1972）。

サルモネラに限らず家畜排泄物には種々の病原菌が含まれており，それが家畜の飲水を汚染すると新たな感染を引き起こす。江口（1994）は，*Escherichia colli*（腸管出血性大腸菌症 O157:H7），サルモネラ，*Yersinia enterocolitica*，カンピロバクター，抗酸菌，ヨーネ菌などが問題となる病原菌で，いずれも水中やスラリー中あるいは牧草・土壌中での生存性が強く，これらの菌を保持する家畜糞便により汚染された水を飲料とすることにより，家畜あるいは人間に感染症を発生させると述べている（表 3-4-1）。

我が国では，20 数年前のサルモネラ食中毒が多発していた頃には，全国の衛生研究所が河川や下水路のサルモネラ検査を実施して『病原微生物検出情報月報』誌に掲載されていたが，サルモネラ食中毒が収まって以来報告されていないようである。当時はかなりの頻度で全国的に，特に都市部で検出されていた。サルモネラ以外にもカンピロバクターとか O157 病原性大腸菌などの水系伝播が言われている。

カンピロバクターについては，水中にプロトゾアが存在すると，取りこまれて（intenalization）生存

●表 3-4-1　飲水経由で感染・伝播する病原菌

菌種	特記事項
腸管出血性大腸菌(O157：H7)	米国などで牛の糞便からも本菌が検出，中沢ら，子牛から検出。 滅菌井戸水中 25℃や 30℃保存で 2 日間で死滅，10℃や 4℃の低温では 7 日間以上生残。他細菌を混合→ 25℃で 7 日間以上の生残。Rice ら，地下水に接種→ 5℃で 70 日以上，20℃では 50 日で陰性化
サルモネラ	下水浄化施設でも菌数の減少はわずか，スラリー中での生存 12 ～ 33 週間。スラリー中で増殖の可能性。スラリー中サルモネラ→牧草→牛サルモネラ症発生。スラリー中の生存は温度 10℃以下，固形物 5%以上の場合に長期生存
カンピロバクター	カンピロバクターによる食中毒(下痢)が家畜の糞便に汚染された飲料水に原因すると推測
エルシニア	病原性 *Y. enterocolitica* や *Y. paratuberculosis* が原因となり人獣共通感染症を起こす
抗酸菌	糞便や環境内に長く生残する
ヨーネ菌	池の水，水道水，蒸留水中で 270 日，牛の糞便中で 246 日も生存。Larsewn らヨーネ菌は牛尿中および尿と糞便の混合物中では 30 日間以下，水道水や生理食塩水中では 17 ～ 19 カ月間生残。乾燥状態では 47 カ月間以上も生存。菌体を太陽光線曝露 65 時間の照射で生存 100 時間では死滅。スラリー中で 252 日間も生存する

(江口，1994 より作成)

性や消毒薬抵抗性が強まるとの報告がある(W. J. Snelling ら，2005)。

2. 飲水消毒の方法

飲水の消毒には，通常，原水への塩素(次亜塩素酸ソーダ)の投入が行われているが，そのほかの方法としては，オゾンガスを注入しているところもある。機械の点検整備と塩素濃度の検査を毎日行っていれば，これで問題はないはずであるが，往々にして機械の点検不十分による不調・不具合で塩素(オゾン)の添加濃度の不適正が見られる。

3. 飲水消毒の効果

通常，飲水中の細菌は原水の塩素消毒により殺菌できる。配管内でも塩素濃度は 1 ppm 程度に維持されているのが普通であるが，この消毒の目的は原水中の病原菌の増殖防止にあるので，給水器末端で給水器を汚染している家畜由来の病原微生物に対する効力は十分でないと考えられる。そこで，その対策としていわゆる「飲水消毒」が行われることになる。

これは 1960 年代前半からはじめられた方法で，当時ワクチンがなかった鶏の伝染性コリーザやマイコプラズマ症の対策として普及していったものである。当時はまだニップルなどがなく，多くは水樋式の給水器であったから，飲水経由の感染症の対策としては期待が大きかった。

鶏の飲水中の菌数を調べた著者の調査によると，一例にすぎないが，ニップルでは総菌数で 1 mℓ当たり平均約 8 万個，ウォーターカップでは約 400 個，樋式では約 25 万個もいた。一般の家畜飲水でも似たようなものと推察される。調査により，逆性石けん(アストップ)を用いて飲水消毒を行った場合，飲水中の細菌数をどの程度減少させ得るかを実験をしている。それによると，総菌数・大腸菌群とも約 99.5%減少させた。

以下に，飲水消毒の効果についての情報を紹介し，考え方を述べたい。

●表 3-4-2　Mg 陽性鶏と同居させて非感染鶏の Mg 抗体陽性羽数の推移

飲水消毒	ケージ	供試羽数	週齢（感染鶏同居後） 0	1	2	3	4	5	6	7	8	9
無処理対照区（水道水区）	1	3	0	0	3	3	3	3	3	3	3	3
	2	3	0	0	3	3	3	3	3	3	3	3
	3	5	0	0	0	0	0	1	2	5	5	5
	4	6	0	0	0	0	1	5	5	6	6	6
逆性石けん 3,000 倍（飲水消毒区）	1	3	0	0	3	3	3	3	3	3	3	3
	2	3	0	0	3	3	3	3	3	3	3	3
	3	5	0	0	0	0	0	0	0	0	0	0
	4	6	0	0	0	0	0	0	0	0	0	0

逆性石けん：アストップ　　（日高）

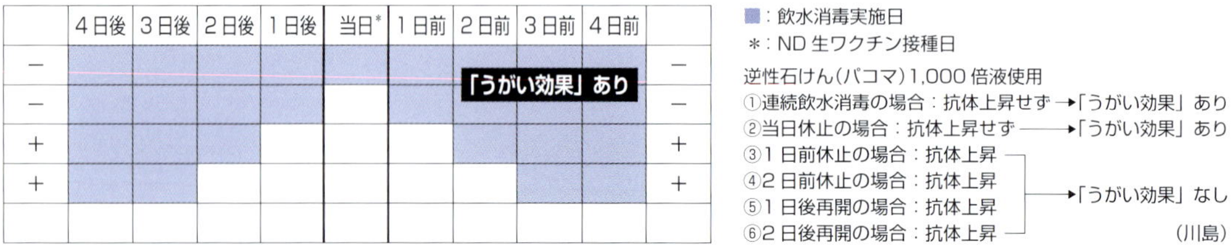
4日後
3日後
2日後
1日後
当日*
1日前
2日前
3日前
4日前
－
－
＋
＋
「うがい効果」あり
■：飲水消毒実施日
＊：ND 生ワクチン接種日
逆性石けん（パコマ）1,000 倍液使用
①連続飲水消毒の場合：抗体上昇せず →「うがい効果」あり
②当日休止の場合：抗体上昇せず →「うがい効果」あり
③1 日前休止の場合：抗体上昇
④2 日前休止の場合：抗体上昇
⑤1 日後再開の場合：抗体上昇
⑥2 日後再開の場合：抗体上昇
→「うがい効果」なし
（川島）

●図 3-4-1　飲水消毒の“うがい効果”の確認（ND 生ワクチンの抗体上昇）

①マイコプラズマ症伝播への効果

実験的に *Mycoplasma gallisepticum* 症の鶏を作り，感染の拡大に飲水消毒がどのように役立つかを調べた日高の報告がある。それによると，人為的に同菌に感染させた種鶏を鶏舎の給水系の水上に配置して，時間経過を追って同居鶏がどのように感染していくかを抗体検査で調べている。**表 3-4-2** に示すように，２週目には水道水・飲水消毒両区とも同居の隣接鶏に感染しているが，水道水では５週目に隣接の区にも伝播が及び，さらにその次の区にも伝播したが，飲水消毒区ではその次の列には９週目までまったく伝播しなかった。これにより，飲水消毒でマイコプラズマ症の伝播拡大がかなり防げることが分かった。

②うがい効果と生ワクチンへの影響

飲水消毒には，飲水中の病原菌やウイルスを殺して感染の伝播拡大を防ぐだけでなく，ある種の“うがい効果”があるのではないかとも言われている。これに関して，30 年ほど以前だが，ある実験の成績がある。これは本来，飲水消毒を実施しているとニューカッスル病（ND）の生ワクチンが使えないのではないかとの疑問に応えたものであるが，川島の実験結果は**図 3-4-1** に示すように，ヒナに飲水消毒をしていて，ワクチネーションのときにも連続して休まない，当日は休止，１日前に休止，２日前に休止すると，抗体の上昇がどうなるかを調べたものである。連続して飲水消毒をしながら生ワクチンを飲水投与しても駄目なのは当然であるが，当日朝に休止しても抗体はあがらなかった。つまり，ワクチンのウイルスは鶏の喉頭・咽頭に付着している消毒薬により不活化されたということである。

もちろん給水器は，飲水消毒用とワクチン用とで別のものを用いた。ところが，1日前に休止すると(丸々1日間の休止期間があると)抗体は上昇した。つまり，ワクチンのウイルスは生きて侵入できたということである。2日前に休止しても当然に抗体は上昇した。

次は，ワクチネーションのあとで，いつから飲水消毒を再開してよいかということであるが，1日後から再開すれば抗体は上昇した。つまり，飲水消毒の効果は1日後には消えていたということである。この実験のND生ワクチンを外から侵入する病原菌やウイルスと置き換えれば，飲水消毒の“うがい効果”として評価することができるのではないか。つまり，少なくとも飲水消毒を実施中には，外からの病原菌やウイルスは体内に侵入できないはずであるということである。

③カンピロバクターへの効果

N. J. Stern ら(2001)が米国の家禽疾病誌に書いている内容を以下に紹介する。カンピロバクターが環境からブロイラーへと感染する経路については，今なお不明瞭な点が多い。未殺菌の飲水が原因との指摘もある。本実験では，まず試験室条件で行い，次いで農場で行った。2～5 ppm の塩素を添加した飲水と，無処理の飲水を給与した鶏を比較して，カンピロバクターの腸内定着の割合を調べた。結果，塩素消毒をしてもカンピロバクターの定着防止に有意($P>0.05$)な結果は得られなかった。実験室では，対照区が86.3%(69/80)，塩素処理区が85%(68/80)でカンピロバクターが定着し，鶏糞中菌数は対照区は$10^{5.2}$ log cfu/g 塩素区は$10^{5.1}$ log cfu/g とまったく変わらなかった。農場においては飲水に2 ppm を添加して，各区2万羽を対象にした実験で，計960検体の鶏糞中の陽性率は対照区が35.5%(175/493)，塩素区が45.8%(214/467)であった。

結論として，このレベルでの飲水への塩素添加はカンピロバクターの感染伝播防止には無効である，としている。しかし，*in vitro* でのカンピロバクターの塩素に対する感受性は，M. J. Blaser (1986)らによると，塩素0.1 ppm，モノクロラミン1 ppm で，塩素は1分以内，モノクロラミンは15秒でカンピロバクターを99%以上不活化できたとしている。飲水消毒は *in vitro* を大規模にしたようなもので，条件的には似たようなものと考えられる。そのうえ，飲水中での作用時間は実験の条件よりも格段に長いはずなのに効果がないのはどうしてか。実験での給水方法は，薬液注入機で塩素濃度を2 ppm に調整してニップルドリンカーで給与されているので，汚染による有機物の影響は小さく，さらに密閉系なので塩素の蒸発もないと考えられる。しかるに，実際現場では飲水中のカンピロバクターは不活化できなかったのである。

ところで，E. Pasquali ら(2011)の総説によると，飲水の殺菌は *C. jejuni* を減少するには効果が低いとしている。これは農場の鶏飲水によく見られるカンピロバクターのプロトゾアによる Internalization(菌がプロトゾアの体内に内包されて消毒薬などに抵抗力を持つこと)によるものと考えられる。Snelling ら(2005)の *in vitro* の実験ではカンピロバクターは鶏の飲水中にしばしば見かける *Tetrahymena pyriformis* と *Acanthamoeba castellanii* の2種類のプロトゾア により Internalize されたときに消毒薬に対する抵抗性を示したと述べている。現実にはこのような予想外の現象によって無効化されていたのである。

④高病原性鳥インフルエンザ(HPAI)への効果

最近，HPAI の対策として，鶏の飲水消毒に関心が集まっているようである。指導機関でも推奨しており，Eugene W. Rice ら(2007)が H5N1 ウイルスは塩素濃度0.52～1.08 ppm で1分以内に不活化できると発表しているのを受けてか，次亜塩素酸ソーダ0.6 ppm での飲水消毒を推奨しているのを広報誌で見た。しかし，果たしてそれが実際に有効であるのだろうか。カンピロバクターの事例から類推すれば，HPAI ウイルスでも実際の飲水消毒では効果を阻害する何らかの要因があるかもしれないのではないか。*in vitro* の成績が現場にもそのまま適用できると考えるのは早計ではないか。やはり，ある程度の安全率を上乗せしないといけないのではないか，と思うのであるがどうだろうか。

従来，飲水消毒はグレーサー病とかマイコプラズマ症などの呼吸器系感染症の対策に用いられ効果をあげてきたが，その場合の使用濃度は，例えば，塩素化イソシアヌール酸製剤（クレンテ）は1万倍液で使用するが有効塩素濃度は60 ppm である（明治製菓㈱）。また，小野ら（2008）は塩素濃度50 ppm の弱酸性次亜塩素酸水を給与して一般生菌，ブドウ球菌，サルモネラ，大腸菌などの抑制の実験をして効果を認めている。0.6 ppm と比べると 100 倍も濃い濃度である。

前述のカンピロバクターの例を見ても，*in vitro* と同じ濃度で実際の飲水中での HPAI を殺せるのであろうか。著者は実験をしていないので断言はできないが，疑わしいと思うのである。

4．飲水消毒の使用薬剤

飲水消毒は一部の逆性石けんと塩素剤など，比較的毒性が低く，安全性に問題がない消毒薬を用いることが多い。しかし，卵・鶏肉などへの残留を防止するために，薬事法により厳しい実験データが完備されている消毒薬のみに承認されているので，逆性石けんならどの製剤でも利用できるわけではないことに注意が必要である。使用前に，必ずラベルや能書により，「飲水消毒」の用法・用量が明記されている製品を使用すること。また，出荷制限もあるので，その点にも注意が必要である。例えば，ある逆性石けん製剤（アストップ）は飲水消毒に使用後5日間の出荷が禁止されているが，ある塩素剤（クレンテ）では1日である。塩素は通常原水の殺菌に用いられているが，このときの濃度は配管末端で1 ppm 程度しかない。これは配管内での細菌増殖を防ぐ効果はあるが，病原菌やウイルスの感染防止には不十分である。前出の塩素剤も，いわゆる飲水消毒の場合には 600 ppm と高濃度で用いている。休薬との関係で，飲水消毒は産卵中の鶏には応用ができない。しかし，重大伝染病が近辺に発生しているような事態なら，卵よりも感染防御が重要との考え方もあって当然であろう。

5．機能水の利用と効果

家畜用の飲水は，ほとんどの現場では塩素消毒を行っているが，この 20 ～ 30 年来殺菌力を有すると称する新しい水管理システムが開発されて応用している農場も散見される。オゾン水，電子水，磁化水，π ウォーターなどがあり，それぞれに生体に特殊な作用を及ぼすと宣伝しているので一般に「機能水」と言われている。豚の発育促進や生産性の向上あるいは糞尿の悪臭防止に効果があるとの報告もあるようである。

機能水については，否定肯定入り乱れて議論されているので，あえて著者の出る幕ではないが，畜産現場で使用される場合は殺菌力（消毒力）を期待して導入されていることも少なくないようであり，殺菌力があると使用者は信じているようである（業者は「池の水にコケが生えない」，「水槽に藻がつかない」，などの現象を殺菌作用によると思わせる説明をしているようである）。

これらの「機能水」については多くの情報があるが，こと消毒に関する件だけは見ないふりをすることはできないので，著者は殺菌力についてのみ調査と実験をしてみた（横関，1992）。

まず実態調査として，セラミックス処理水・電子水・磁化水を家畜の飲水に使用している牛肥育・

●表 3-4-3 “機能水”を使用する家畜飲水中の細菌数(総菌数)

機能水	農場	給水器・状態	総菌数(cfu/mℓ)
セラミックス処理水L	Y肥育牛	ウオーターカップ，濁りあり	10^6
	I養豚場	カップ式給水器，濁り甚だし	10^5
	K養鶏場	成鶏，水樋，流水量多，濁りなし	10^5
	同　原水	処理前	(5)*1
電子水D	S養鶏場	成鶏，水樋，流量少，濁り少	10^6
	同　原水	処理後	(5)
	S酪農場	給水カップ*2	10^4
	同　原水	井戸水(処理前)	(0)
	T酪農場	給水カップ	10^3
	同　原水	井戸水(処理前)	(0)
磁化水M	H養鶏場	事務所内給水栓*3	(0)
	同	ニップル*3	(0)
	Aブロイラー	ラウンド型*3	10^7
	同	同*3	10^7
	同	貯水槽(処理後)*3	10^3
	同	原水(処理前)	(21)
	同	別棟給水器*4	10^7
	同	同*4	10^7

日本フードプレート(総菌数：変法 BHI)　(横関)
＊1：本法では 10^3 未満の基準がないため一応(　)内にコロニー数を示した
＊2：清掃はしたことがない
＊3：磁化処理水
＊4：無処理水

酪農・養豚・養鶏の畜産場から給水器の水を採取して日水フードプレートにより総菌数と腸内細菌数を調べた。結果は**表 3-4-3** のようにどの現場の飲水からも総菌数で最大 10^7 cfu/mℓが検出され，機能水の殺菌効果があるようには認められなかった。また，原水が検査できた5カ所ではいずれの原水も0～20 cfu/mℓであり原水が飲水汚染の原因とは考えられなかった。

そこで，上記の各機能水に加えてπウォーター，アルカリイオン水，酸性イオン水について，殺菌力を調べた。方法は，*E. coli* NIHJ の 3.2×10^8 cfu/mℓを含むミューラーヒントンブロス1 mℓを各機能水(およびその原水)10 mℓと混合し，一夜培養して，その1 mℓを標準寒天培地 20 mℓに混釈して培養後コロニー数を計数した。結果は**表 3-4-4** に示すが，いずれも接種菌量とほとんど変わらず，殺菌力があるとは考えられないものであった(この実験に用いた酸性水は水道水からアルカリイオン水を作る過程で発生する酸性の水であり，今日実用化されている水に食塩を加えてつくる電解酸性水とは異なる。こちらの方は次亜塩素酸を生成して次亜塩素酸ソーダと同じ原理で殺菌するので，実際に殺菌力がある。また，次亜塩素酸ソーダに希塩酸を添加したり，炭酸ガスを注入して pH を低下させ，殺菌力を強める機能水も有効で普及しつつある)。

水磁化処理装置「M」については，菌液を装置のなかに通して，無処理対照区と菌数を比較したが，ほとんど差はなかった。これに反して，菌液に消毒薬(逆性石けんの一種パコマ)を 1,000 倍液となるように添加した場合には 10 分後に菌数はゼロ，6,000 倍液とした時には 20cfu で除菌率は 99.9999％以上と顕著な殺菌効果が見られた(**図 3-4-2**)。

そのほかに，水に電子を照射するとミカンが腐らないとか，モチにカビが生えないとも言われるの

●表 3-4-4　各種“機能水”の殺菌効果

種類	生菌数(cfu/mℓ)	備考
水道水(対照区)	4.2×10^8	所沢市上水道
πウオーター	8.1×10^8	
酸性イオン水	2.9×10^8	
アルカリイオン水	4.1×10^8	
磁化水 M	3.9×10^8	静岡県小笠町
水道水(対照区)	3.7×10^8	富士市上水道
電子水 D	2.4×10^8	
水道水(対照区)	6.3×10^8	我孫子市上水道
セラミックス処理水 L	5.6×10^8	
滅菌水(対照区)	6.8×10^8	

接種菌数：菌液 50 ～ 60 mℓ，大腸菌 NIHJ3.2×10^8 cfu

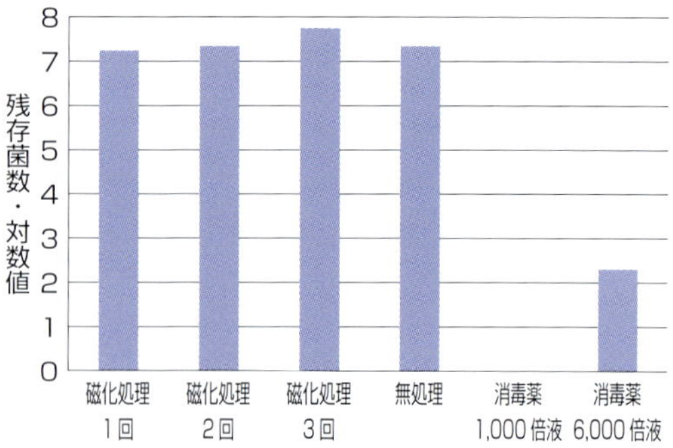

鶏糞中総菌数
消毒薬：アストップ 10 分間作用

●図 3-4-2　水磁化処理装置「M」の殺菌効果

（横関）

で，*Salmonella* Enteritidis を混合した水に電子を照射したが，菌数は減らなかった。

これらの調査と実験から考察すると，いずれの機能水も少なくともこれらの実験条件下では，消毒薬に期待するような殺菌力は認められないということであった。

■ 飼料の消毒

飼料経由の病原微生物の持ち込みは，経口感染症のみでなく，極言すれば，ほとんどあらゆる伝染病（感染症）の病原菌・ウイルス・寄生虫について可能性があるということができるが，ここでは便宜上，畜産現場の関心も広範囲で，研究調査も多くなされてきたサルモネラを例に挙げて説明する。

飼料の病原菌汚染については，飼料検査所が毎年検査を行い報告しているが，サルモネラが多発していた 20 年ほど以前に比べると畜産関係者の関心は低下しているのではないかと思われる。

飼料のサルモネラ汚染については，佐藤（1992，1998），菅野ら（1981），伊佐ら（1993），Moris ら（1979）など多くの報告がある。佐藤によると，1996 年当時の我が国の動物性飼料原料のサルモネラ汚染率は 10 ～ 20％であったが，1999 年には約 2％に低下している。汚染の主原因はフェザーミール，肉骨粉，魚粉などの動物性蛋白質原料であるとしているが，菜種油粕などの植物性原料の汚染もあると報告している。配合飼料の汚染率は 2001 および 2002 年の肥飼料検査所の報告では *S.* Enteritidis は検出されていないという。また，配合飼料中のサルモネラの菌数は数個 /100 g 程度で初生ヒナを除けば感染の危険は少ないとしている。さらに，鶏と鶏肉および飼料からのサルモネラの血清型の検出率割合をみると，飼料は *S.* Senfenberg が最頻で 10.2％，鶏では 1.2％，鶏肉は 0.4％であった。また，鶏では *S.* Mbandaka が最頻で 16.6％に対し飼料では 3.1％に過ぎない，といったことから，一概に飼料が鶏のサルモネラ汚染源とするには無理があるのではないか，としている。

飼料のサルモネラ汚染除去には有機酸の添加と加熱処理がある。

1. 有機酸処理

飼料にギ酸やプロピオン酸などの有機酸を添加して，飼料の pH を強酸性化するとサルモネラを死滅させることができる(T. J. Humphery & D. G. Lanning，1988)。それにより鶏のサルモネラ感染を防止する。

図 3-4-3 は M. Hinton らの実験であるが，汚染飼料に有機酸を加えて給与することにより，ヒナの感染を防止できることが示されている。ただし，ヒナの日齢が加わってからの給与では，すでに感染が成立しているので効果がない(M. Hinton & A. H. Linton，1988)。

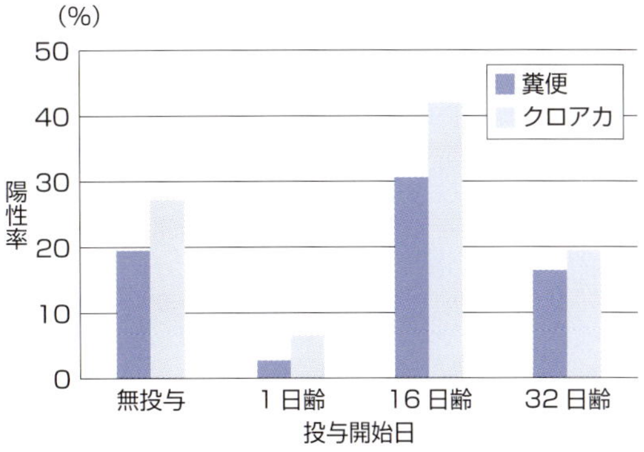

●図 3-4-3　自然汚染資料に有機酸を加えて給与した場合のヒナからのサルモネラ分離

有機酸：バイオアド 0.6%　(Hinton & Linton)

有機酸添加が後述する加熱処理よりも優れる点は，効果が持続すること，製造後の流通過程や農場での再汚染防止にも有効であること，製造装置の汚染除去にも効果があること(有機酸を添加した飼料がタンクやパイプを通過するときに接触面を除菌する)だが，コストがかさむのが欠点である。当時の飼料工場からの聞き取りでは，市販の有機酸製剤を規定量添加すると，飼料コストが数～ 10%以上(1,300 ～ 3,000 円／t)引き上げることになると言われた。

2. 加熱処理

サルモネラは比較的熱抵抗性が低い菌である。食品中では 63℃ 3 分で死滅するとされている(伊藤・楠，1996)。飼料のペレット加工の際には 70℃以上になるので，温度および加熱時間の適正な管理のもとでは当然サルモネラは死滅するはずである。したがって，飼料の加熱処理はサルモネラ汚染対策として有効と言える。ただし，これの限界は出荷後の再汚染には無力な点である。したがって，トラックやトランスバッグの洗浄消毒などが重要になる。コストも 2,000 ～ 3,000 円／t かかると言われる。

3. 農場側の対策

飼料については，多くの畜産現場では配合飼料を用いているので，飼料の病原微生物対策は飼料メーカーに依存することになる。飼料メーカーがどの程度衛生管理に注力しているかは，メーカーごと，工場ごとに差があるようである。農水省は 1998 年に「飼料工場の GMP」(飼料製造にかかるサルモネラ対策のガイドライン)を作り，全国の工場に通知した。

サルモネラ食中毒が頻発していた時期に，著者は何カ所かの工場を訪ねたが，衛生対策にはかなりのレベル差が認められた。サルモネラの有力汚染源とされていた原料すなわち肉骨粉などのいわゆる「動蛋」を，入荷全ロットにつき毎回検査をしているところもあれば，年に 1，2 回しか検査しないところもあった。サルモネラの検査では結果が出るまでに数日かかるので，それまでの間，受け入れた動蛋を使用せず保管しておかなければならないが，飼料工場の稼働状態からして，それは不可能と言われる。製品の検査も同じ理由で事実上不可能である。サルモネラ以外の伝染病については検査していないところがほとんどと思われる。

汚染動蛋などの汚染原料が工程内に入ると，原料タンク・パイプ・撹拌機・製品タンクなど，汚染原料を含む配合飼料が通過したすべての工程が汚染されることになる。製造後直ちに高濃度の有機酸を混合した飼料を通すなどして洗浄消毒して汚染を除去しないと，さらに次のロットも汚染されるので，対策にコストと時間と人手が費やされることになる。

飼料工場の汚染除去はかなり厄介なもので，タンクの隅やパイプの曲部，接続部，バルブ部などはなかなか清浄化できない箇所である。著者の見たところでは，タンクやパイプなどの工程の清掃・洗浄・殺菌，さらに配送車やトランスバッグの衛生処置の実施についても格差があった。ペレット製造時の温度管理・時間管理についても同様であった。それらは，企業や工場の規模の大小には関係なかった。

そこで，当時，養鶏場のHACCP導入の支援をしていた著者は，クライアントの養鶏場に対して，飼料工場の衛生管理状況を確認すること，飼料の全ロットについてサルモネラ・フリーの成績書を添付すること，さらに有機酸原料を配合してもらうことと同時に，養鶏場でも随時に納入された製品を別の検査機関に送り検査をすること，そしてそのことは事前に工場側にも通知しておくことを指示していた。

今日においても，飼料からの病原微生物による持ち込みを防止するには前述の方法に頼ることになると思われる。同時に農場側の管理として，受け入れタンク・給餌パイプ・給餌器の適時の衛生管理により，汚染が蓄積しないようにすることも肝要である。

CHECK SHEET

□1．家畜に感染した多くの病原微生物が糞尿中に排出され環境を汚染し，家畜の疾病の原因となっている。したがって、農場現場における家畜飲水の消毒はきわめて重要である。

□2．飲水の消毒は第一に原水の殺菌であるが，給配水管末端水の消毒はいわゆる「飲水消毒」が有効である。

□3．「飲水消毒」は咽喉頭部に付着した消毒薬成分が侵入した病原微生物を殺滅する「うがい効果」を発揮する。

□4．カンピロバクターを対象とした鶏の飲水消毒は効果がないとされている。

□5．*In vitro* では効果があるのに実際では効果がないのは，カンピロバクターの場合はプロトゾアによる internalization に原因がある。

□6．HPAI ウイルスに *in vitro* で有効な塩素濃度なら実際の飲水消毒にも有効だろうか。

□7．病原微生物が飼料経由で侵入する機会も多い。ほとんどの農場では配合飼料を使用しているので，農場現場における対策としては飼料工場に依存せざるを得ない。

□8．農場側の対策としては，第一に飼料工場の衛生管理(工場・配送車・トランスバックなど)の確認，第二に有機酸の添加や熱処理，第三に農場の受け入れタンク・給水パイプ・給餌器の衛生管理がある。

■引用文献
第2節
・榮研器材㈱：食品微生物検査マニュアル(2002)
・中村幸彦：着衣に対する噴霧消毒の効果，鶏病研究会報，10，3～36(1973)
・横関正直：踏み込み消毒槽における消毒液の効力の変化，鶏病研報，15，155～158(1975)
・横関正直，景山昌夫，鈴木道夫：養鶏場作業者のゴム長靴の細菌汚染状況と効果的消毒法，畜産の研究，47(7)，784～788(1993)
・横関正直，増田晴保：オゾンガスによる養鶏環境の消毒 第2報 養鶏場作業者の靴消毒への応用，畜産の研究，49(9)，1009～1012(1995)
・横関正直：畜産施設の踏み込み消毒槽と衣服噴霧消毒の一評価，畜産の研究，61(5)，555～558(2007)

第3節
・遠藤 美代子：非結核性抗酸菌による感染症，東京都微生物検査情報，27(2)，(2006)
・望月康弘ら：静岡県における *Salmonella* Hadar 腸炎の臨床的，疫学的検討，第2編，静岡県における *S.* Hadar による食品環境汚染の対策，感染症学雑誌，66(1)，31～36(1992)
・村田充二：消石灰によるオガクズの消毒効果，デーリィマン，43(8)，43～45(1993)
・山村 元：消石灰混合オガクズ敷料使用による牛大腸菌性乳房炎の防除効果，家畜診療，384，35～37(1995)
・横関正直：ブロイラー輸送かご消毒用薬液の交換適期の検討－消毒槽内薬液の残存殺菌力の測定，畜産の研究，33(5)，651～652(1979)
・横関正直：食鳥かご消毒における消毒効果に及ぼす消毒液温度の影響，畜産の研究，36(8)，1009～1011(1982)
・横関正直ら：サルモネラ対策における各種消毒法の効果の実験的検討，畜産の研究，48(2)，250～262(1994)
・横関正直：卵トレイの細菌汚染と洗浄消毒の効果，畜産の研究，52(4)，501～502(1998)
・横関正直：トレイの消毒に関する実験－第2報浸漬消毒における消毒液の更新適期の検討，畜産の研究，52(5)，611～613(1998)
・横関正直：タイヤ消毒に関する実験的検討，畜産の研究，54(8)，901～903(2000)
・横関正直：発泡消毒のための発泡補助剤の検討，畜産の研究，59(2)，283～285(2005)

第4節
・江口正志：家畜ふん尿処理技術　衛生病害虫　細菌，農林水産技術研究解題，20(1994)
・E. Pasquali, et al.：*Campylobacter* control strategies in Europian poultry production, World Poultry Sceince Journal, 67(3), 5～18(2011)
・Eugene W. Rice, et al.：Chlorine Inactivation of Highly PathogenicAvian InfluenzaVirus(H5N1), Emerging Infectious Diseases 13(10),(2007)〈www.cdc.gov/eid〉
・藤森 徹：水道水によるサルモネラ食中毒，食衛誌，31，430～431(1990)
・後藤喜一ら：河川水中のサルモネラについて，岐衛研所報，17，1～6(1972)
・G. K. Moris et al.：*Salmonellae in* fish meal plants：Relative amounts of contamination at various stages of processing and method of control，Applied Microbiol，401～408(1979)
・日高秀造：飲水消毒によるマイコプラズマ・ガリセプチカム(MG)の感染阻止試験，エーザイ㈱資料
・伊藤 武，楠 淳：サルモネラ食中毒 発生動向とニワトリ，動薬研究，53，1～11(1996)
・伊佐 まゆみら：飼料のサルモネラ汚染状況，飼料研究報告，18，102～108(1993)
・菅野 清・小山敬之・河野敏威：レンダリング工場におけるサルモネラの汚染実態調査(第1報)，飼料研究報告，7，192～197(1981)
・川島秀雄：Pacoma の NewCastle Disease vaccination に及ぼす影響，エーザイ㈱資料
・M. Hinton, A. H. Linton：Control of salmonella infections in broiler chickens by the treatment of their feed，Veterinary Record，123，416～421(1988)
・M. J. Blaser et al.：Inactivation of Campylobacter jejuni by chlorine and monochloramine., Appl Environ Microbiol, 51(2), 307～311(1986)
・明治製菓㈱資料
・N. J. Stern, et al.：Effect of Drinking Water Chlorination on *Campylobacter* spp. Colonization of Broilers" Avian Diseases, 46(2), 401～404(2001)
・農水省のサルモネラ対策ガイドライン提案 飼料製造にかかるサルモネラ対策のガイドライン，鶏卵肉情報，夏季特大号，57～66(1998)
・小野朋子ら：鶏の研究，83(3)，p.74(2008)
・佐藤静夫：飼料のサルモネラ 1 サルモネラの分布と汚染，鶏病研究会報，34(1)，85～99(1998)
・T. J. Humphery, D. G. Lanning：The vertical transmission of *Salmonella* and Formic acid treatment of chicken feed，Epidem.Inf, 100, 43～49(1988)
・W. J. Snelling et al.：Survival of *Campylobacter jejuni* in Waterborne Protozoa, Applied and Environmental Microbiology, 71(9)，5560～5571(2005)
・横関正直：畜産に用いられるいわゆる機能水の殺菌効果，畜産の研究，46(11)，1163～1166(1992)

第4章

汚染除去(清浄化)のための消毒

第1節
汚染畜鶏舎の消毒

■ 汚染畜鶏舎の消毒の特徴

汚染除去(清浄化)の消毒が侵入防止の消毒と異なる点はその困難さにある。いったん汚染された現場を清浄化するには，2倍も3倍もの努力とコストと時間を投入しなくてはならない。

著者の経験であるが，*Salmonella* Enteritidisに汚染された小規模な孵化場を見たことがある。わずか2台の孵卵機を置いた孵卵室の洗浄消毒を家畜保健衛生所の指導を受けながら実施していたが，消毒後の検査でなかなか全検体の陰性化が果たせず，あちらが陰性化したら，こちらが陽性に……ということで，消毒を4回反復しても清浄化できず，5回目にようやく全検体陰性化したということで，経営者は「精神的に疲労困憊した」と非常な苦労を述べていた。この孵化場の汚染は，ヒナ出荷先の採卵養鶏場でのヒナの原因不明死により発覚したのだが，ヒナ出荷先の採卵養鶏場の方は育雛室が成鶏舎とは別の農場にあったので，汚染の蔓延を免れた。汚染された育雛室の方は，依頼により著者が指導して検査と消毒作業を行い，清浄化することができた。

著者は依頼により，そのほかにも数カ所の汚染養鶏場を見る機会があったが，比較的早期に発見し，汚染の拡大が限定されていたところでは清浄化できたが，汚染が拡大したところでは清浄化は無理であった。例えば，ある大規模養鶏場では，数カ所に農場を持っていたが，その3カ所以上で*S.* Enteritidisが検出されたものの(たまたま液卵を使用していた食品から検出され，トレースバックされて当該養鶏場が震源地と判明した)，経営者はコストと時間と手間の関係で根本的な清浄化対策に踏み切ることができなかった，という例もあった。

1．消毒は本当に効果があるのか

伝染病(感染症)対策としての消毒の役割については最初に述べた通りであるが，その効果については，伝染病の現場で消毒を実行している人々の多くはほとんど疑いを持っていないのではないか。しかし，すでに十数年前になるが，米国で*S.* Enteritidisによる食中毒が流行した時に，鶏卵の汚染が最も高率であった東海岸のペンシルバニア州においてSEPP(*Salmonella* Enteritidis Pilot Project)と称する大規模な調査と実験が合衆国政府により行われたことがあった。表4-1-1は，その時に行われた消毒の効果を検証する調査の結果である。

この結果からどのような結論を導き出すことができるのか。

①陽性の34軒の農場のうち18軒は消毒後も陽性であった→消毒は効果がない

●表 4-1-1　消毒は効果があるか：SEPP の調査結果

消毒前	消毒後		
	陽性	陰性	計
陽性	18	16	34
陰性	2	5	7
計	20	21	41

(USDA SEPP Report)

②陽性の 34 軒のうち 16 軒は消毒後に陰性化した→消毒は効果がある
③このデータからは，効果があるともないとも言えない

上記の３者のどれが正しいのか。講演会などでこれを持ち出して聴衆の意見を聞くのだが，大体否定的な意見の方が多いようである。正解は③である。χ^2 検定でも出現率に有意差は認められない。

では，汚染除去(清浄化)のほとんど唯一の切り札とも言うべき消毒が，このような効果があるのかないのか，分からないようなあやふやなものでよいのだろうか。

報告の本文を読むと，このような結果になった原因は，調査の方法にあることが分かった。実はこの調査は，対象のすべての農場に対して，サルモネラに対して最も強力な消毒薬を使用させ，最も高能力な消毒機械を使わせ，最も効果的な方法で消毒を実施させたのではなかったのである。各養鶏場は，それぞれ慣行の方法(薬剤も機械も作業方法も)で消毒を実施して，単にその結果を集計しただけであったのである。

つまり，殺菌力の強い消毒薬を用いて，高性能の機械で，丁寧に作業をした農場では，サルモネラは陰性化したが，殺菌力の弱い消毒薬，性能の悪い機械で，いい加減に作業をした農場では陽性のままであったということになる。そのために，このような「消毒は効果があるともないとも言えない」ような結果になったのだろう。

ここから導き出される結論は**「消毒は効果があるように行えば効果があり，効果がないように行えば効果がない」**という，いささか禅問答のようなものになってしまったのだが，これが消毒の本質である。

2．消毒の基本原則

消毒薬も抗菌性の化学物質の範疇に入れられているが，ほかの抗生物質・抗菌剤は，投与すれば相手がスペクトルから外れていたり抵抗性の菌種でなければ効果があったりなかったりということはないものである。ところが，なぜ消毒だけがこのような曖昧で不確実な性質を持つのであろうか。

一般に，消毒薬のみでなく，抗生物質・抗菌剤などの化学物質が細菌を殺すメカニズムは色々あるが，根本は薬剤の分子が菌体に直接接触することからはじまる。それから種々の化学反応により病原

トレースバック：トレーサビリティのひとつの形で，物品の流通履歴・記録を時系列でさかのぼるもの。

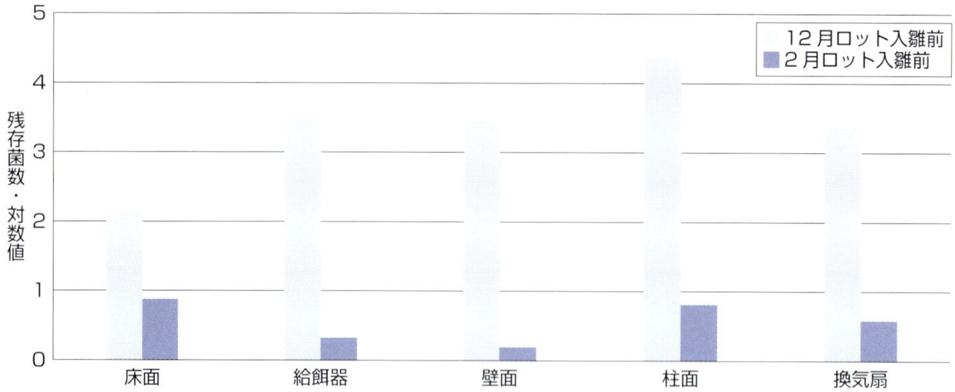

●図 4-1-1　ブロイラー鶏舎における消毒の徹底度と効果

※総菌数／㎠

菌・ウイルスを殺滅することになる。これを「直接接触の原則」と称することは第１章(16 ページ)で述べた。

抗菌剤は体内に投与されて効果を発揮するものであるが，内用薬(注射薬・内服薬)では患部に直接投与されることはない(牛の場合は乳房内注入があるが)のに患部の病原菌・ウイルスを殺し病気を治癒させることができる。そのメカニズムは，注射部位から患部まで抗菌剤の分子を搬送する血液の運搬作用に由来する。しかし，消毒薬は体外で作用するので病原菌・ウイルスのいる箇所まで消毒薬分子を運搬するのは血液ではなく，ヒト，すなわち作業者になる。作業者が消毒液を病原菌・ウイルスの存在する場所まで運ぶ(消毒液を散布する)ことではじめて消毒薬分子を病原菌・ウイルスに接触させることができるのである。

それを分かりやすく説明するために著者はこの関係を数式で表し，**「消毒の基本原則」**と命名した。

消毒の効果＝消毒薬の効力×消毒技術・機械の性能×作業の徹底度・丁寧さ×頻度

この式で，それぞれの要因を最低１から最高 10 までランク付けしてみると，すべてが最高なら 10 × 10 × 10 × 10 = 10,000 となる。

しかし，いかに強力な消毒薬を用いても，性能の悪い機械でいい加減に実施したのでは，10 × 1 × 1 × 1 = 10 にしかならない。すなわち効果があげられないということである。

そこで，消毒の効果をあげるために，現場の作業者に対して，“丁寧に”とか，“徹底的に”とか，“隅々まで”とかの指示が出されることになる。しかし，これらの抽象的で数値化できない要因が本当に効果に影響するのであろうか？

その疑問に対するある実例を紹介する。**図 4-1-1** に示すのは，あるブロイラー鶏舎の消毒後の拭き取り検査の成績である(エーザイ㈱，パコマ資料)。11 月のロットの入雛前の洗浄消毒完了時点での検査ではあまりよい成績ではなかった。それでインテの指導員が洗浄消毒の実施方法や手順を詳しく説明した。そして，２月のロットの入雛前(洗浄消毒後)に同じ検査をしたのである。その結果は，前回とは比較にならないほど優秀な成績であった。同じ鶏舎で，同じ作業員が，同じ動力噴霧機を用い，同じ消毒薬を散布したのに，このようにまったく異なる結果が得られたのである。11月と2月で異なる点は，唯一，指導員が作業者に対して，正しい消毒の方法，つまり“徹底的”，“隅々まで”，“まんべんなく”，“丁寧に”，といういきわめて抽象的に思える事柄を教えたためである。

このことは，消毒の効果をあげるには，優れた消毒薬とか機械とか，設備・装具以外に作業者の意欲が大きく影響することを如実に示しているのである。

■ 汚染畜鶏舎の消毒のポイント

畜鶏舎消毒の方法については，畜産家なら知らない者はいないであろうが，通常のオールアウト時の消毒(非汚染畜鶏舎の消毒)と汚染畜鶏舎の消毒は同じではない。通常の非汚染畜鶏舎の消毒では，有害な病原微生物が存在しないのであるから(まったくいないわけではないが)，特定の相手を限定することなく，全般的に一般細菌のレベルを安全レベルにまで低下させることが目的である。一般細菌をゼロにする必要はないし，また，ゼロにできないから消毒は効果がないと決めつけるのも現実的ではない(実験では便宜上総菌数を対象にしているが)。

しかし，汚染畜鶏舎の場合は，特定の伝染病(感染症)の病原微生物に侵入定着されているところを消毒することになる。その消毒の目的は，これら特定の病原微生物を全滅させることである。ある程度のレベルまで少なくすればよいのではない。理論的には1個たりとて生き残っていては効果なしと判定される厳しいものである。

そのポイントは，次のようなものになる。

①最も有効な消毒薬の使用
②最も有効な散布方法と器材の採用
③徹底的，全面的，やり残しのない，丁寧，綿密な作業
④有効な消毒プログラムの採用

その手順は次のようなものになる。ただし，これはオールイン・オールアウトの畜鶏舎を想定したものであるから，常に家畜・家禽が在舎している場合は，当然に徹底度も低くなり，作業は煩雑になる。効果も不確実になる危険がある。

1．第1段階：消毒液を軽く噴霧(ネズミ駆除・殺虫剤の散布)

病原微生物によって汚染されている畜鶏舎では，清掃・消毒作業に伴いそれらの病原微生物が舎外に出ないようにしなければならない。

したがって，まず舎内の塵埃を抑えることが必要である。それには，消毒液を軽く噴霧する(主として床面の塵埃が巻き上がらないように抑える目的である)。これは塵埃の飛散により他畜鶏舎への汚染の拡散を防ぐためでもあるが，作業者の感染防御(サルモネラなど人獣共通の病原微生物がある)

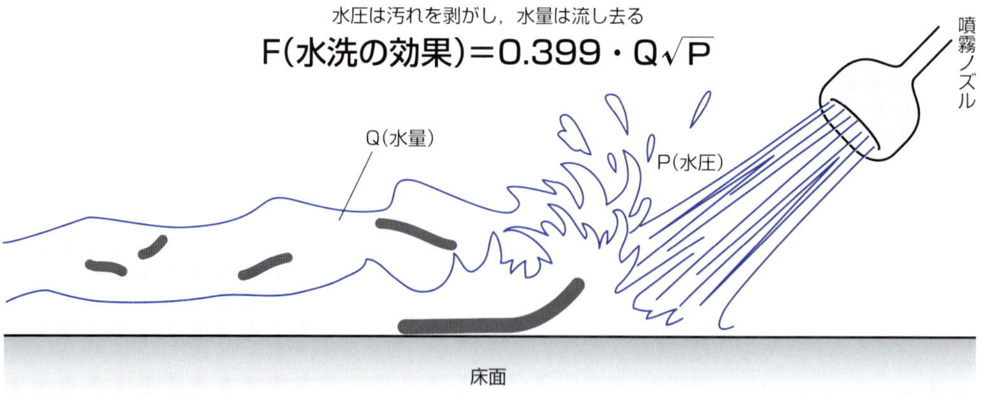

●図 4-1-2　畜舎消毒における水洗の役割

の意味もある。

このときに使用する消毒薬はもちろん，相手とする病原微生物に最も強力な製剤でなければならない。

同時に，後でも説明するが，汚染鶏舎にいるネズミ・ハエ・ゴキブリなどの小動物は，当該病原微生物に感染あるいは病原微生物を付着させているから，これを事前に駆除する必要がある。

2．第２段階：敷き料や糞便の搬出

汚染畜鶏舎の敷き料や鶏糞は当然病原微生物に汚染されているので，これをむやみに扱うことは危険である。石灰粉末を混合したり，石灰乳で被覆して，舎外に出すようにすることが重要である。作業後には畜鶏舎から畜鶏糞堆積所までの経路全面にわたり石灰を散布するか石灰乳を塗布する。糞便などがこぼれ落ちている危険があるからである。また，畜鶏糞を輸送したトラックやユンボなどの機材は，発泡消毒をするか石灰散布する。

3．第３段階：消毒液を用いた水洗

通常のオールアウト後の畜鶏舎は単なる水か，洗剤液で洗うが，汚染畜鶏舎では廃水中に病原微生物が混入しているので，それが舎外に流出すると周囲の環境を汚染して，隣接の畜鶏舎などに汚染を拡大することになる。したがって，消毒液により病原微生物をできるだけ殺してから排出せねばならない。

一般に水洗の仕事は，床面や壁面の汚れを剥がすことと剥がした汚れを舎外に運び出すことである(図 4-1-2)。剥がすのは水圧(P)の役割で，運び出すのは水量(Q)が受け持つ。水圧ばかりが強くても剥がした汚れを運搬する水量が少なければ汚れは運び出せずに残り，乾燥すれば元の汚染状態に戻る。両者の関係は図中の数式のように「積」になっている。実際に，動力噴霧機は通常 30 kg/cm²程度の圧力で 1.5 ℓ/m²ほどの水量を使用しているが，高圧温水洗浄機は 120 kg/cm²もの圧力が出るので，そのときの使用水量は半分で済むのである。

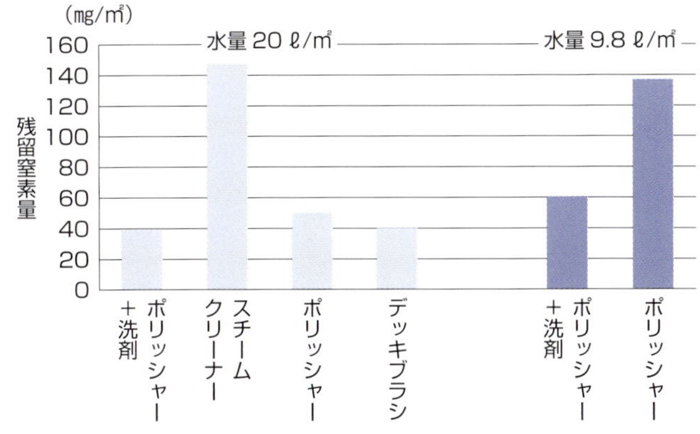

●**図 4-1-3　床面の洗浄方法と汚れ除去**

（太田ら）

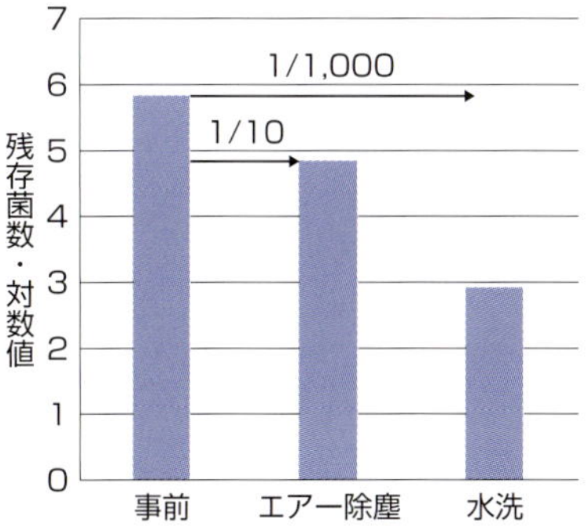

●**図 4-1-4　エアー除塵と水洗の除菌効果比較**

※ブロイラー鶏舎で２カ月間自然汚染したベニヤ板
※総菌数/cm²　（横関）

鶏舎洗浄の方法と汚染除去効果の関係は太田ら(1996)が窒素残存量を指標に実験しているが，**図 4-1-3**のように，水量 20 ℓ/m²は水量約 10 ℓ/m²よりも除去率が高いことを示した。しかし，排水処理の関係で大量の消毒液を使えない畜鶏舎では，洗浄の代わりに発泡消毒で床面・壁面などを覆うように散布するのが効果的である。発泡消毒は通常の消毒液散布よりも有機物の共存に強いのでこのような使い方ができる。詳細は後で述べる。太田らは同時に，水洗よりも洗剤を利用する方が効果が向上することも報告している。これについても後でさらに説明する。

ところで，新型のウインドウレス鶏舎が普及するにつれ，電気設備の破損とか内部の機械や設備の発錆とかを理由に水洗・消毒液散布をしない鶏舎が増えてきた。今日では，また普通に水洗をする養鶏場が多くなってきたが，一時は「ドライサニテーション」なる水で濡らさない洗浄消毒方式が喧伝された。これは，エアーコンプレッサーで舎内に堆積した塵埃を吹き飛ばし，同時に入気口を全開し，換気扇をフル運転して塵埃を舎外に出そうというものである。これを「エアー除塵」という。しかし，いくら換気扇をフル運転しても全部の塵埃を排出できるわけはなく，かなりの塵埃が時間の経過とともに再び沈下してくるのは当然である。もし，これが汚染鶏舎であれば(鳥インフルエンザの際にこのような無謀をする者はいないであろうが，サルモネラとか呼吸器病の病原菌にはお構いなしに行うのではないか)，当然，病原微生物を拡散し隣接の鶏舎を汚染することになる。バイオセキュリティという観点からは，真に不当な方法で，水洗の代替になる方法とは言えないと思われるので，著者は実験をしてみた。

ウインドウレス鶏舎に２カ月間放置して自然汚染させた木板をエアー除塵または水洗したのちに，拭き取り採材して普通寒天培地に出現したコロニー数を数えた結果が**図 4-1-4**である。エアー除塵では事前(対照区)に比べて１桁(１/10)しか除菌できていないが，水洗は３桁(１/1,000)も除菌していたのである。

さらに，実際に「ドライサニテーション」を実施しているウインドウレス鶏舎を拭き取り採材してみたが，**図 4-1-5**のような状況であった。これはエアー除塵後にいわゆるジェット煙霧機で２回消毒液噴霧した後の成績であるが，糞ベルトの 10^7 cfu/cm²を最高に多くの箇所で 10^5 cfu/cm²以上で，この

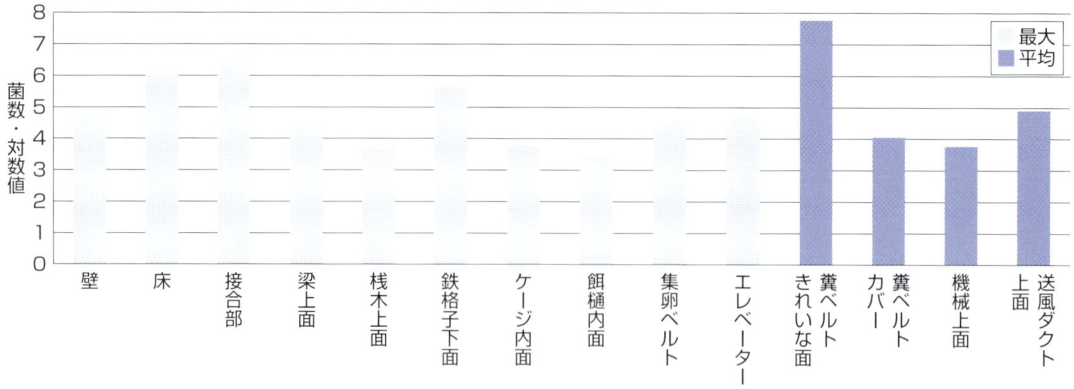

●図 4-1-5　ドライサニテーション後の鶏舎残存付着菌数

※エアー除塵＋ジェット噴霧２回実施後　（横関ら）

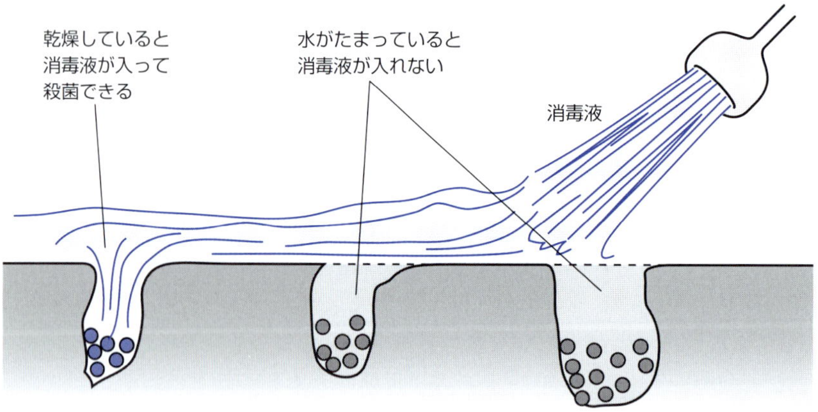

●図 4-1-6　水洗後の乾燥は重要

除菌成績では到底効果的消毒とは言い難い結果であった。

4．第４段階：乾燥

通常の水洗の後では，一昼夜ほど乾燥させてから消毒液を散布する。この意義は，**図 4-1-6** を見てもらえば一目瞭然であろう。床面や壁面には，例えばコンクリートでも木材でも微小な孔が無数にある。その孔には当然ながら多数の病原微生物が潜んでいる。水洗後に消毒液を散布しても，その微細な孔に水が残っているので水に邪魔されて進入することができない。あるいは進入しても水で薄められて殺菌力が低下してしまう。孔のなかの病原微生物はその後で再度床面や壁面の表面に出てきて汚染を拡大することになる。

水洗後に乾燥すると微細な孔にも消毒液が入り，孔のなかの病原微生物を殺滅することができるのである。これは非汚染畜鶏舎でも汚染畜鶏舎でも同じである。

5．第５段階：消毒液散布

通常，水洗と同様に動力噴霧機を使用するが高圧温水洗浄機でもよい。スチームクリーナーは以前は多用されていたが，今では見かけることが少ない。これは前述の通り，蒸気は噴口において断熱膨張で急激に温度が低下するので，噴口から 20 cm も離れると素手で触れても大丈夫なほどに下がっているために，温度による消毒効果はあまり期待できないからである。これに対して，高圧温水洗浄機の方は熱湯なので 80℃ほどの高温が数～ 10 mm以上の飛距離まで保持されるので，温度による消毒液の消毒力増強が期待できる。

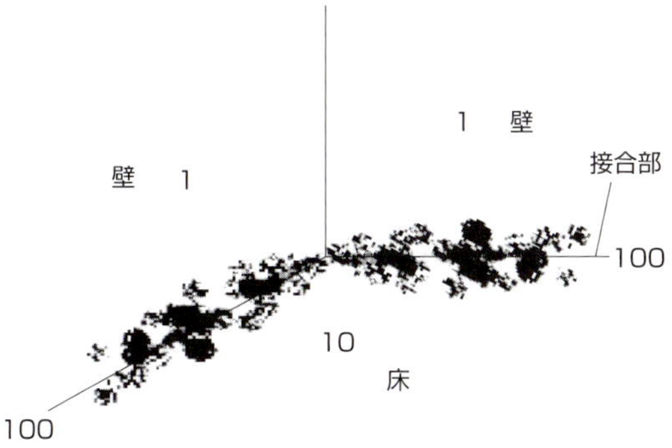

●図 4-1-7　1：10：100 の法則

消毒液洗浄の段階で発泡消毒を行った場合には，今度は消毒液を散布して汚れを流し去らねばならない。消毒液散布作業上の心構えとして「**1：10：100 の法則**」がある。この法則は，著者がウインドウレス鶏舎の環境検査で，多数のサンプルを取り，それを計算していて気づいた法則である。つまり，鶏舎の壁面の付着菌数を「1」とすると，床面には「10」の細菌数がいる，10 倍である。さらに，床面と壁面の接合部には「100」の細菌が付着している，ということである(**図 4-1-7**)。したがって，壁も床も同じように消毒液を散布していると，壁は完全に消毒できても，床面には当然に 9 倍の細菌が残る。接合部には 99 倍の細菌が残ることになるというのである(必ずしも，どこでも，この通りになるわけではないが，効果的な消毒の仕方を納得してもらうには役に立つ説明になる)。ただ“丁寧に”とか“徹底的に”とか言われても，こういうことが分からないと実感しにくいのではないだろうか。

さて，通常の(非汚染の)畜鶏舎消毒では，消毒液の散布は通常一度では終わらず２～数回行うことが多い。これは一度では仕残しがあるということを指導者も農場主も感じているからであろう。例えば鶏舎では，１回目は逆性石けんで舎内全面に消毒液を散布し，２回目はコクシジウム対策としてオルソ剤を床面に散布，３回目はウイルス防除に塩素剤を……というプログラムを作ったりする。反復することで，消毒液の散布が抜けていた部分をなくすと同時に異なる薬剤により消毒薬のスペクトルを広くするのも狙いである。

しかし，汚染畜鶏舎の消毒では，相手は決まっているので，それに対して最も効力の強い消毒薬を用いればよいため，スペクトルを勘案して色々な薬剤を用いる必要はない。例えば,「サルモネラ汚染鶏舎の消毒を逆性石けんとオルソ剤を用いたが，なかなか清浄化できなかった」というような事例を見聞するが，これは無駄をしているというべきである。サルモネラに対しては逆性石けんよりも塩素剤とヨード剤が強力なことは知られているので，それらと石灰を用いればよいのであり，さらに，サルモネラを駆除しようとしているときにコクシジウムの駆除は考えなくてもよいのである。

一般の非汚染畜鶏舎あるいは汚染排除後の畜鶏舎の通常消毒プログラムについては後述する。なお，消毒液散布の方法としての「発泡消毒」と「熱煙霧消毒」，さらには「微粒子噴霧消毒」などについては，第２節(106ページ)で詳しく述べる。

■ 消毒後の検査と再消毒

汚染畜鶏舎の消毒作業が完了したら，直ちに畜鶏舎内部の各所から拭き取りサンプルを集め，相手とする病原微生物の検査をしなければならない。このときのサンプルの取り方にも工夫が必要である。

サルモネラ検査では，DS(Drug Swab)法(**図 4-1-8**)という湿らせたガーゼを舎内全面の床面を引きずって塵埃を採取する検査法が推奨されているが，消毒前ならともかく，消毒済みの床面からは病原微生物を検出することはあまりできないから，仮にこの検査で陰性であっても喜ばない方がよい。それならどうするのか。「１：10：100の法則」に従い，壁面の100倍，床面の10倍も汚染されている接合部から採材すればよいのである。まず，長さ１mあまりの竹箒の柄ほどの棒を用意して，その先に湿らせたガーゼを巻きつける。きつく巻くのではなく，布切れの端をぶらぶらと引きずるほどにゆるく巻きつけるのがよい。それを壁と床の接合部にあてがいながら，棒の他端を持って畜鶏舎の四周を引きずっていく。これは著者が考案した方法であるが，きわめて有効な方法である。DS法など，ほかの方法では検出できなかったサルモネラをこの方法だけは検出したことがある。

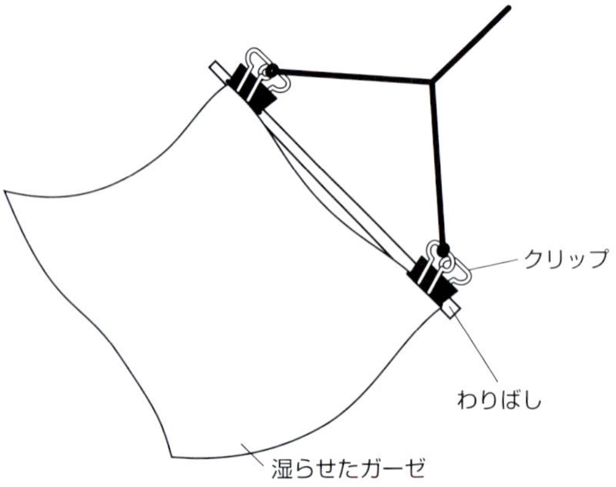

●図 4-1-8　DS (Drug Swab)

さらに，排気口周辺，換気扇の翼，ガード・金網など，ダクトやパイプの上面，梁の上面，鶏糞ベルト(通常の検査なら運転中にガーゼを棒切れの端に巻きつけてベルト面を横断するように左右にこするのもよいが，ベルトの幅ほどのガーゼをベルト面に触れる程度につるしておくという方法も便利である)および集卵ベルトの末端部などの普段から塵埃の溜まっていた箇所から採取するのがよい。

綿棒を用いる拭き取り採材で，同じ面(10×10㎝)を何回こすり取ればよいのかを調べたことがある。結果は**図 4-1-9**のように，拭き取り面の材質で異なり，アルミ板のようなまったく平滑で吸湿性もない面では２回でよいが，木板やコンクリートのような多孔質で吸湿性もある面では10回以上こする必要があると分かった。

一般に，畜鶏舎の汚染・非汚染を判定する検査は「サンプリング・テスト：抜き取り検査」の範疇に入るので，サンプル数は多いほどよく，それも畜鶏舎全面から平等に(本来の抜き取り検査ではランダムにであるが)採取すべきとされているが，消毒後の清浄化の確認の検査では，汚染が残りやすい箇所を狙って採取するのがよい。したがって，接合部，隅や角，梁やパイプ・ダクトの上，換気扇などから採取することになる。

消毒後の検査で，もし１検体でも病原微生物が検出されたら，再消毒をする。検出された箇所を重点的に行うが全体も行う。そして再検査をする。全検体が陰性となるまでこれを繰り返す。

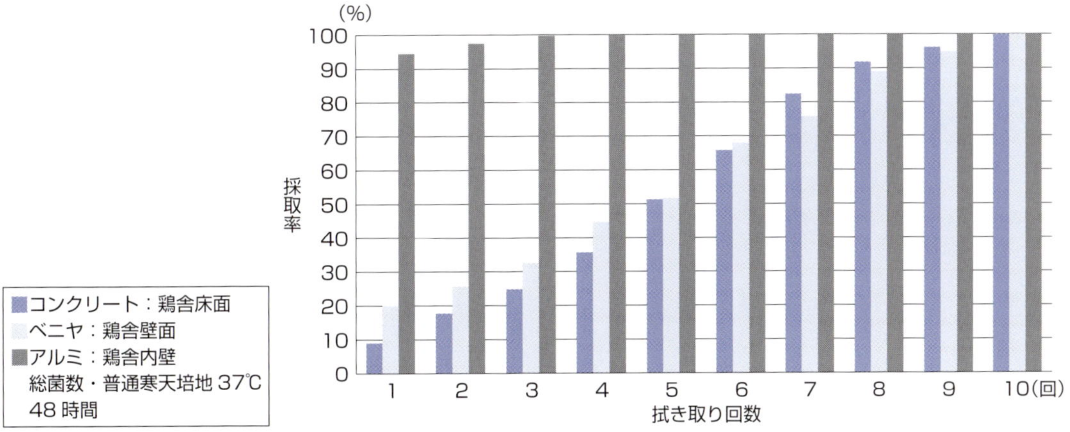

●**図 4-1-9　拭き取り回数と付着菌採取率**

（横関）

一般に，検査というと検査室内で行う細菌学的検査が重要と思われているが，それは考え違いである。細菌学的検査は専門技術があれば誰がやっても同じ結果が出るものである。検査において最も重要なポイントはサンプルの採取（採材）である。これを確実にするのと，いい加減にするのとでは，当然ながら結果がまったく違ってくる。確実に病原微生物が採取できる方法で採取しなければ，その後でいくら細菌学的検査を精密に正しく行っても，正しい結果は得られないのである。

■ 消毒のプログラム

汚染畜鶏舎の清浄化に限定しない非汚染畜鶏舎のオールアウト後などの消毒では，一般にプログラムによる消毒が行われている。前にも述べたが，複数の消毒薬を用い，複数回の散布をする。

消毒薬でも２剤あるいは３剤，ときには４剤とか５剤を使用している農場もある。養鶏場でよく見かける方式は，前述したが１回目に逆性石けんあるいは両性石けんで舎内全面を，２回目にコクシジウム対策としてオルソ剤で床面を，３回目に仕上げとしてヨード剤か塩素剤を全面に噴霧，というパターンである。床面に石灰粉末を入れるとか石灰乳を塗布する場合は，オルソ剤の後にすることが多いようである。

異なる性質の消毒薬を用いることでスペクトルを広げようとの意図は，通常のオールアウト後の消毒などでは正しい選択であるが，問題は“逆性石けん→両性石けん”とか，さらには“逆性石けんＡ→逆性石けんＢ”という反復の事例である。逆性石けんも両性石けんもスペクトルはほとんど似たようなものだから，その反復はあまりメリットがない。逆性石けんＡ→逆性石けんＢのようにまったく同じ種類の反復の場合は，その意図の理解に困る。おそらく，農場主に知識がないので薬店のセールスの勧めるままに行っているのであろうが，売上一本槍で顧客に無駄をさせているセールスは論外である。

石灰の後に塩素剤やヨード剤を散布すると，強酸性の液であり，かつ酸性条件下で有効な塩素剤・ヨード剤が強アルカリ性の石灰面では不活化されることを承知しておかねばならない。石灰塗布と塩素剤散布の関係については後述する。

プログラム化した消毒液散布を反復することは，前述したように，やり残した箇所を潰していくことやスペクトルを広げるメリットがあるが，コストや手間や時間，さらには空舎期間の関係もある。さらには，消毒薬を多く用い，回数を多くしても，必ずしも消毒効果が高まるとは限らないこともある。

以下に，著者が関わった実例を紹介する。これは，ブロイラーインテの２農場の比較である。各農場の消毒のプログラムは以下のとおりである。

A農場

①洗剤(バイオソルブ)による水洗
②逆性石けん全面散布
③オルソ剤床面散布
④ヨード剤全面散布
⑤塩素剤全面散布
⑥石灰乳床面塗布
⑦酸化剤(ハイペロックス)の微粒子噴霧

B農場

①洗剤(バイオソルブ)水洗
②複合塩素剤全面散布
③酸化剤の熱煙霧(ハイペロックス)
④石灰乳塗布

Ａ農場では洗剤と石灰を除けば合計５薬剤を使用し，回数では石灰を入れると７回である。他方，Ｂ農場では２薬剤で回数は石灰塗布を入れても４回である。その結果は**図4-1-10**に示す。本来は床面の成績を示すべきであるが，Ａ農場が途中で石灰乳塗布をしてしまったので，その後の床面採材の意味がなくなり，両者の比較ができないので，壁面の成績を示すことにする。

両者とも，各作業終了後に直ちに拭き取り採材し，細菌検査に供した。鶏舎構造も作業員数も使用機材も異なるので，一概に比較するのは妥当でないかもしれないが，結果にかなりの差異が出現したのには驚かされた。

除菌率で見ると，Ａ農場ではバイオソルブ水洗(①)は76%，逆性石けん剤＋オルソ剤の２回散布(②，③)で75%，ヨード剤＋塩素剤＋酸化剤噴霧の３回分(④～⑥)で95%となっている。他方Ｂ農場ではバイオソルブ水洗(①)で91%，複合塩素剤散布(②)で99.6%，酸化剤熱煙霧(③)で98.9%となる。トータルの除菌率で比較すると(事前に対する最終結果では)Ａ農場は99.6%，Ｂ農場はなんと99.999%以上の除菌率である。

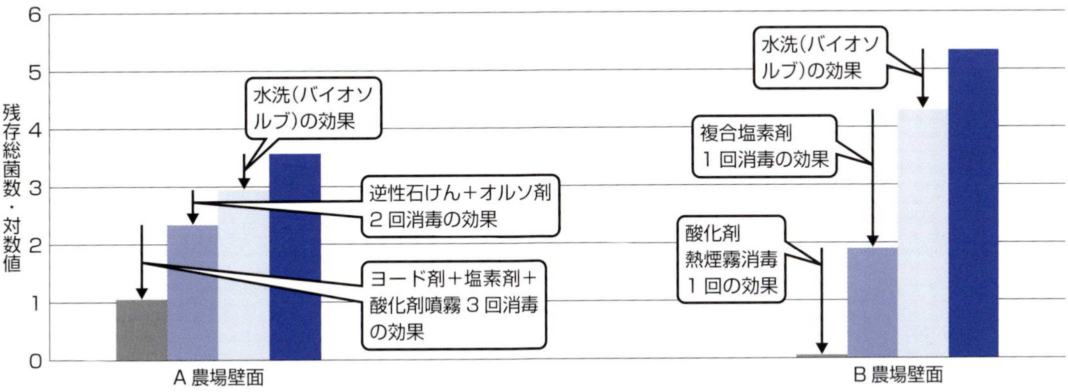

●図 4-1-10　2農場の鶏舎消毒プログラムの効果

(横関ら)

注目すべきは，A農場の逆性石けん＋オルソ剤2回散布が75%(オルソ剤の本来の目的は床面だけだが，実際は壁面下部まで散布されていた)に対しB農場の複合塩素剤が99.6%であること，A農場のヨード剤＋塩素剤＋酸化剤噴霧3回散布で95%に対しB農場の酸化剤熱煙霧単独で98.7%であることである。両農場で使用している洗浄剤はバイオソルブ，塩素剤は複合塩素剤ビルコンS，酸化剤はハイペロックスであった。

A農場は多くの薬剤を用い，回数を多く実施してもB農場よりも効果が劣ったのである。その理由については，両者の鶏舎構造その他の条件が異なるので，一概に言えないが，両農場とも作業員は「消毒班」の専任であり，作業はどちらも手慣れた様子で進められていた。そこには人的な格差は見られなかった。ただ異なる点は，A農場では散布にスピードスプレーヤー(自走式散水噴霧機)を使用していた。これは作業が速やかで手間がかからない点はメリットであるが，細かい点について“丁寧に”とか“徹底的に”とかはできない。単に全面に消毒液を散布しているだけである。この点が作業者が汚れを見つけて噴流を集中させたり，接合部や隅・角などを，いわゆる「1：10：100の法則」に従って作業できる動力噴霧機と異なる点である。さらに，酸化剤を熱煙霧で使用することと微粒子噴霧で使用することの効果の差異もあるのではないかと考えられる。まとめてみると，

①この調査では，総菌数のみを対象としていたので，両農場で使用された消毒薬は，いずれも十分な効力を持っていると考えられる。しかし，A農場では消毒液散布量が坪当たり1.6 ℓで，適正量(5 ℓ/坪)の1/3と少なかった。

②A農場の使用器材がスピードスプレイヤーであるため，床面以外の箇所には消毒液があまり散布されず，壁面以外でも給餌器・給水器あるいは桟の上面・エサパイプの上面の除菌率も低かった。

③酸化剤は本来，熱煙霧消毒をするための製剤であるが，A農場ではLVスプレーで噴霧した。除菌率は94.9%と一応の効果は得られたが，バラツキが大きかった。

④ヨード剤の次に塩素剤を散布しているが，これらは同じような抗菌スペクトルなので，重ねて2回消毒してもあまり意味がない。

いずれにしても，この結果は，ただ薬剤を多種類用い，回数を多くしても効果はあがらないということのひとつの証拠とはなるのではないだろうか。

■ 畜舎周囲の消毒（土壌の消毒）

病原微生物の汚染は畜鶏舎内だけでなく，周囲にも広がっている。ウインドウレス鶏舎でも排気は出ている。それがどの程度周囲を汚染しているかは排気口付近の塵埃の付き具合を見れば分かる。換気扇をはじめ排気口の周囲，犬走り，さらに地面まで汚染されているのである。その地面を踏んで歩く履物で汚染が場内に広く拡散することになる。

したがって，畜鶏舎内の消毒だけでなく，周囲の消毒も欠くことはできない。もし，放置すれば，病原微生物は隣接の畜鶏舎に侵入して汚染を拡大することになる。換気扇・排気口・コンクリートの犬走りなどは，舎内と同じような動力噴霧機でも発泡消毒でもよいが，地面はどうすればよいのか。

地面(土壌)の消毒については，獣医畜産関係では外国の文献にもほとんど出ていないが，果樹蔬菜では線虫の防除などにホルマリンが広く利用されている。しかし，著者が米国農務省高官の知人に聞いたことがあるが，毒性などで問題が起きると困るからやめた方がよいと言っていた。

そこで，土壌の消毒方法について著者が実験した結果を簡単に紹介する(1994)。生食水に浮遊させた *S.* Enteritidis により汚染した土壌に対して，塩素剤(塩素化イソシアヌール酸製剤，商品名クレンテ)，生石灰，消石灰，オルソ剤(商品名バリゾン)および火炎放射による消毒を試みた。

円筒に詰めた汚染土壌の上から消毒液を注入して一夜放置した後に地表面と5㎝下から土壌を採取

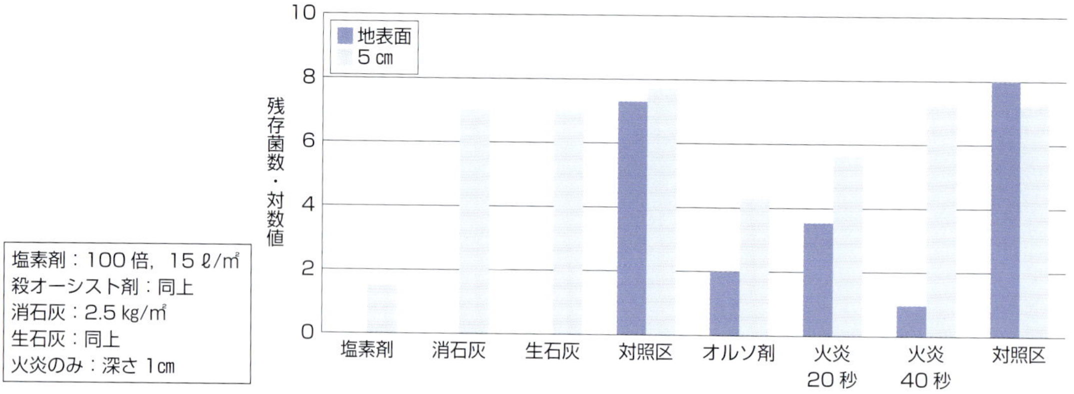

●図 4-1-11　*S.* Enteritidis 汚染土壌の消毒効果

（横関）

して，試験管内の滅菌生理的食塩水に投入し撹拌後に液を採取し，段階希釈して DHL 寒天培地に接種して培養した。結果は**図 4-2-11** に示す。地表の消毒効果は，塩素剤，生石灰，消石灰とも *S.* Enteritidis の菌数をゼロ（検出限界以下）にした。しかし，地表から 5 cm下の土壌では塩素剤は効果があったが，石灰は両方ともほとんど菌数が減らず無効であった。この原因は，石灰は粉末であるために，土壌とよく混合したつもりであったのだが，完全には混合できず，石灰粒子に接触しない土壌粒子が多数残ったために，*S.* Enteritidis が生き残ったと考えられる。前にも述べたとおり，これも「直接接触の原則」が証明する通りである。

オルソ剤は *S.* Enteritidis に対する殺菌力が塩素剤よりも劣るため，除菌率が低かったと考えられる。火炎放射は火花が飛び散るほどに焼却したが，土壌の水分や熱遮断性により効果があがらなかったと考えられる。コンクリート床面以外では実用は難しいであろう。

効果から見ると塩素剤が最もよいが，コストがかかるので，実際には石灰が実用的と考えられる。粉末の場合には，土粒子とよく混合撹拌することが重要である。さらに，石灰乳で畜鶏舎周辺などの地表全面を覆うのが効果的であろう。

CHECK SHEET

□1．消毒は行えば必ず効果があるものではない。効果があるように行えば効果があり，効果がないように行えば効果がない，というものである。

□2．消毒の効果には．ヒト（作業員）の意欲，熱心さ，丁寧さなどが大きく影響する。

□3．消毒の基本原則「1：10：100 の法則」により，汚れの溜まりやすい箇所，やりにくい箇所を重点的に行うとよい。

□4．水洗では，水圧が汚れを剥がし，水量が汚れを搬出する。汚染鶏畜舎の消毒では消毒液による洗浄を行う。「ドライサニテーション」は不適である。

□5．水洗後の乾燥は消毒効果を高めるのに重要である。

□6．汚染鶏舎の消毒では，当該汚染病原微生物に対して最も強力な消毒薬を用いること。

□7．消毒液散布には「1：10：100 の法則」を念頭に隅々まで徹底的に行うこと。

□8．消毒後の検査は，汚染が最も残りやすい箇所を狙って採材すること。

□9．消毒のプログラムは，必ずしも多種類の消毒薬を用い，散布回数を増やせば効果があがるというわけではない。

□10．汚染農場では土壌も汚染されている。土壌の消毒には塩素化イソシアヌール酸が最も効果的だが，コスト面を考慮すると消石灰・生石灰の散布が実用的である。土壌とよく混合することが重要である。

第2節
より効果的な消毒方法

■ 洗剤の利用

畜鶏舎の水洗には水量(Q)と水圧(P)が関与し，それらは$F=0.399Q\cdot\sqrt{P}$の関係にあるとは96ページでも述べたとおりである。つまり，水洗の効果(F)は水量に比例し，水圧の平方根に比例するのである。したがって，水量を多くするほど洗浄効果が向上することになる。それは前出の太田らの実験(**図4-1-3**，97ページ)でも証明されており，水洗効果を向上するために水の多用が勧められている。

しかし，現実には畜産農場の大型化と使用水量の激増に伴い，水源の確保が困難になってきているところも少なくない。他方，水質規制の強化により排水も容易でなくなってきた。そのような状況の下で畜鶏舎の水洗をより効果的に行う手段として，畜鶏舎用の重度汚染用洗剤が登場したのである。太田らの推奨があったにもかかわらず洗剤の利用が普及しなかったのは，洗剤のコストの問題もあったが，水を無制限に使用でき排水できた実情があったからである。

さて，この種の洗剤がどの程度の汚染除去力を有するかについて，著者も実験をしてみた(2001)。これは木板上に鶏糞卵液に混合した*Salmonella* Enteritidisを塗布して乾燥したものを対象にして，洗剤を用いた水洗と通常の水洗の比較をしたものである。

洗剤区は「洗剤水洗→消毒液噴霧」，水洗区は「水洗→消毒液噴霧」である。両区ともに消毒薬は複合塩素系(ビルコンS)の500倍液を使用し，消毒液量・水量とも同一である。

結果は**図4-2-1**となった。洗剤区の洗剤洗いと水洗区の水洗＋消毒液噴霧との残存菌数がほぼ同レベルである点と，洗剤区の消毒液噴霧後の菌数がゼロ(検出限界以下)になっている点が注目される。いずれも洗剤の汚れ除去効果(本実験では除菌効果で表されているが)が優れていることを表しているが，洗剤区の消毒液噴霧後の菌数ゼロは，その前段の洗剤水洗により有機物がきわめてよく除去されたことで，消毒薬の殺菌力がフルに発揮されたためと考えられる。

実際の鶏舎での実験でも同様の結果が得られている。実験は洗剤区と水洗区で，それぞれ水量を2段階にして，5 ℓ/㎡と20 ℓ/㎡とした。結果は**図4-2-2**に示すとおり，水量が多いほど水洗の効果は高く，また洗剤区は水洗区よりも除菌効果が高かった。水洗後の菌数は水洗区2(水量20 ℓ/㎡)と洗剤区1(水量5 ℓ/㎡)がほぼ同程度で，洗剤の使用が4倍の水量に匹敵することが分かった。洗剤区2の消毒後の残存菌数は水洗区2の1/1,000で3桁低く，除菌率は99.9999%以上と，水洗区2の99.9%以上と比べ高かった。

メーカーによると，バイオソルブの使用法は，100倍液を1 ℓ/㎡散布して30分間放置後に通常ど

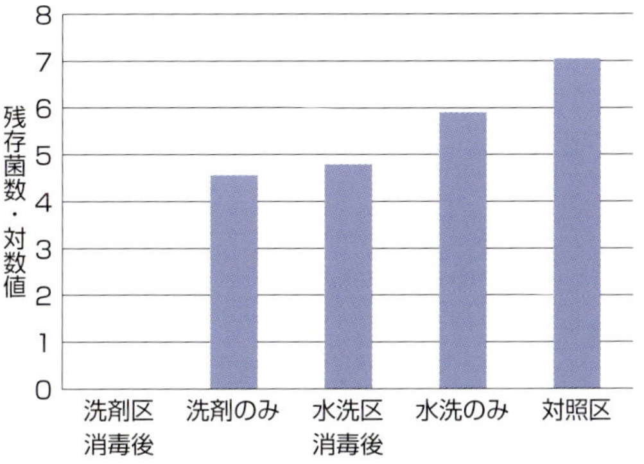

●図 4-2-1　板面に塗布した *S.* Enteritidis に対する洗剤と水洗の除菌効果比較

（横関）

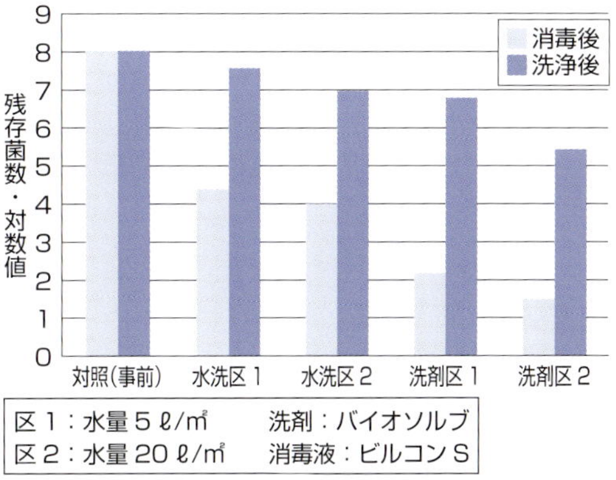

●図 4-2-2　洗剤による鶏舎消毒効果の向上（総菌数）

（横関）

おりに水洗することになっているが，手間と時間はそれほどかかるものではない。

バイオソルブ使用による水量節約の一例がある（バイエル薬品㈱，2010）。豚舎でプラスチック製の豚房「簡易離乳子豚舎（4 × 2 × 1 m）」の洗浄に，通常は 1 台当たり 50 分の時間をかけ 1,500 ℓ の水を使用していたが，バイオソルブ 50 倍液を 15 ℓ / 台散布し 30 分後に水洗することで，水量は 3 割減の 1,050 ℓ，時間も 35 分で済んだという。

■ 発泡消毒

通常の動力噴霧機による消毒液散布では，水平面以外の被消毒面（壁面・天井など）では散布された消毒液は直ちに流れ去るものである。したがって，被消毒面に付着している病原微生物に対する消毒液の作用時間は一瞬か，材質の保水性にもよるが長く見ても数十秒でしかない。

ところが，1990 年代の初めに新しい消毒法が米国から渡来した。実際は食品工場でのタンクやパイプなどの器材を洗浄する方法として紹介されたのであるが，著者らはそれを畜鶏舎消毒用に応用することを考えた。その機械は，コンプレッサーで圧縮した高圧空気を消毒液に吹き込んで泡を発生させ，ポンプで放出するもので，食品工場用のために小型で能力も低かった。そのうえ，コンプレッサーと圧力タンク，さらにポンプを同時に移動する必要がある点も不便であった。種々の試行錯誤の末，農業機械メーカーの㈱丸山製作所が動力噴霧機に直結するだけで泡が作れる画期的な小型のノズル（発泡ノズル）を開発して今日の実用化に至ったのである。

消毒液を発泡させると付着力が増加して壁面や天井あるいはケージの柱などにも数十秒から数分ほどの長時間付着することができる（**図 4-2-3，4-2-4**）。付着時間が長いということは消毒液の作用時間が長いということであるから，当然殺菌力が増強されて消毒効果が向上するのである。

同時に，発泡消毒では消毒液濃度が高いことが殺菌力増強に貢献している。消毒液濃度を高くする理由は発泡に必要だからである。実は，どの消毒薬でも発泡消毒ができるわけではない。起泡性に優

●図 4-2-3　鶏舎への発泡消毒

れた消毒薬のみがこの用途に適する。起泡力のある消毒薬としては，界面活性剤系の消毒薬がある。逆性石けんと両性石けんであるが，製剤によりそれぞれに起泡力が異なる。逆性石けんのなかでも「アストップ200」が最も起泡力に優れている。この消毒薬は殺菌力も強く，抗菌スペクトルも広いので，通常の畜鶏舎の消毒にはきわめて適している。

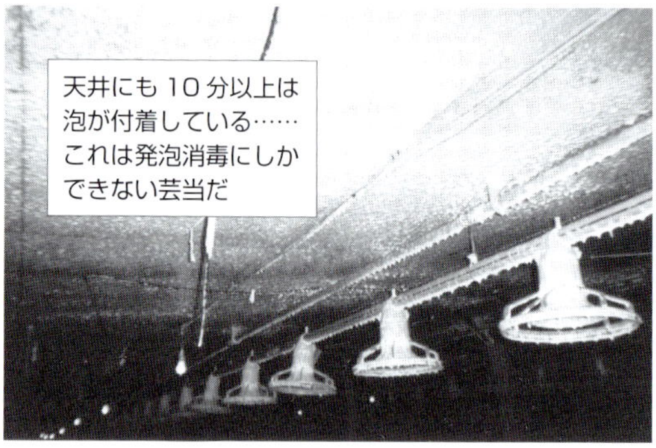

●図 4-2-4　平飼い鶏舎天井への発泡消毒

なお，高濃度の消毒液を散布するのであれば，消毒薬使用量が増えるのだから消毒効果が高くても当然ではないかとの反論・疑問もあるであろうが，発泡消毒での消毒液散布量は動力噴霧機の散布量の1/10であるから，単位面積当たりの消毒薬使用量は動力噴霧機の場合と同じである。

木板上に塗布した *S.* Enteritidis に対する実験(横関ら，1994)によると，発泡消毒は通常の動力噴霧機散布の1,000倍の除菌率を挙げた(**図 4-2-5**)。微粒子噴霧とは，後述するが**LV スプレー**による噴霧である。実験では，これのみに塩素化イソシアヌール酸製剤を用いた。

実際の牛舎での実験例(横関・速水，1998)を紹介する。搾乳牛36頭飼育のスタンチョン式牛舎で，牛を出したあとで水洗と発泡消毒を実施した。各作業30分後に床面から拭き取り採材し，細菌検査に供した。結果は**図 4-2-6** に示すとおり，総菌数と大腸菌群は3桁，黄色ブドウ球菌と真菌は4桁の除菌効果であった。

豚舎床面で動力噴霧機と発泡消毒の効果を比較した菊入ら(1993)の実験例がある。動力噴霧機は逆性石けんA(アストップ200)の500倍液を2.0 ℓ/㎡散布し，発泡消毒では同じ消毒薬の50倍液を0.2 ℓ/㎡散布した。単位面積当たりの消毒薬量は同一である。結果は**図 4-2-7** に示すとおりで，総菌

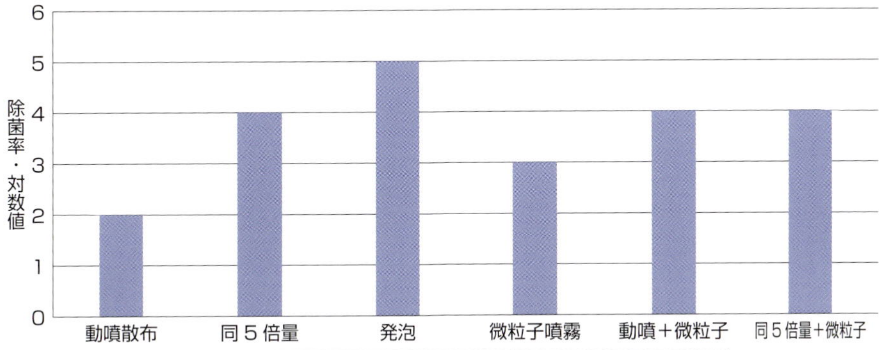

動噴：逆性石けん A500 倍液　発泡：同 50 倍液　微粒子噴霧：塩素剤 40 倍液

●図 4-2-5　木板上の *S*. Enteritidis に対する各種消毒液散布法の効果　（横関ら）

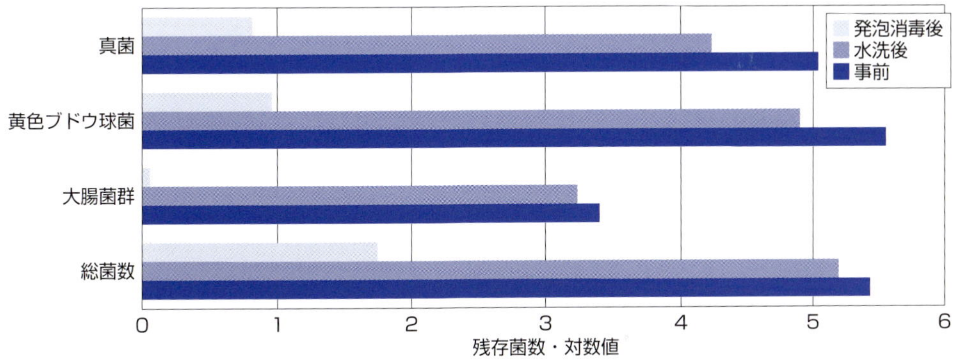

※逆性石けん A200，1,000 倍液

●図 4-2-6　発泡消毒による牛舎床面の消毒効果　（横関・速水）

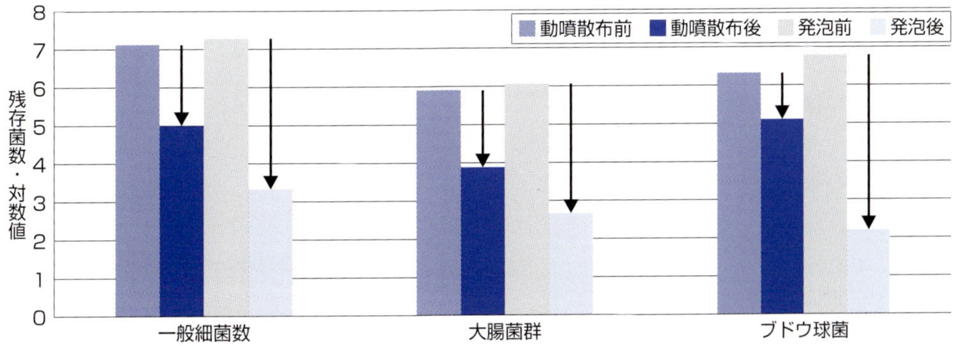

cfu/cm²　動噴：逆性石けん A500 倍，2.0 ℓ/m²　発泡：逆性石けん A50 倍，0.2 ℓ/m²

●図 4-2-7　豚舎消毒における動力噴霧機散布と発泡消毒の効果比較　（菊入ら）

LV スプレー：少量噴霧用のスプレー器材。LV は Low Volume の略

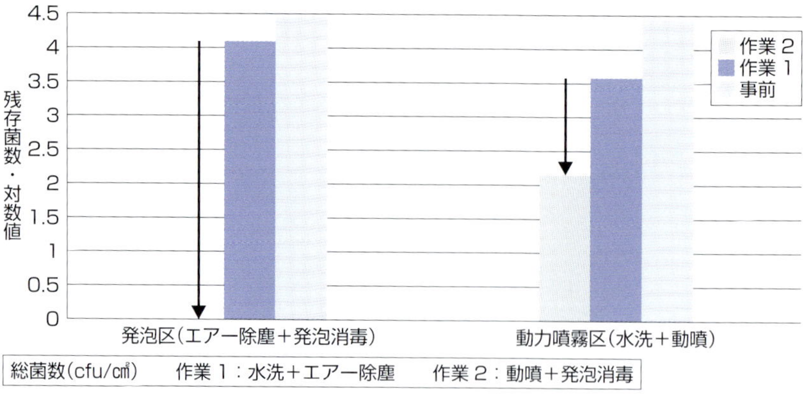

●図 4-2-8　有機物存在下の殺菌力比較（鶏舎塵埃の場合）

（横関）

数では動力噴霧機の２桁（除菌率 99％以上）に対し，発泡消毒は３桁以上（99.9％以上）の除菌効果をあげた。ほかの菌種でも同様の傾向にあった。

このように，発泡消毒は高い消毒効果をあげる消毒液散布方法であるが，有機物の存在下での消毒効果も高いことが分かっている。次に紹介する実験は，木板に鶏舎塵埃を擦り込んだものを対象に，動力噴霧機と発泡消毒の除菌効果を比較したものである。動力噴霧区は水洗後動力噴霧機で消毒液を散布した。発泡区はエアー除塵のあとに発泡消毒を行った。結果は**図 4-2-8** に示すが，エアー除塵は当然水洗よりも除菌力は劣っているが，最終的に（消毒後）は発泡区が 99.99％以上，動力噴霧機区が 99％以上と２桁の差がついた。

前にも述べたが，ウインドウレス鶏舎では，内部の電気系統の濡れ損や設備の金属部分の発錆性の点から，水を使った水洗や消毒液散布を嫌った時期があった。著者らの考えでは，鶏舎が病原微生物により汚染することは当然あり得ることで，その防止のための消毒が実施できないような鶏舎はあり得ないのだが，鶏舎・設備のメーカーは水洗消毒による濡れ損や発錆の責任は持たないなどとして，欧米で普及している「ドライサニテーション」と称して，エアー除塵＋ジェットフォグによる消毒液噴霧による方式を推奨していた。当然そのような消毒方法では鶏舎の細菌汚染除去度は低く，病原菌などの清浄化は不可能であった。**図 4-2-7** に示した実験は，いかにして，そのような鶏舎の清浄化を達成しようかとの意図から行ったものである。

実際の鶏舎で行った実験を紹介する。３万羽クラスのウインドウレス鶏舎である。農場慣行の方法では，まず，エアー除塵を行い，塵埃を吹き飛ばしてから，ジェットフォグで消毒液を噴霧した。殺虫剤と消毒液で２回実施した。**図 4-2-9** に示すように，エアー除塵の除菌効果はほとんどなかった。そのような塵埃（有機物）の多い状態で発泡消毒を行ったのであるが，床面と集卵ベルトを除けば，すべてゼロ（検出限界以下）となったのである（発泡液噴霧の一夜後に採材）。発泡消毒が有機物の多く残存する状態でも除菌力を発揮できることが分かった例である。

同じような実験であるが，牛舎の例（横関・速水，1998）もある（**図 4-2-10**）。それは築 30 数年を経過した古い牛舎で，牛床のコンクリートが崩れて骨材の礫があちこちで露出していて，水洗でブラシ

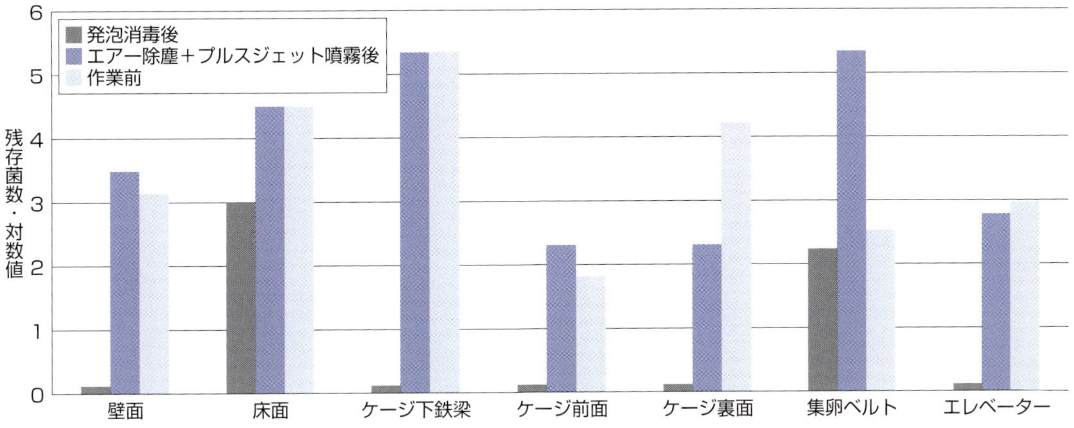

●図 4-2-9　水洗不可能鶏舎での発泡消毒の効果

清掃：エアー除塵＋プルスジェット噴霧
消毒：発泡消毒
総菌数

（横関）

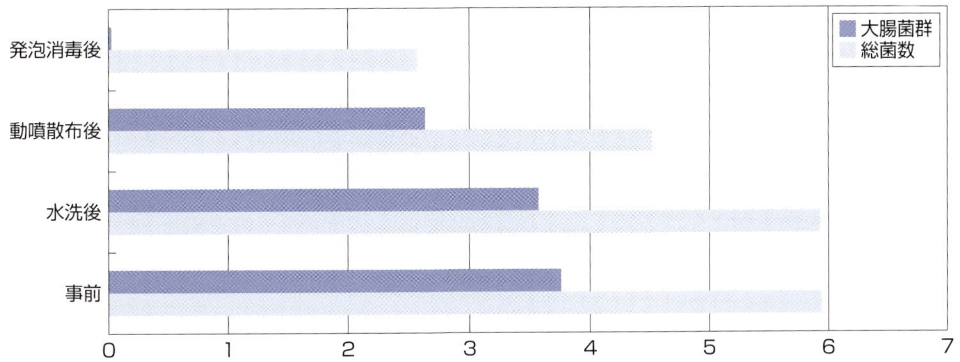

※逆性石けん(A200)，1,000 倍液

●図 4-2-10　除糞不十分な牛床の発泡消毒による除菌効果

（横関・速水）

洗いをしても牛糞などの汚れがきれいに除去できないような状態であった。したがって，水洗後の菌数(総菌数)はほとんど事前と変わらなかった。動力噴霧機散布後も除菌率は1.5桁，96％に過ぎなかった。そこに発泡消毒をしたところ，さらに2桁除菌してトータルの除菌率は99.9％以上となった。

これらの事例の示すように，発泡消毒は有機物存在下でも相応の消毒効果を発揮するので，畜産現場の消毒液散布法としてはきわめて有効な方法であると言えよう。著者は当時，これを「消毒の革命」と称していたくらいの画期的消毒法である。

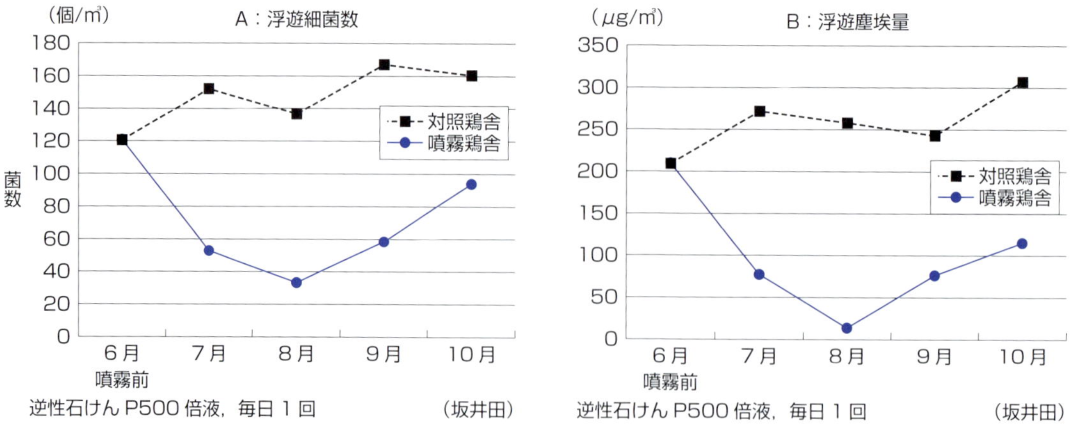

●図 4-2-11　舎内噴霧の効果

微粒子噴霧

これは，LV スプレーを用いて行う消毒液噴霧であり，前述の“濡れ損”を恐れるウインドウレス鶏舎やウインドウレス豚舎で多用された消毒液散布方法である。前述したとおり，エアー除塵と組み合わせた，いわゆる「ドライサニテーション」の病原微生物除去（清浄化）効果はきわめて低く，今日ではこの方式を行っている農場は多くないと思われるが，微粒子噴霧自体は通常の水洗後や動力噴霧機による消毒液散布あるいは発泡消毒とも組み合わせた消毒プログラムの一環として今日でも実施されている。特に，LV スプレーは無人噴霧ができることから，毒性・刺激性の強い塩素化イソシアヌール酸製剤などの散布には不可欠の器材である。

舎内噴霧

この方法の発祥は 1960 年代後半の第一次マレック病流行時に茶薗が発想し，著者らも協力してシステム化したいわゆる「鶏体噴霧消毒法」に端を発する。

消毒では効果がないと言われていたマレック病であったが，鶏の体に直接消毒液を噴霧するというこの方法がウイルスを殺滅して感染を阻止したのか，あるいはウイルスを内包する浮遊塵埃や鶏舎塵埃を沈降定着させて感染の機会が減少したのか，理由は判然としないが，とにかく，野外での育雛成績が改善したのは確かであった。その後，1972 年に坂井田が特定の疾病とは関係なくブロイラーの育成率の改善への効果を認め，1974 年にはそれが舎内の浮遊塵埃数と浮遊細菌数（実験では落下細菌数を計測）の減少によること，さらには呼吸器系臓器への影響についても発表した。**図 4-2-11** は舎内噴霧の結果であるが，塵埃量と浮遊細菌数には著しい相関があることが読み取れる。これは浮遊細菌の多くが浮遊塵埃粒子に付着して浮遊していることを考えれば至極当然の現象である。また，呼吸器

●表 4-2-1　豚体噴霧による AR 凝集反応および TP 凝集反応

A：AR 凝集反応

	<10	×10	×20	×40	×80	陽性率(%)
噴霧区	15(60%)	3(12%)	5(20%)	2(　8%)	−	2/25(　8%)
対照区	3(33%)	1(11%)	3(33%)	1(11%)	1(11%)	2/　9(22%)

逆性石けん(パコマ 500 倍液)を初生〜出荷の間，1 日 1 回噴霧
LH1 代雑種
（坂ら）

B：TP 凝集反応

	<64	×64	×256	×1,024	陽性率(%)
噴霧区	7(28%)	16(64%)	2(8%)	−	2/25(　8%)
対照区	−	1(11%)	2(22%)	6(67%)	8/　9(89%)

（坂ら，1973）

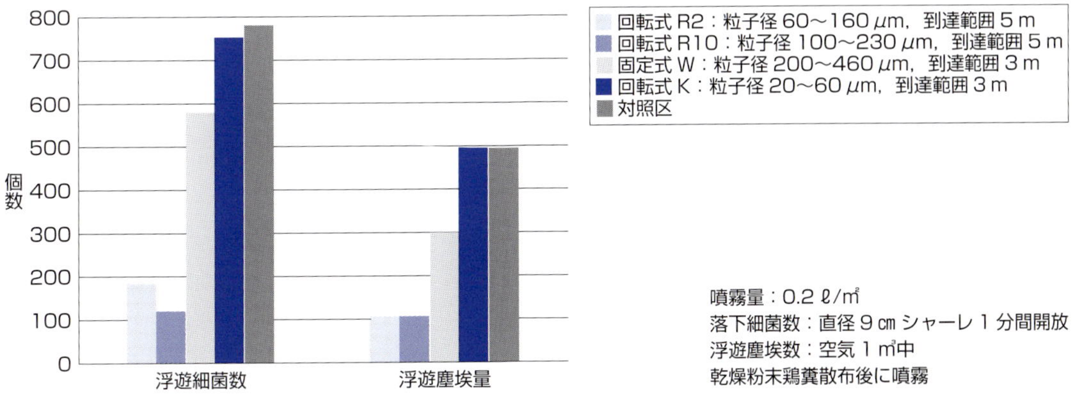

●図 4-2-12　ノズル径による浮遊細菌と浮遊塵埃の除去効果

（横関ら）

官への影響も塵埃粒子によるものか細菌感染によるものかは明らかにされていないが，粘膜細胞の傷害が軽減したことを確認している。坂井田は別の実験で，ブロイラーに単なる水道水を舎内噴霧した場合は後期に呼吸器病が多発したが，消毒液の噴霧では発生がなかったことも報告している(1982)。

坂ら(1973)は，豚に応用して鼻委縮性鼻炎(AR)，トキソプラズマ症(TP)の感染が減少したことを報告している。結果を**表 4-2-1** に示す。

その後しばらくして自動噴霧装置が開発され，省力的な消毒方法と舎内環境対策として普及することになる。さらにマイコプラズマ症など呼吸器系感染症の対策としても普及していった。

自動噴霧装置用のノズルは数種類が発売されているが，性能にはかなりの差異がある。著者が 4 種類を供試した実験では，ノズル径が大きすぎても小さすぎても，浮遊塵埃や浮遊細菌の捕集能力が劣ることが明らかであった(**図 4-2-12**)。また床面に付着している細菌の除菌効果も同様であった(**図 4-2-13**)。この実験の限りでは，ノズル径が 60 〜 160 μmのものが最もよい成績であった。器具により改善効果に著しく差異を生じることはこの方法に対する従来の評価にも影響していたと考えられる。

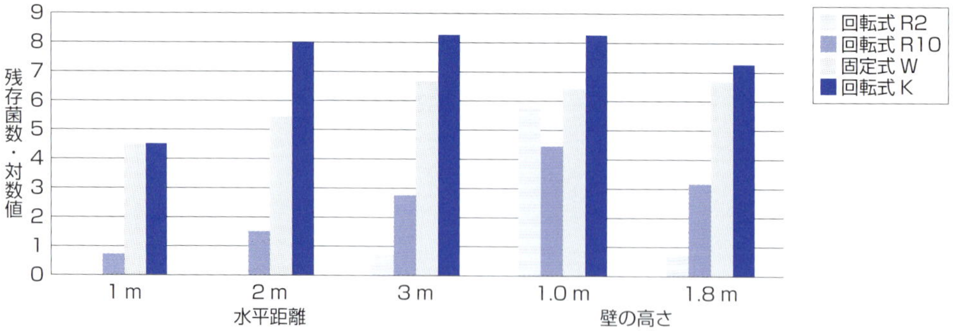

黄色ブドウ球菌 log8.5 塗布
パコマ 500 倍液

●**図 4-2-13　噴霧器具と床面・壁面の消毒効果**

（横関ら）

■ 熱煙霧消毒

一種の火炎放射器（プルスフォグなど）を使用する。ガソリンの発火と爆発を利用して，消毒液をガス化あるいは微小粒子化して放射するのであるが，前述のような水濡れを嫌うウインドウレス鶏舎の“濡れない消毒”の手段として普及した。高熱になるので，熱変化を起こす消毒薬は使用できない。主としてホルマリンを使用することが多かったが，刺激性・毒性が強い点が難点であった。

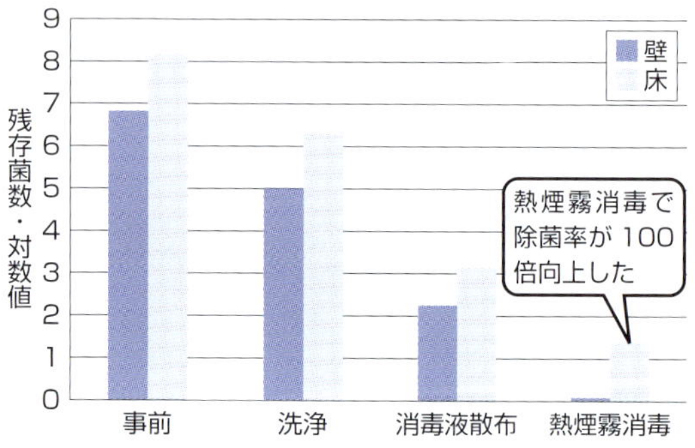

洗浄：バイオソルブ，消毒：ビルコン S

●**図 4-2-14　熱煙霧を加えた総合的鶏舎消毒後の鶏舎床面・壁面の残存菌数（総菌数）**

（横関ら）

そこに比較的刺激や毒性が低い熱煙霧専用の消毒薬（ハイペロックス，法的には除菌剤）が発売された。これは，過酢酸と過酸化水素からなり，酸素を放出して殺菌するものであるが，最終的には酸素以外に二酸化炭素と水に分解し有害な物質を残さない点で安全性に優れている。ホルムアルデヒドは煙霧後 4 日程度は刺激臭が残っていて舎内での作業ができないが，この製剤は翌日には作業が可能である点で重宝されている。

熱煙霧は当然密閉室内で効果が発揮されるので，密閉度の低い畜鶏舎では効果が低い。また，微粒子を舎内に均等に行きわたらせるために，適当な空気の運動・循環が必要である。熱煙霧消毒は，以前のような「ドライサニテーション」としてではなく，今日では総合的な消毒プログラムの最終段階として，仕上げ消毒の位置付けで実施されていることが多い。その一例を示す（横関，2003）。これは 90× 7 ×3.5 m の木造ブロイラー鶏舎で行った例で，側面はカーテンおよびはね戸で密閉性はよくなかったが，総菌数が熱煙霧消毒後には壁面ではゼロ，床面でも 10 cfu/㎠以下に減少した（**図 4-2-14**）。

熱煙霧は放射器によるほか，小型の畜鶏舎や施設では「鍋式加熱」も行われている。これは電熱器にかけた鍋に前述の消毒液を入れて加熱するもので，放射器と同程度の効果を発揮する（横関，2004）。2.3×6.4×2.3 mの密閉度の高いコンテナ内で電熱式加熱と超微粒子噴霧器による噴霧を比較した実験では，木板上に塗布した*S.* Enteritidisに対して，1時間20分の処理で両区とも平均99.9999％の除菌率を挙げた。

CHECK SHEET

□1．洗剤は汚れを落とすだけでなく，消毒力を阻害する有機物を除去して消毒の効果を向上する。

□2．洗剤は水の使用量を節減する。これは排水量を減らして廃水処理のコストを節減することになる。

□3．発泡消毒は消毒効果を飛躍的に向上した“消毒の革命”である。

□4．LVスプレーによる微粒子噴霧は，消毒プログラムの仕上げ段階として使用される。無人噴霧ができるので刺激性や毒性の強い塩素かイソシアヌール酸製剤などの噴霧に適する。

□5．舎内噴霧は浮遊塵埃や浮遊細菌の除去に効果があるが，ノズルの性能により効果に著しい差異が生じる点に留意が必要である。

□6．熱煙霧消毒も消毒プログラムの最終段階“仕上げ”として行われることが多い。ホルマリンに比べて刺激性や毒性が低い製剤が発売され，普及に役立っている。

第3節
現場で行われている消毒の問題点

■ 現場での問題点

1．作業上の問題点

作業が丁寧かつ徹底的ではない。これは作業者への教育の問題である。消毒作業についての基礎知識が欠けていることが原因である。病原菌やウイルスを畜鶏舎から排除するにはどうすればよいのか，どのようにしなければならないかの知識がなく，ただ命じられたことを漫然と実施しているに過ぎないことを見受けることがある。個人経営の養鶏場では経営者自身に消毒の知識や重要性についての認識が不十分なことがある。

大昔のことだが，著者が製薬会社の新人社員であったころ，養鶏場の経営者からクレームが来たことがあった。「殺虫剤を散布したのにハエが全然減らない。効かない薬を売りつけたのだから補償しろ」とすごい剣幕で言ってきた。そのときは，謝って別の商品を無償提供することで納得してもらったが，後で聞いた話では，従業員がきつい散布作業を嫌って殺虫剤を溝に流して作業を完了したことにしていたということであった。こんなこともあるのである。

2．器材の問題点

消毒に適していない器材を使用しているために努力の割には実効が挙がらないことがある。ある養鶏場では大型の鶏舎の消毒に，自走式のスピードスプレーヤーを使用していた。確かに高能力で，短時間で床面に消毒液を散布することができるが，この機械は極端な言い方をすれば，単に平均的に消毒液をぶちまけているだけである。

隅や角，汚れの強い箇所などに消毒液を特に集中的に散布することはしようとしてもできない。実際に，その後で鶏舎を拭き取り検査してみると，隅や角はもちろん，壁面の消毒もできていなかった。やはり，動力噴霧機や発泡消毒のノズルを作業者が直接に手に持って，注意深く消毒しなくては不十分な箇所が残ることになる。汚染鶏舎の病原菌やウイルス排除の消毒ではこの点が特に重要である。広い鶏舎の大部分は消毒できていても，ごく一部分に病原菌やウイルスが残っていれば，それが感染源となり，次に入った鶏に感染させることになる。大部分が消毒できているからよいというわけにはいかないのである。

3．使用薬剤の問題点

相手とする病原菌やウイルスが何なのか，それにはどんな消毒薬が有効かを知らないで，単に消毒液を散布している。これでは効果があがらないのは当然である。通常の(非汚染畜鶏舎)のオールアウト時の消毒では，特定の病原菌やウイルスが相手ではないので，抗菌スペクトルが広く(広範囲の種類の細菌やウイルスに効く)安全性の高い「常用消毒薬」を使用してよいが，特定の病気に侵入されている鶏舎の消毒には，その病気の病原菌やウイルスに有効な消毒薬を使わなければ汚染の排除はできない。例えば，サルモネラには塩素系やヨード剤が有効性が高いことが分かっているが，それを使わずに，ほかのより弱い消毒薬を使用して清浄化に非常に苦心したなどと報告している例が学術雑誌や養鶏雑誌の記事に散見される。これでは「労多くして，功少なし」を地で行くようなことになる。対策を実施する前に，まず有効な(より効力の強い)消毒薬を選定するべきである。

さらに，現場ではほとんど気にされていないが，消毒薬の毒性の問題もある。消毒薬のなかには毒性の強い薬剤もある。ホルムアルデヒドガスの燻蒸はその好例であるが，アルデヒド系には医療分野で問題になっている薬剤がある。世間ではアスベストなど過去に公害問題・労働災害になったいくつもの実例がある。今は問題にならなくても，後年に問題化することもある。作業者の健康管理の面でも注意が必要である。防護装備ももちろん必要となる。

4．プログラムの問題点

前項とも関連するのだが，一般に畜鶏舎の消毒では，消毒液散布は1回ではなく，2回あるいは3回とプログラム化されて行われている。それはもちろん，1回よりも2回の方が消毒効果があがると思われているからである。確かに，1回よりも2回の方が効果は高くなるのだが，ただ反復するだけではもったいない。せっかく，手間とコストをかけて2回行うのだから，より効果が高くなるやり方をするべきではないか。

悪い例としては，1回目も2回目も同じ系統の消毒薬，つまり逆性石けんなら逆性石けんを2回も使用しているところがある。経営者は商品名が異なるから別の薬剤と思っていたのである。これは，販売した薬店の営業マンがよくない。消毒薬についての知識がなかったのか，あっても営業政策上その消毒薬を売りたかったのか，あるいは，なんでも売れればよいと思っていたのか，いずれにせよ，そのような営業マンは信頼できないことには間違いない。

さて，通常，よく行われるプログラムの一例として，「逆性石けんの全面散布→オルソ剤の床面散布→塩素系，またはヨード剤の微粒子噴霧あるいは熱煙霧消毒(ホルムアルデヒドガスの燻蒸に代わるもの)→石灰乳の塗布」というプログラムがある。この場合は，オールアウト後の消毒(非汚染畜鶏舎)として一般的な細菌を相手にしているのであるが，例えば，前項の例のようにサルモネラ汚染鶏舎の清浄化ということになれば，さらに強力にサルモネラを駆除するプログラムが必要になるのである。

■ カーペットの消毒

畜産現場の消毒の対象物は，コンクリートの床面とか合成樹脂材料の壁面などの硬質かつ平滑なものが多く，それらに対する消毒効果は多くの実験により確認されている。これに対して，絨毯などの軟質で表面が複雑な形状で，吸水性があるような材質のものを対象にする消毒作業については，著者

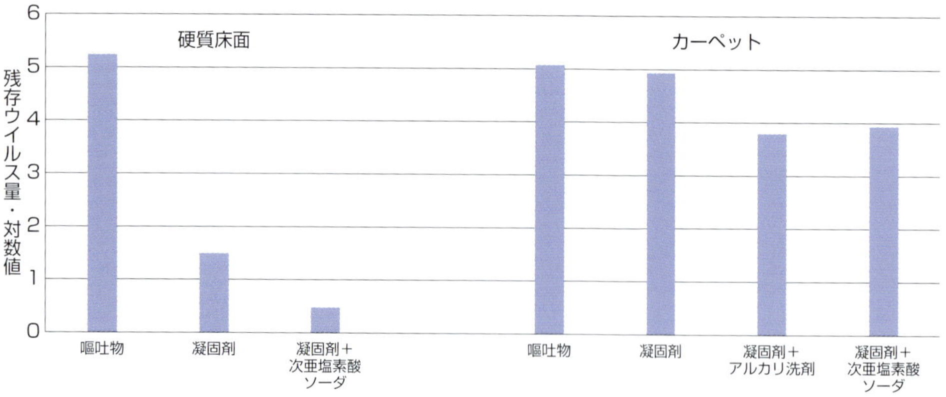

●図 4-3-1　硬質床面とカーペットの汚染除去効果

（中村ら）

もまったく経験がない。ところで，先年，SARS が流行したときに，最初の発生源となったのは香港のホテルの廊下の絨毯であったといわれる。絨毯を汚染した吐瀉物の残さが乾燥して空中に飛散して，多数の人々に経気道感染させたとのことであった。このときも，現場では吐瀉物を除去して洗浄・消毒されていたのだが，その効果はなかったのである。

これと類似の事例で，ノロウイルス症の患者が嘔吐したホテル廊下の絨毯の汚物の消毒を経験したサラヤ㈱の隈下祐一氏によると，ウイルスは乾燥するとすぐに飛散して空中を浮遊し，感染を拡大させるので，いかにウイルスを飛散させずに現場で殺滅するかが肝要であるという。しかし，実際に効果的な方法を見つけるに至るまでは容易なことではなかった。そこで，実験により，実用的な消毒方法を開発したという（中村ら，2010）。以下に，中村らの実験の概要を紹介する。実験では，培養増殖ができないノロウイルスに代わり猫カリシウイルス（FVC）を対象とした。

まず，人工的な嘔吐物代用品を用いて，硬質表面における汚物除去・消毒とカーペット上の汚物の処理を比較した。嘔吐物代用品は米・乾燥ブイヨン・プロテアーゼ・水・塩酸の混合物で，硬質面では，汚物を除去し，凝固剤[※1]で処理後，1,000 ppm の次亜塩素酸ソーダ処理を行った結果 5 分後には FCV ウイルスの残存は認められなかった。他方，不撥水カーペット上では，凝固剤後，次亜塩素酸ソーダで処理してもウイルスの減少はわずかに log 1.12 に過ぎなかった（**図 4-3-1**）。カーペットの撥水加工が検討事項としている。同氏らの開発した対策は，高圧スチームクリーナーを用いる方法であるが，単にスチームを当てても温度が上がらず効果がなかったので（**図 4-3-2**），スチームの噴射範囲を全体的に覆うカバーを作り，蒸気が外に漏れずに直接的に汚物のある部分を噴射できるようにした。その結果，汚染部分全体にほぼ 100℃の蒸気が当たることになり，ウイルスを殺滅できた。酸素系漂白剤[※2]を散布した 2 分後にスチームで 15 秒間噴射したところ，ウイルスは log 4 以上減少させることができた（**図 4-3-3**）。

このように，ウイルスを飛散させずに殺滅することが肝要である。著者のアイデアでは，汚物を複合塩素剤の発泡消毒の泡で完全に覆い，10 ～ 30 分間放置後に，排気を出さない掃除機で吸い取り，その後に複合塩素剤を噴霧して乾燥させるという方法であるが，実験をしていないので，効果の保証

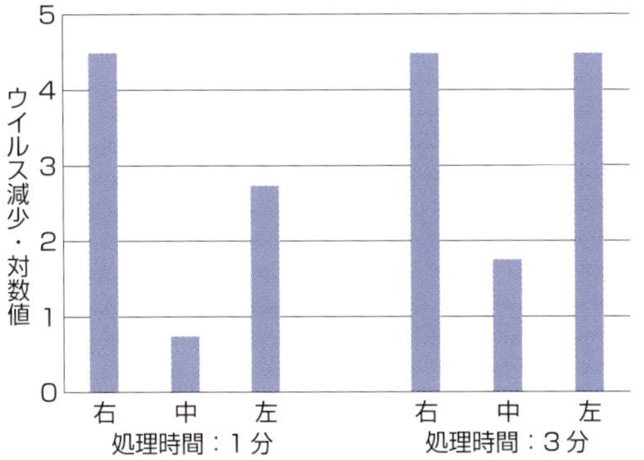

●図 4-3-2　高圧スチームクリーナーによる FVC 消毒効果(ヘッド改良前，中央部 65℃，端部 74℃)

（中村ら）

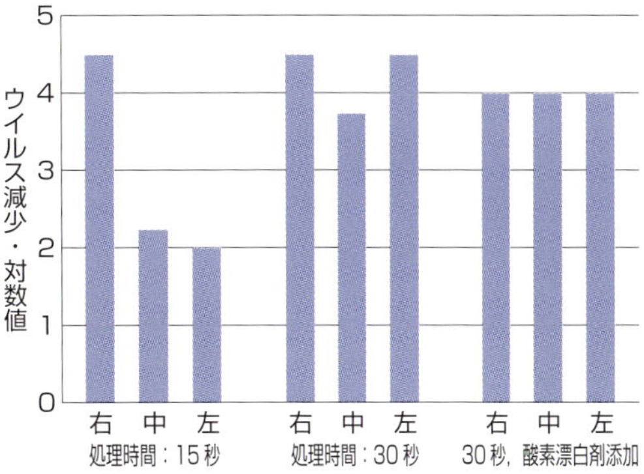

●図 4-3-3　高圧スチームクリーナーによる FVC 消毒効果(ヘッド改良後，中央部 98℃，端部 97℃)

（中村ら）

はできない。

今後，畜産現場でも，このような消毒困難な対象物に遭遇することがあれば，ここに紹介したような方法を試してみることを期待する。

※１：凝固剤……カタヅケ隊(成分：木粉，ポリアクリル酸塩，アルカリ剤，界面活性剤)
※２：サラヤ酸素系漂白剤(主成分は過炭酸ナトリウム，その他，界面活性剤やアルカリ剤などが配合。顆粒状)

■ 冬季の消毒

1．低温下では消毒薬の効力は低下する

ここからは低温下での消毒薬の効力を論ずるのだが，その前に，消毒薬がいかにして病原微生物を殺すのかという基本的な事項を復習しておくのが理解に便利だと考える。

第１章(16 ページ)で説明したように，消毒液を噴射された菌体は消毒液中に浮遊している状態にある。その消毒液中には消毒薬の分子が多数浮遊してブラウン運動しているが，これが菌体と衝突することによって殺菌の過程がはじまるのである。したがって，衝突がなければ殺菌も起きないのである。浮遊している分子の数が多ければ衝突する回数が増える。衝突する回数が増えれば多くの菌が死ぬ。つまり殺菌力が強いということになる。消毒液の濃度が高いほど分子の数は多いから衝突の回数が増える。つまり濃い消毒液ほど殺菌力が強いということになる。

ところで，この分子の運動は消毒液の温度によっても左右される。温度が高いと運動は盛んになり，低温では運動が緩くなる。つまり高温ほど殺菌力が強くなり，低温ほど弱くなるのである。さらに，消毒液中にある時間が長ければ衝突の回数が増える。つまり殺菌力が強まるのである。これが“消毒薬の効力の３大要因”であり，“濃度”，“温度”，“作用時間”で，濃度は濃いほど，温度は高いほど，作用時間は長いほど消毒薬の効力は強くなる。これによると，低温下ではどんな消毒薬の効力も低下することがわかるのである。**表 4-3-1** に示す中野の研究の通り，例えばアルコールは 20℃では

●表 4-3-1　各種消毒薬の温度と殺菌時間の変動

温度	20℃						5℃					
消毒薬	消毒用アルコール	逆性石けん	ヨードホール	次亜塩素酸ソーダ	両性石けん	ホルマリン水	消毒用アルコール	逆性石けん	ヨードホール	次亜塩素酸ソーダ	両性石けん	ホルマリン水
液濃度	約80%	×100	原液	200ppm	×100	約1%	約80%	×100	原液	200ppm	×100	約1%
チフス菌	○	○	○	△	○	■	○	○	■	●	○	×
大腸菌 O-16	○	○	□	△	○	■	○	○	■	□	□	×
黄色ブドウ球菌	○	○	○	□	△	■	●	○	●	□	■	×
緑膿菌 A3	○	○	△	△	△	■	○	△	■	□	□	×
クレブシエラ	○	○	●	△	△	■	○	○	■	□	×	×
カンジダ	○	○	△	△	△	●	○	○	●	■	×	×

○：30 秒以内，△：30 秒～2分，□：2～5分，●：5～10 分，▲：10～20 分，■：20～30 分，×：30 分以上　（国立予研，中野，一部略）

全菌種に対して 30 秒以内に殺菌しているが，5℃では黄色ブドウ球菌に対しては 5～10 分でないと効果がない。ヨードホールでは 20℃ではチフス菌に対しては 30 秒以内で有効であったのに，5℃では 20～30 分も要することになった。殺菌速度が遅くなったということは殺菌力が低下したということである。この実験ではすべての消毒薬で何らかの殺菌速度の低下(つまり殺菌力の低下)が認められた。

著者も数種類の消毒薬について，約 1℃と 20℃で実験をしてみた(横関，2012)。10 分間の殺菌力は**図 4-3-4** に示す通り，すべての消毒薬において 20℃の方が殺菌力が強かった。この実験の供試菌は，ある養豚場のラグーン汚水中の好気性菌であるが，ほかの由来からの細菌，例えば酪農場の汚水中の菌とか，あるいは *Salmonella* Enteritidis や黄色ブドウ球菌などの単一の菌株に対しては，供試薬剤の殺菌力の強さの順位は異なる結果になるかもしれないが，1℃よりも 20℃の方が強いという結果は変わらないのである。

ところで，北海道では「次亜塩素酸ソーダ製剤については，高温では効力が低下するので，43℃以上では使用しないように」との指導が，特に酪農家向けに指導されているようである。

確かに次亜塩素酸ソーダ消毒液中の塩素は温度を高めれば蒸発して減少するであろうが，第 2 章の**図 2-2-2**(29 ページ)で示したように，実際の使用条件では次亜塩素酸ソーダ消毒液中の塩素の蒸発による効力の減少よりも消毒液の温度が高まって分子運動が盛んになることによる効力の強化の程度の方が勝っていて，現実的には効力の増強となったと考えられる。この結果は次亜塩素酸ソーダについても“消毒薬の効力の 3 大要因”の温度条件が適用されることを示している。

2．では，実際に噴霧した場合にはどうなるのか

低温消毒の効果を調べるのとは別の目的であったが，数種類の消毒薬の“面散布実験”をしたことがある(横関，2012)。実験の時期は 1 月 5～26 日の厳寒期の午前中，気温約 0～5℃，水温約 1～5℃の環境下であった。テストピースは高圧滅菌したろ紙とし，手持ち噴霧器で消毒液噴霧後，30 分間その場に放置してから細切し，試験管内の滅菌生食水に投じ，撹拌，段階希釈後，1 mℓをフィルム培地に接種した。結果は**図 4-3-5** のように過酢酸系除菌剤の 98.8% を最高に，最低は塩素剤の

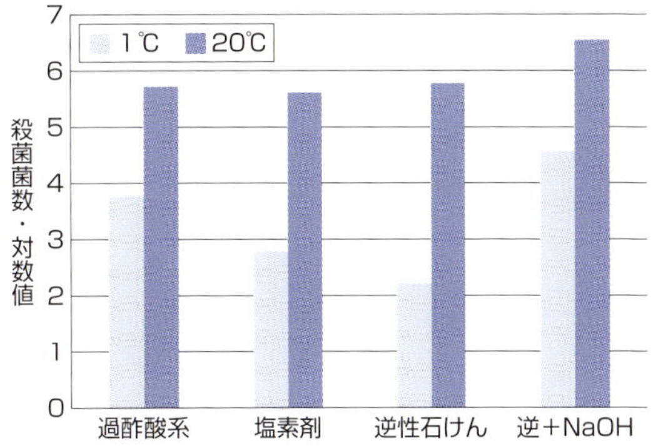

●図 4-3-4　各種消毒薬の *in vitro* 殺菌力の温度による変化

（横関）

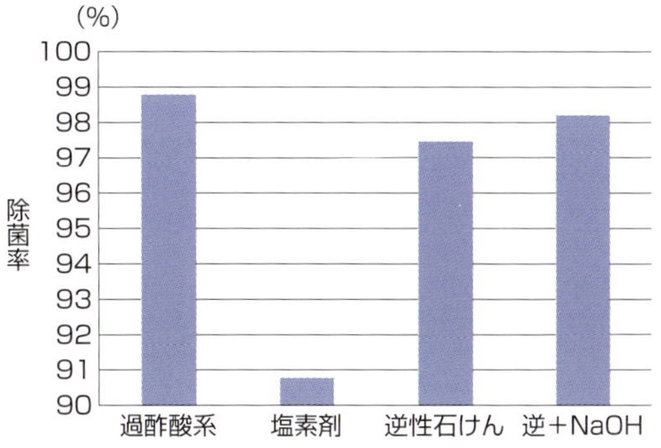

●図 4-3-5　低温下における各種消毒薬の面散布の効果

注：図の最小目盛りを 90% としてあるのは，この種の消毒の効果は 90%以上を以って 有効としているからである　（横関）

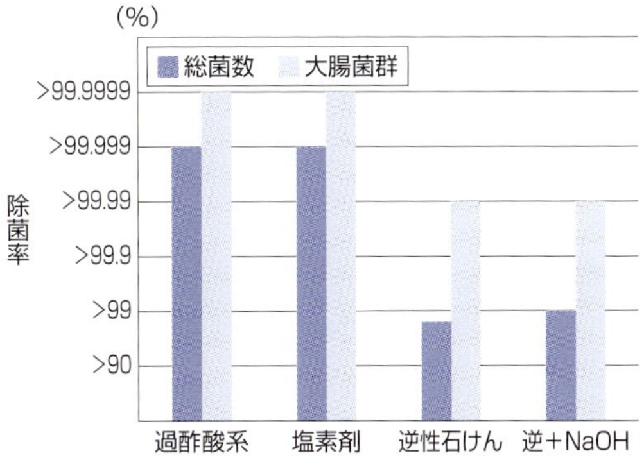

●図 4-3-6　各種消毒薬の常温下における面散布消毒の効果

（横関）

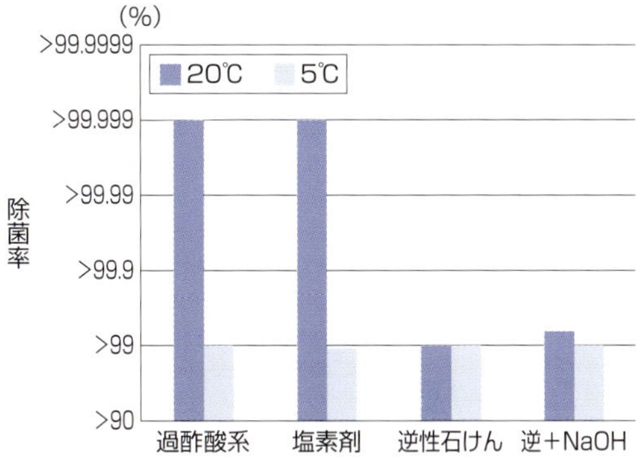

●図4-3-7　面散布消毒の消毒効果の温度による変化

（横関）

90.2%の除菌率であった。これを対数で表せば，どれも log 2 で最高も最低も大きな差はなかったのである。

その後，常温下で同様の実験を行った。消毒液は 20℃に加温して噴霧し，その後，20℃の恒温器内に 30 分間保管してから細菌学的操作を行った。結果は，**図 4-3-6** のように大幅に除菌率が向上し，過酢酸系除菌剤と塩素剤は除菌率 99.9999%に達した。

両方の実験結果をまとめて示すと**図 4-3-7** のようになる。過酢酸系除菌剤と塩素剤は大幅に殺菌力が向上したが，逆性石けんと逆性＋NaOH の 2 剤はほとんど変わらなかった。その理由については明らかでないが，常温では効果の高い消毒薬も低温ではどれも大差がないということは，常温で効果の高い消毒薬ほど低温での効果の低下度が大きいことになる。

大腸菌群に対しては，低温下でも常温下でもいずれも高い除菌率を示していた。結果として大腸菌群については，この実験の限りでは，低温でも常温でも殺菌力の差は認められなかったが，接種する

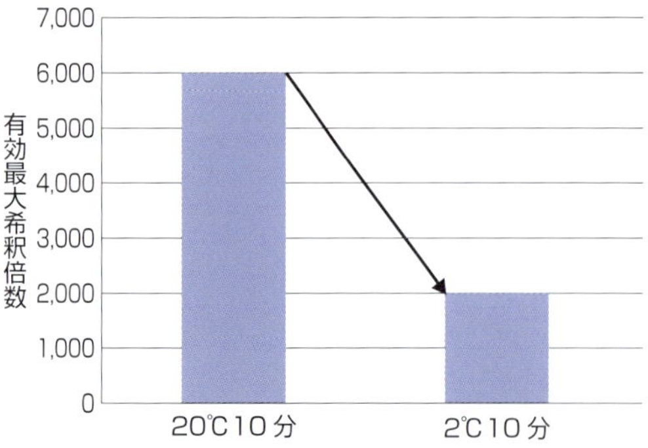

●図 4-3-8　温度による殺菌力の変動（*S.* E 対複合塩素剤）

複合塩素剤（ビルコンS）500倍液，*S.* Enteritidis 鶏由来株

（横関）

●表 4-3-2　熱湯噴霧の温度変化

時期	箱内空気温度（℃）	プレート表面温度（℃）
直前	2	2
直後	12	17
5分後	5	9
10分後	5	6

外気温：20℃，熱湯 80℃　（横関）

菌数を増やせば差が明らかになると考えられる。

3．冬季の消毒はどうすればよいのか

このように，消毒薬の効力が低下する冬季においては，どのような消毒をすればよいのか。理論的には，消毒液の温度を上げるか，濃度を濃くするかが対策のポイントになる。

低温下ではどの程度濃度を高めればよいか，著者の実験においては，複合塩素剤の10分間感作の最大有効希釈倍数は２℃の場合は20℃のときの３分の１に低下していた（**図 4-3-8**）。つまり，濃度を３倍濃くすれば常温と同じ殺菌力が得られるということである。この現象は薬剤ごとに異なるはずなので，ほかの消毒薬についてはそれぞれ実験により確認しなくてはならない。

さて，現実の寒冷地の現場では種々の工夫がなされており，その防疫意識の高さ，アイデアと実行力には感服に堪えないが，実際に使用して期待通りの効果は得られているであろうか。

①畜鶏舎

高圧温水洗浄機を使用して，できるだけ乾燥を早め凍結を防ぐ。別にボイラーを設けて消毒液を加温すれば動力噴霧機散布もできる。しかし，加熱しても事後の気温条件によっては完全に凍結を防ぐことは不可能である。

⑴高温消毒液の散布

高温の消毒液を噴霧すれば，消毒薬の殺菌力のほかに熱殺菌も期待できるとの考えもあるだろう。そこで著者は実験をしてみた。発泡スチロールの箱（縦 42 cm × 横 31 cm × 深さ 28 cm）に 1.7 kgの板氷10枚で４周と底を囲い，気温約２℃下で，氷の上に厚さ２cmの瓦を置く。さらに，その上に厚さ５㎜の陶器製のテストプレート面を置き，この温度が２℃のときに80℃の熱湯を 1.5 ℓ/㎡の割合で噴霧した。噴霧直後の箱中気温は約12℃，プレート面は17℃になったが，５分後には箱中気温５℃，プレート面９℃，10分後には箱中気温５℃，プレート面５℃となった（**表 4-3-2**）。実際条件下とは少々異なるかもしれないが，80℃もの熱湯を噴霧したプレートの温度が直ちに17℃にまで下がり，10分後にはほとんど処理前に近い低温度に下がっていることは注目に値する。これは断熱膨張によ

●表 4-3-3　各病原体に対する各溶媒での最大有効希釈濃度

細菌[1)]

消毒薬	供試濃度	溶媒ごとの最大有効希釈濃度*			
		WF[2)]	WF 2倍[3)]	PG[4)]	PA[5)]
消石灰	1％	1％	1％	1％	−[6)]
炭酸ナトリウム	4％	4％	4％	4％	−
クエン酸	0.2％	0.2％	0.2％	0.2％	−
複合次亜塩素酸系	100～2,000倍	2,000倍	2,000倍	2,000倍	−
塩素系	500～2,000倍	2,000倍	2,000倍	2,000倍	500倍
逆性石けん系	500～2,000倍	−	500倍	−	−

（齋藤・西）

ウイルス（エンベロープあり）[7)]

消毒薬	供試濃度	溶媒ごとの最大有効希釈濃度**			
		WF	WF 2倍	PG	PA
消石灰	1％	NT[8)]	NT	−	−
炭酸ナトリウム	4％	−	−	−	−
クエン酸	0.2％	−	−	−	−
複合次亜塩素酸系	100～2,000倍	1,000倍	1,000倍	500倍	−
塩素系	500～2,000倍	2,000倍	2,000倍	2,000倍	−
逆性石けん系	500～2,000倍	1,000倍	500倍	−	2,000倍

（齋藤・西）

ウイルス（エンベロープなし）[9)]

消毒薬	供試濃度	溶媒ごとの最大有効希釈濃度**			
		WF	WF 2倍	PG	PA
消石灰	1％	NT	NT	−	NT
炭酸ナトリウム	4％	NT	NT	NT	NT
クエン酸	0.2％	NT	NT	NT	NT
複合次亜塩素酸系	100～2,000倍	100倍	100倍	−	NT
塩素系	500～2,000倍	500倍	500倍	500倍	
逆性石けん系	500～2,000倍	NT	NT	−	NT

（齋藤・西）

1）*Salmonella* Typhimurium
2）ウインドウウオッシャー液
3）同上の2倍希釈
4）プロピレングリコール
5）酢酸カリウム
6）供試菌およびウイルスの1種または全種に対して無効
7）牛伝染性鼻気管支炎ウイルス，牛コロナウイルス，豚インフルエンザウイルス，牛ウイルス性下痢症ウイルス
8）不実施
9）豚テシオウイルス，牛アデノウイルス
＊：接種菌量 10^8 cfu/mℓに対し残存菌量が 10^2 cfu/mℓ以下の場合は有効と判定
＊＊：低減ウイルス量が 10^2 TCID/0.1 mℓ以上の場合は有効と判定"

る温度低下の現象であるが，この種の現象は以前からスチームクリーナーの蒸気温度の低下として知られており，凍結寸前の冷水を噴霧するよりはよいであろうが，熱殺菌への期待とは程遠いものである。ただし，放水を筒状に集中すれば霧状の噴霧よりは温度低下は少ないはずである。

⑵不凍液の利用

不凍液で消毒液を作れば踏み込み消毒槽でも完全に凍結を防止できることは，40年ほど前に青森県十和田家畜保健衛生所から報告されている（横関，1980）。

最近では2012年の全国家畜保健衛生所業績発表会で報告された十勝家畜保健衛生所の齋藤・西の報告があるので以下に紹介する。

この報告によると，車用ウインドウオッシャー不凍液（−35℃対応）やプロピレングリコールなどと数種の消毒薬を混合して，各種ウイルスやサルモネラなどを対象に効力を調べ，いずれも有効との成績を収めている（**表 4-3-3**）。不凍液に関する報告としては非常に詳細で，ウイルスに対する効果も確認しており，不凍液利用の消毒に関する報告としては決定版と言えよう。報告では，不凍液混合の消毒液の用途としては，踏み込み消毒槽や小型噴霧器などを使用した小規模な噴霧としている。

不凍液は高価なものであるから畜舎の消毒など大量の消毒液を散布するのにはコスト面で不可能に近いと考えられる。例えば，20 ℓで3,000円の不凍液を2倍希釈で使用すると，1 ℓ当たり75円と

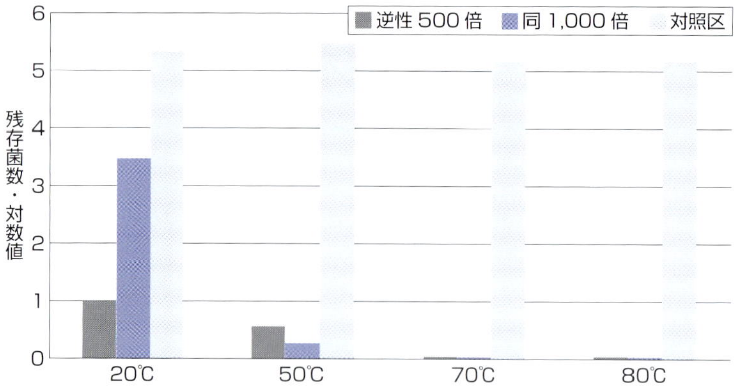

●図 4-3-9　加温による殺菌効果の向上

プラスチック片に鶏糞 10%水溶液に黄色ブドウ球菌を混合した液を塗布逆性石けんの規定濃度消毒液に20 秒浸漬，30 分間風乾後マンニット食塩寒天培地にて培養した　（横関）

なり通常の散布量 1.5 ℓ/㎡の割合で用いると，平米当たり 112.5 円＋消毒薬代となり，300 ㎡の畜舎なら３万円以上＋薬代となる。しかし，口蹄疫などの重大伝染病の発生源対策などには使用が可能とも考えられる。

⑶熱煙霧・薫蒸

熱煙霧やホルムアルデヒドガス薫蒸は事後の凍結がほとんどなく，寒冷時の消毒方法としては最も推奨されるが，事前の水洗ができないので糞便や塵埃などの汚れが付着している面では消毒効果が低下するのが難点である。

⑷石灰散布

床面は石灰の全面散布ができる。消石灰の消毒効果については石倉・安部の報告では，散布後 30 分で鳥インフルエンザ H4N6 亜型ウイルスを 99.999% 殺滅したとしているので，現場でも実用的と考えてよい。ただし，壁面や天井へ散布しても付着しにくいので効果は限定的である。消石灰は乾燥状態では２～３カ月は効力が続く。しかし，一旦水に濡れると１週間ほどで失活するとの見解もあるが，齋藤・西は濡れても効力に変化はないと述べている。

②器具器材

食鳥かごなどの器具器材は熱湯浸漬・熱湯消毒液浸漬ができる。図 4-3-9 は食鳥かごの小片に黄色ブドウ球菌を塗りつけた検体を各温度の消毒液に浸漬して，残存菌数を調べた実験結果である。20℃では逆性石けん（パコマ 200）500 倍液で 99.99%，1,000 倍液で 98.2% の除菌率であったが，50℃では 500 倍液・1,000 倍液とも 99.999% と 10 倍も除菌率が向上した。

熱湯浸漬でも温度に加えて時間が効果に影響する要因である。80℃ではほとんどの病原菌が数秒で死滅すると言われているので理屈のうえでは数秒間の浸漬でよいということになる。しかし，実際に器具器材を浸漬消毒する場合に数秒では効果がきわめて不確実である。濱田ら（未発表）の実験では，食鳥処理場の包丁などの器具の場合には５分よりも 10 分で除菌率が高かった。ということは，５分では効果が不十分であったということになる。実際現場では，通常 10 分以上かけるのが適当であるとしている（図 4-3-10）。

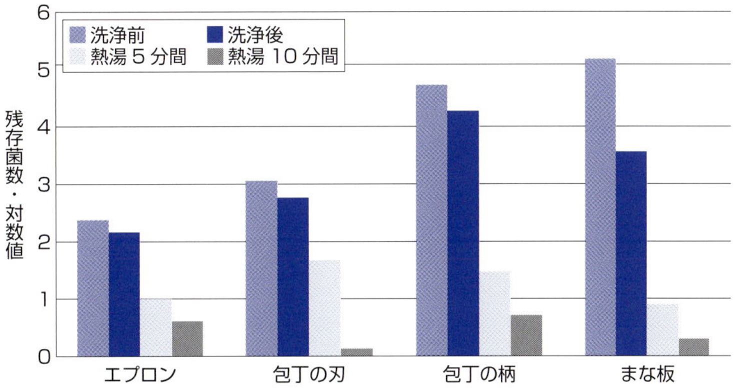

●図 4-3-10　処理場の調理器具の熱湯殺菌の効果

（浜田・横関）

③踏み込み消毒槽

前項で述べた通り，凍結防止のための不凍液の混合は40年ほど前に十和田家畜保健衛生所が，不凍液混合の踏み込み消毒液の殺菌力は黄色ブドウ球菌や大腸菌に対して，通常の水溶液と変わりなく有効であったと報告したのが最初と記憶している（あくまで槽内消毒液の殺菌力で履物の除菌効果ではない）。さらに，最近では齋藤・西（2012）のウイルスも対象にした詳細な報告もある。

しかし，もともと踏み込み消毒槽の効果自体が疑問視されているのであるから（横関，1993および2007），今さら不凍液を混合してまで使うよりは履き替えを励行する方が効果的と考える。凍結は防いでも低温による効力低下は防げないからである。

日中氷点下となる畜舎内においても30℃程度の温水で踏み込み消毒槽液を調製すると，中蓋式の踏み込み消毒槽では，ほぼ１日中は凍結が予防できるとの実験成績が十勝家畜保健衛生所のホームページで紹介されている。

しかし，夜中には凍結するので終業後には消毒液を排液しておくとよいであろう。

石灰粉末の利用は推奨できるが，粉末は靴底面の隅々にまで付着させるのは難しく，はがれやすいのも難点である。

踏み込み消毒槽の効果は通常の常温でも“浸け置き（一夜浸漬）”でのみある程度有効と著者は報告している（1993）ので，氷点下で不凍液を用いた場合はどうなるのか，実験をしてみた。逆性石けん（アストップ200）の200倍液および複合塩素剤（ビルコンＳ）の500倍液を不凍液で調製し，養豚場排水中の好気性菌を塗布したゴム板の試験片を浸漬し，－18℃に一夜（16時間）保管した場合は両剤とも無効であった（横関，2012）。しかし，清水で希釈して約１～２℃に保管した場合には逆性石けんのみ有効であった。*in vitro* では齋藤・西（2012）により不凍液中でも消毒薬の効力が確認されているのであるから，本実験で消毒効果が見られなかったのは不凍液の影響ではなく，消毒薬の作用環境の違い（液中浮遊菌の殺菌と物体付着菌の殺菌との違い）と考える。約１～２℃の清水希釈では逆性石けんが有効であったが塩素剤は効果がなかったことについて，この違いについては別の実験（横関，2012）でも同様の現象を見ているので，低温に対する製剤の特性の差ではないかと考える。

この実験結果から，不凍液中での氷点下一夜浸漬ではゴム長靴の消毒効果は期待できないことがわかった。しかし，供試した薬剤とは別のさらに強力な消毒薬を用いれば，またあるいは別の菌種に対しては，有効の結果が得られることの可能性は否定しない。

熱湯浸漬は最も効果的なゴム長靴消毒法と考えられるが，やはり菌を塗布したゴム板を80℃の熱湯に30分間浸漬しても効果はなかった。これも物体付着状態の菌には熱湯の効果が及びにくいためと考えられる。消毒液を80℃の熱湯にした場合は10分間でも有効であり，30分間では著効であった(図4-3-11)。

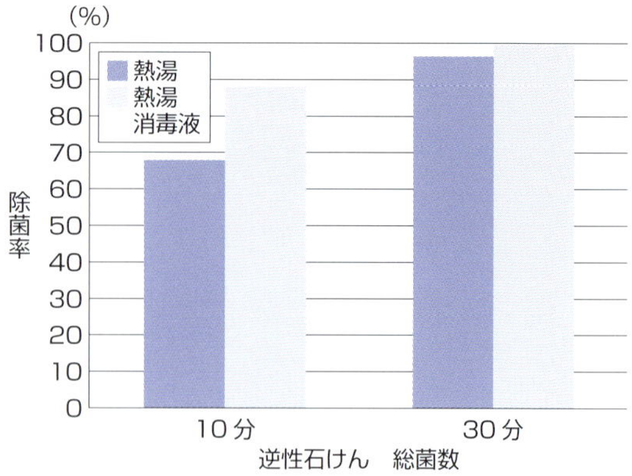

●図4-3-11　ゴム長靴の熱湯浸漬の除菌効果

(横関)

このように，使用後のゴム長靴の消毒は熱湯消毒液浸漬がよい。一定時間後(10～30分程度)には取り出して乾燥させ，消毒液は凍結しないように排水する。

④着衣

使用後の衣服は熱湯浸漬がよい。消毒液浸漬は消毒後の衣服に消毒薬成分が残存していると製剤の種類により着用時に皮膚炎などを起こすおそれがある。

⑤車両

凍結を防ぐためには，通常の動力噴霧機による温水噴霧でもよいが高圧温水洗浄機が奨められる。タイヤ消毒槽は不凍液を用いるのがよい。

⑥手洗い消毒

必要な場所にはすべて給湯器を備え温湯が利用できるようにすること。これについては第3章(62ページ)に詳しく述べた。

⑦舎内噴霧

舎内噴霧は夏場のものだと思われているが，北海道の冬場にも実施していた例があった。札幌近郊の養豚場で，冬は積雪のために窓を開けられず，浮遊塵埃が多く，肺炎・コリネ・萎縮性鼻炎(AR)が多発，事故豚の始末に追い回される有様であった。そこで自動噴霧装置を設置して夏場から毎日噴霧をはじめ，効果があったので冬にも延長した。冬場は前述のように密閉状態で噴霧による湿気やストレスが懸念されたが問題なく，乾燥を速めるために冬場には熱目の温湯を使っている。豚体噴霧をはじめてからは埃の発生を抑え舎内の臭気も減り，呼吸器病が激減したという(月刊「養豚界」第10巻第5号，1975)。

CHECK SHEET

□1．現場を見ていると，消毒の効果発現を阻害する種々の原因が見つかる。経営者や管理者は現場をよく観察することが重要である。

□2．消毒プログラムにも，非効果的，非効率なものがある。再検討すべきである。

□3．軟質・吸水性の被消毒面では除菌消毒効果が阻害される。

□4．まず汚物の飛散防止に当たること。

□5．被消毒面を十分に加熱することは有効である。

□6．発泡消毒は検討の価値がある。

□7．低温では，どんな消毒薬も効力が低下する。効力低下の度合いは消毒薬により異なり，相当大きな幅がある。

□8．不凍液の使用は凍結するような気温条件では有効であるが，コストがかかる。

□9．踏み込み消毒槽に不凍液を使用すると凍結は防止できるが，本来，踏み込み消毒槽による消毒の効果は常温でも不確実なものであるから，あえて凍結防止をしてまで踏み込み消毒槽にこだわる必要はない。履き替えを励行する方が効果的である。

□10．不凍液によるゴム長靴の“一夜浸漬保管”の消毒は有効とは判定できなかった。

□11．ゴム長靴の熱湯浸漬は，熱湯のみでは30分間の浸漬でも有効ではないが，消毒液の熱湯では10分でも有効である。

□12．食鳥かごなどの器材の消毒では熱湯浸漬か消毒液熱湯浸漬が最も効果的かつ実用的である。

□13．手洗い消毒は正しい方法で行うこと。すべての手洗い場に給湯器の設置が望ましい。

□14．冬場の消毒では，消毒液は加温しなければ効果が落ちる。凍結しない熱煙霧や石灰散布が推奨される。

■引用文献

第1節

・エーザイ㈱：パコマ資料
・USDA：*Salmonella* Enteritidis Pilot Project Report
・太田正義ら：ブロイラー鶏舎床面の洗浄方法について，鶏病研究会報，32(増刊)，29～39(1996)
　横関正直，ブロイラー鶏舎洗浄における洗剤の使用が消毒効果に及ぼす影響，畜産の研究，55(12)，1333～1337(2001)

第2節

・バイエル薬品㈱：バイオソルブ資料(2010)
・菊入鉄大：畜産現場の衛生と新しい消毒技術『発泡消毒』(2)研究報告4，畜舎消毒における発泡消毒法と従来法との効果の比較，畜産の研究，47(11)，1223～1228(1993)
・太田正義ら：ブロイラー鶏舎床面の洗浄方法について，鶏病研究会報，32(増刊)，29～39(1996)
・坂 富士彦ら：三重県家畜保健衛生所業績発表(1973)
・坂井田 節：ブロイラー育成率向上のための12の対策，畜産の研究，26(3)，(1972)
・坂井田 節：ウインドウレス鶏舎内自動噴霧(消毒)装置の利用に関する研究1，噴霧の実施が鶏舎内環境に及ぼす影響について，春季日本家禽学会発表(1974)
・坂井田 節：ウインドウレス鶏舎内自動噴霧(消毒)装置の利用に関する研究4，育成率・主要臓器に及ぼす影響について，春季日本家禽学会発表(1976)
・横関正直：消毒液を噴霧するノズルの性能が消毒及び浮遊塵埃の除去効果に及ぼす影響，鶏病研究会報18，55～57(1982)
・横関正直・速水紀文，発泡消毒による牛舎の消毒効果，畜産の研究，52(8)，909～910(1998)

・横関正直：ブロイラー鶏舎洗浄における洗剤の使用が消毒効果に及ぼす影響，畜産の研究，55(12)，1333～1337(2001)
・横関正直：ある種消毒薬の熱煙霧消毒による効果試験，畜産の研究，57(3)，354～358(2003)
・横関正直：熱煙霧消毒専用除菌剤「ハイペロックス」の鍋加熱式煙霧と微粒子噴霧による効果の検討，畜産の研究，58(12)，1284～1286(2004)
・横関正直ら：サルモネラ対策における各種消毒法の効果の実験的検討，畜産の研究，48(2)，250～262(1994)

第3節

・濱田 久，横関正直：㈱野田食鶏食鳥処理場における器具等の洗浄殺菌実験，未発表
・石倉洋司，安部茂樹：消石灰の鳥インフルエンザウイルスに対する消毒効果の検討〈www.pref.shimane.lg.jp/life/syoku/anzen/chikusanbutu/kantei/siken_kenkyuu.data/syoudo-kukentou.pdf〉
・中村絵美，隈下祐一，柏原孝紀，原田 裕，谷口 暢，古田太郎：第37回日本防菌防黴学会発表資料(2010)
・中野愛子：消毒薬の検査法と正しい使用法，臨床と細菌，5(3)
・齋藤 真理子，西 英機：凍結環境下における消毒方法の検討，平成23年度全国家畜保健衛生所業績発表(2012)・横関正直：養豚と消毒，p.153，チクサン出版社(1980)
・横関正直：養鶏場作業者のゴム長靴の細菌汚染状況と効果的消毒法，畜産の研究，47(7)，784～788(1993)
・横関正直：畜産施設の踏み込み消毒槽と衣服噴霧消毒の一評価，畜産の研究，61(5)，555～558(2007)
・横関正直：ある種過酢酸除菌剤の「面散布消毒法」への応用実験，畜産の研究，66(6)，622～624(2012)
・横関正直：ある種過酸化除菌剤の「面散布消毒法」への応用実験ー2：常温下の消毒，畜産の研究，66(9)，896～898(2012)
・横関正直：冬期間における畜舎用ゴム長靴の消毒方法についての一考察，畜産の研究，66(12)，1197～1198(2012)

第5章

各現場での消毒

第1節
酪農場の消毒

■ 搾乳関係の消毒

畜産業のなかでは，酪農家が最も早くから日常的に消毒作業を行ってきた。それは搾乳時の乳房乳頭の消毒と搾乳器具の消毒であった。

多くの指示書やマニュアルなどが農協や農業共済あるいは乳業メーカー，さらには家畜保健衛生所からも農家に届けられているので，この分野については，今さら著者がこと新たに書き示す必要はないので，あえて具体的な記載は控えることとしたい。

しかし，40年ほど前までは，酪農家の衛生知識のレベルも低く，搾乳時の衛生管理の実態はまったく酷いもので,「消毒」という言葉とは程遠いものであった。例えば，乳房乳頭の消毒では，温湯を入れた一個のバケツと一枚の雑巾を用意して，一頭ずつの乳房を拭いてゆくのであるが，汚れた牛床に接触していた乳房は糞と泥まみれになっているから，一頭を拭けば雑巾はかなり汚れ，湯も汚れる。しかし構わず続けて5頭も6頭も拭いて行くのだから，雑巾は糞まみれ，湯は泥水のようになる。このような状態だから「乳房清拭」とはいうものの実態は乳房乳頭に糞泥をなすりつけているに等しいことであった。パイプラインが普及する前はバケット搾乳であったから，搾乳後，ふるいを通してバケットの生乳を乳缶に移すのだが，このふるいには糞と敷料の残骸がたちまち一面に貼りつくのであった。これを見たらこの乳は飲めないと，酪農家自身が言っていたものである。

このような状況に変化を与えたのは，乳質規制が強化されて，乳等省令のいわゆる**400万規定**が厳しく実施されることになったからである(熊野，2010)。この規定は昭和27年に制定されたのだが，当時の我が国の酪農家のレベルを見ると厳しく，実施することはできなかったのであった。しかし，乳質の現状を知った消費者の突き上げは社会問題化して，厚生省も態度を改めざるを得なくなったのであった。400万という数値は当時の農家の乳質衛生レベルとは格段に乖離していたために,「日本の酪農を潰そうという気か」などと反論が渦巻いたものであった。しかし，当時の厚生省はこれを推し進めた。さらに，東京都は独自に都内の乳業工場には100万以上の生乳は受け入れさせないと決めた。

このような流れが日本の酪農の取り組みを変え，今日のような乳質にまで高めたのである。実際は，農協単位，村落単位，集乳所単位での勉強会，菌数の多い農家にはペナルティ，乳質のよい農家には奨励金などの具体的な取り組みが全国的に各地で行われ，意識改革が推進された。農家の努力も大変だったが，その間の関係者のご苦労も大変なものであったと思われる。成績が目立って改善されてきたのはパイプラインミルカーとバルククリーナーの普及に伴ってであった。

余談だが，著者はある製薬メーカーで，酪農向け消毒薬の開発・普及を担当していたので，雑誌での啓蒙記事の執筆とか講習会で講演するなどで乳質改善のお手伝いをしたのであった。

前述の乳房清拭についても，アイデアを絞り，バケツを２個用意して，一方には牛の頭数だけのタオルを温湯の消毒液に浸し，他方は空バケツにする。消毒液の入ったバケツから１枚づつタオルを取り出して１頭の乳房乳頭を清拭する。拭いた後は空バケツに入れる。最後に洗濯機に使用済みタオルを入れて，消毒液も入れて洗濯する。こうすると，タオルは汚れず，消毒液も汚れず，温湯の温度も冷めない，という仕掛けである。

当時，講習会でこの話をすると，タオルが大量に必要だから駄目だなどと受け入れてくれない農家が多かったものである。それならもっと簡単な方法ということで，当時，家庭に普及しはじめていたペーパータオルで使い捨てにしては……というアイデアが出た。さらに著者は，ペーパータオルに消毒薬を浸みこませて乾燥し，使用時に温湯に浸すと，規定濃度の消毒液が紙の面を潤すという画期的な「乳頭消毒用紙タオル」を開発した。これなら薬液の調整も不要で，ただバケツに温湯を用意するだけである。しかし，これには農家からも指導者からも反対が強くてほとんど売れなかった。反対の理由は，紙タオルでは乳房全体を拭かずに乳頭だけしか拭けない。これではマッサージ効果がないので，乳量が減少する，というものであった。アメリカではすでに乳頭だけのマッサージが行われていて，乳量にも影響しないと分かっていたのだが，説明を信じてもらえなかったのである。それで，結局，ほとんど売れずに２年後に発売停止となり，残品はすべて廃棄された。ただ，その後で，小岩井牧場から「せっかく素晴らしい製品だと愛用していたのに，販売中止とは残念……」とクレームがついた。世のなかには分かる人もいたのである。その後，乳頭だけの清拭が普及して来たので，今なら大いに売れたかもしれない。もっと頑張って啓蒙を続けておればよかったのに……と，こちらも残念に思ったのであった。

ディッピングや搾乳機械器具の消毒については，前述のように，すでに，多くの文書とかマニュアルあるいは指導書の類が出ているので，ここで敢えて重複することは避ける。

■ 牛舎・牛床の消毒

1．牛舎消毒のはじまり

搾乳時の消毒では他の畜産業よりも早くから消毒が普及していた酪農現場ではあったが，牛舎消毒の普及は他の畜種に比べて早かったとは言えないと思う。つい最近でも，築後30数年になる牛舎だが，今までに一度も消毒をしたことがないとうそぶく酪農家に出会ったことが一度や二度ではない。スタンチョン式牛舎で運動場を持たない場合には，オールアウトする鶏舎や豚舎と異なり，消毒する機会がないとか手間がかかるとかで，取り組みにくい状況にあるのは理解できるが，そのくらいに縁の薄い問題のようである。

牛舎消毒に関しては，昭和40年代に北海道別海村の農業共済組合診療所長(後に参事)であった数寄 芳郎氏(1970)の業績に触れずに過ぎることはできないであろう。同氏は管内の二百数十戸の牛舎

400万規定：乳等省令により定められている生乳の規定のひとつで，生乳の一般細菌数を400万/mℓ以下と定めたもの。

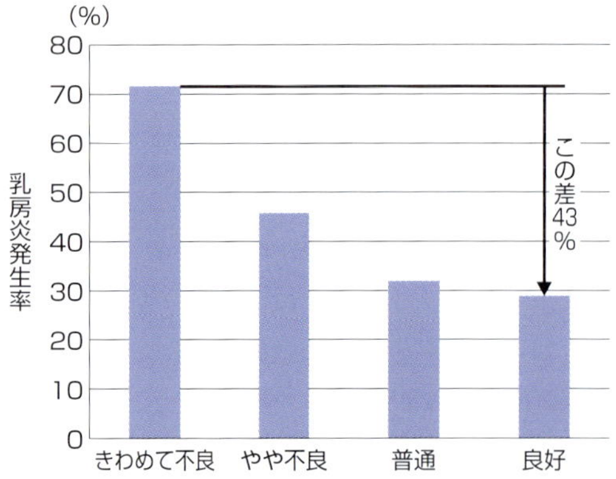

●図 5-1-1　牛舎の清潔度と乳房炎発生率

（数寄ら）

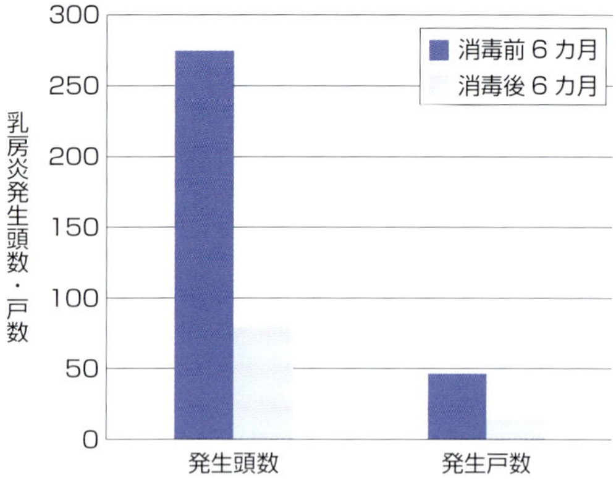

●図 5-1-2　牛舎消毒実施と乳房炎発生件数

（数寄ら）

を対象にした実態調査により，牛舎の衛生状態と乳房炎の発生率の関係を調べた。その結果，牛舎の衛生状態と乳房炎の発生には，かなりの関連があることを見つけたのであった（図 5-1-1）。さらに，乳房炎発生牛舎に対して牛舎消毒を行い，それにより乳房炎の発生が減少することも確認した（図 5-1-2）。

これだけの農家数を調べた乳房炎に関する疫学的調査は我が国ではそれまでなかったと思われる。しかし，当時は牛舎消毒への関心は薄かった。現場の獣医師はもとより大学の研究者や指導者からも，乳房炎の発生機序や原因は多種多様であり，「単に牛舎を消毒するだけで乳房炎が減るとは思えない」，「牛舎消毒などはしてもしなくても同じだろう」と酷評されたものであった。しかし，そのような周囲の雑音を気にもせず，専用の消毒車による農家の巡回消毒を続けられた同氏の見識・指導力・実行力には敬服のほかないのである。その後，他県からも牛舎消毒の効果を確認する報告が挙げられ，乳中細菌数も減少するとの調査結果も出て，牛舎消毒に対する関心は高まった。これに触発されて農協や経済連・共済連でも類似の車を作り活動したところが各地にあった。その後，消毒などの管理は農家の自主的な対策に任せるということになり巡回消毒は廃止されて行き，今日では記憶のなかにしか存在しなくなっているようである。

さらに，最近では，大規模経営の酪農場で，乳房炎対策としての牛舎の定期的消毒を行うことはほとんどなくなり，消毒は40年昔のように口蹄疫などの伝染病の発生時のみになっているようである。

2．牛舎消毒の特徴

畜産現場の消毒のなかで酪農場の牛舎消毒は特殊な例とされるかもしれない。他の畜鶏舎の消毒は基本的にオールアウトした空の状態で行われるが，牛舎の場合には空の状態を作るのが難しい。しかし，運動場や草地を持っている場合は，牛を運動場や草地に出して，牛舎を空き状態にしてから，清掃・洗浄・消毒液散布を行うことができる。運動場がない場合も，例えばフリーストールなら1群をパーラーに移してその間にその部分だけを消毒し，済んだら次の群を移すという方法をとることもできる。スタンチョンとかニューヨーク式タイストールで，外に出すことができない場合は本格的な洗

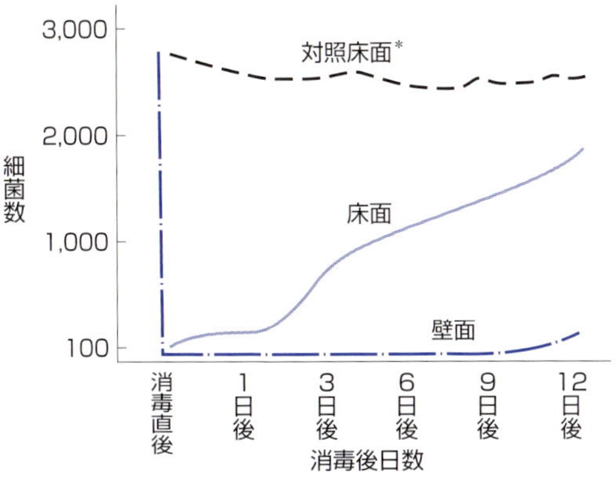

●図 5-1-3　牛舎消毒効果の持続

＊：非消毒の対照牛舎の床面　　（馬渕ら）

浄・消毒はなかなか困難であるが，とりあえず牛を１頭づつ場所を移動して行うことになる。

３．牛舎消毒効果の持続性

環境性乳房炎対策における牛舎消毒の効果は認められたが，それは永久に続くものではない。舎内には牛が居住していて餌を食べ，糞をする。病牛がいたら乳汁から排菌もする。だから効果は経時的に低下して行くのであって，一定時期の後では消毒前と同じ状態になる。このことが牛舎消毒の効果の評価を左右する要因になっていた。そこで数寄は牛舎消毒の効果がいつまで続くのかを調べた。その結果，おおむね２週間持続することが分かり，巡回消毒は２週間ごとと決めたのである。消毒後の効果の持続に疑問を抱き調査を行ったのは，おそらく数寄が最初であろう。数寄は指標として舎内落下細菌を用いたが，馬渕ら(1973)は壁面・床面の拭き取り採材による付着菌によった。その結果を**図 5-1-3** に示す。それによると，消毒 12 日後には床面の菌数がかなり消毒前(非消毒の対照牛舎の床面)の状態に近づくので，効果の持続は２週間程度と評価している。この間壁面の菌数はほとんど増加していない。数寄の結果とほぼ同じである。

これらの結果からすると，環境性乳房炎対策あるいは環境常在性の病原菌やウイルスによる感染症対策の牛舎消毒は，できれば月２回，少なくとも月１回は行わなければならないということが分かったのである。

４．牛舎消毒の注意点

①牛を外に出す

牛を外に出せる場合は作業がしやすいが，スタンチョンの牛舎で運動場もない場合は，満足できる消毒はできない。しかし，それでも行った方がよいので，短時間でも牛を外に繋留して床面を清掃後，動力噴霧機で水洗し汚れを吹き飛ばしてから消毒液を散布するのが望ましい。この場合には，前述のように，発泡消毒が効果的である。

②**牛床マットの下側を**

牛床マットの裏面とその下は汚物でいっぱいである。マットを使用している場合はコンクリートの裸床に比べて乳房炎の発生率が高いという光畑らの報告がある(**図 5-1-4**)。これを放置して表面だけから消毒液散布しても効果は薄い。マットは反転して裏面を水洗してから消毒すること。

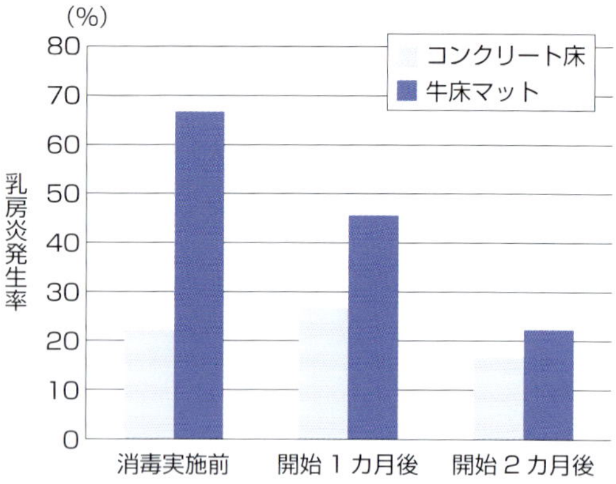

●**図 5-1-4　牛床材料と乳房炎発生率**

（光畑ら）

③**牛床の構造**

牛舎消毒の効果を向上するには，清掃・水洗・消毒のしやすい構造が必要である。牛床は排水のよいように適度に排水溝に向けて傾斜があること。傾斜が強すぎてもよくない。床面の仕上げはできるだけ平滑に，汚水の溜まる個所がないように仕上げること。また壁面(その他の垂直面)との接合部にはアールを付けて曲面に仕上げると汚物が溜まらず清掃や水洗消毒がしやすい。

④**運動場の乾燥**

最近は運動場を持たない大規模牧場が多い。運動場の排水が悪く，雨水や糞尿で泥沼のようになっているところがあるが，そのようなところでは，せっかく消毒した牛舎に糞尿の混じった泥土が牛舎内に持ち込まれ，牛床を汚してしまう。したがって，運動場は排水をよくして常に乾燥させておくこと。土壌硬化剤を散布して表土を固めるとよいと言われる。

⑤**踏み込み消毒槽**

運動場から牛が牛舎に入る時に脚を洗って入るように小型のプールのような槽(フットバス)を入り口に設置するとよい。蹄腐乱の防止にもなる。

■ 子牛飼育舎（カーフハッチ）の消毒

カーフハッチは幼齢の子牛を，群飼による病原菌やウイルスの感染から防御するための設備である。しかし，反復使用することによりカーフハッチ自体が病原菌やウイルスに汚染されて，次の子牛に感染させるおそれもある。そのために，子牛を移動した後のカーフハッチに，適切な洗浄消毒を行うことにより清浄化することが重要な管理ポイントになる。なお，カーフハッチ飼育牛の衛生状態については駒庭らの詳細な報告がある(1983)。

1．構造と材質

カーフハッチは，基本的にはおおよその寸法が間口 1.2 m，奥行き 2.4 m，高さ 1.2 m ほどの長方体の箱である。柵で囲んだ運動場を付け加えることもできる。

材質としては，以前は，木造が主で，これは自作も可能なために多用されてきたが，最近はプラスチック製が普及している。洗浄消毒の効果の面から見ると，プラスチック製が優れていることは明らかである。花房らは平滑なプラスチック板を用いたものは従来の凹凸の多いものよりも洗浄後の菌数が減少したと報告している。

●図 5-1-5　カーフハッチの洗浄

2．敷き料

何も敷かない裸の床面のもの，ゴムマットを敷くもの，籾殻を深く敷くもの，地面に直接チップを敷くものなどがある。ゴムマットは，成牛の場合も同じであるが，表面は清掃してきれいにしていても裏面には糞尿などの汚れが大量に付着しているものである。成牛ではこれが乳房炎の原因になると指摘されているが，子牛でも種々の感染症，特に消化器感染症の病原菌の巣窟となると考えられる。

籾殻を敷くタイプについては，小西(和歌山県畜産試験場)らの詳しい報告がある。それによると，カーフハッチの床面に 30 ㎝の厚さに籾殻を敷き詰め，哺乳期間中の約 3 カ月間飼育したが，敷き料の補充や交換はまったく不要で，管理作業の大幅な省力化が図られたと言う。また，菌数についての調査の結果は，総菌数では，表層で開始時に 10^{8}/g 以下から 1 カ月後には $10^{9.5}$/g と急上昇したが，その後は平衡状態となった。中層・深層では菌数の絶対値は多かったものの傾向は同じであった。

また，床面を持たず，三方の壁と天井だけの構造で，地面に直接オガ屑を敷くタイプのカーフハッチもある(Hampel Corporation 製「カーフ・テル(Carf-tel)」)。床面がない構造なので，その分重量も軽く，取り扱いもしやすい特長がある。特に，洗浄消毒の際には，仰向けに起こせば，内部の各箇所を容易に隅々まで洗浄消毒できる(図 5-1-5)。

敷き料のチップについては，第 3 章(77 ページ)に述べたように細菌汚染されていることがあるので，使用前に消毒することが必要である。籾殻も同様と思われる。

3．土壌の消毒

一般に，カーフハッチを設置した場所は糞便などにより汚染されるので，使用後は別の場所に移動するのが望ましいのであるが，敷地が狭い場合には移動できず，同じ場所を何度も使うことになる。そのまま使用すると，感染症が発生した後では，病原菌やウイルスが土壌に残っていて，次の子牛に感染することになる。そのような時には，その場所の地面の土壌を消毒しなければならない。

土壌の消毒については，すでに第 4 章(104 ページ)で述べた通りである。

4．カーフハッチの洗浄消毒

①作業手順

⑴水洗

消毒の前処理として水洗を行うのは常識である。水洗では水量を多く使うほど洗浄効果が向上することが知られている。また，洗剤の利用も勧められる。花房は温湯で洗浄し，ブラシ洗いを丁寧にすることで汚れと細菌の除去効果が格段に上がると述べている。

⑵乾燥

現場では早く次の子牛を入れなければならないので，水洗後，直ちに消毒液散布をすることがあるが，基本的には，乾燥の時間は必要である。水洗後に少なくとも丸１日以上は放置して乾燥することを推奨する。

⑶消毒液散布

通常は，動力噴霧機で消毒液を噴霧する。噴霧量は畜鶏舎の床面と同じく，平面の坪当たり５ℓ（1.5 ℓ/㎡）でよい。前述の通り，発泡消毒の利用は格段に効果的である。

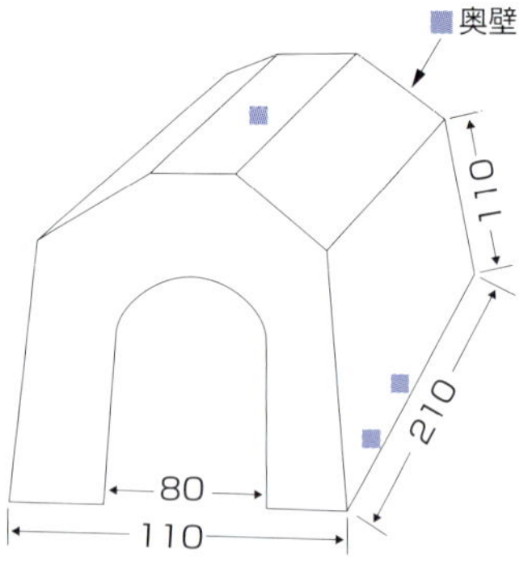

●図 5-1-6　カーフハッチの形状と採材箇所

②カーフハッチ洗浄消毒の実例

実際にカーフハッチを洗浄消毒した場合に，どの程度の効果が期待できるものなのか。著者の実験の要点だけを簡単に紹介する（2007）。

⑴実験に用いたカーフハッチ

HAMPEL CORPOLATION 社製，商品名「Calf-tel」，奥行 210 ㎝×間口 110 ㎝（入り口幅 80 ㎝）×側壁高 110 ㎝，天井高（梁まで）約 140 ㎝，プラスチック製で床はなく，地面にオガクズを敷いて直接設置するタイプである（図 5-1-6）。

⑵供試薬剤

a．洗剤：アンテック社製「バイオソルブ」100 倍希釈液として約 1.2 ℓ/㎡。放置 30 分後水洗。

b．消毒薬：複合塩素剤「アンテック・ビルコン S」500 倍希釈液として約 1.2 ℓ/㎡散布。

c．発泡補助剤：花王製「エマール 100 パウダー」発泡剤として 10％添加

これらの薬剤を動力噴霧機あるいは発泡ノズルでカーフハッチに散布した。散布の様子は先の図 5-1-5 参照すること。

⑶試験区の設定

１区（水洗＋消毒液噴霧）

２区（バイオソルブ＋水洗＋消毒液噴霧）

３区（バイオソルブ＋水洗＋発泡消毒）

⑷実験方法

作業がしやすいようにカーフハッチを仰向けに倒し，水洗（水のみあるいはバイオソルブを使用した水洗），ビルコン S を使用した消毒液散布あるいは発泡消毒をして，各処理後の側壁下部・奥壁面（地上高約１m 付近１カ所）・天井（中央部１カ所）の付着菌数を測定した。図 5-1-6 に示す位置から，５㎝×５㎝の枠内を滅菌綿棒で拭き取り，細菌学的検査に供した。培地に出現したコロニー数を，それぞれ前段階の菌数と比較して除菌率を，事前の菌数と比較して最終的累計除菌率を求めた。

⑸実験の結果と考察

実験の結果は図 5-1-7 に示す。

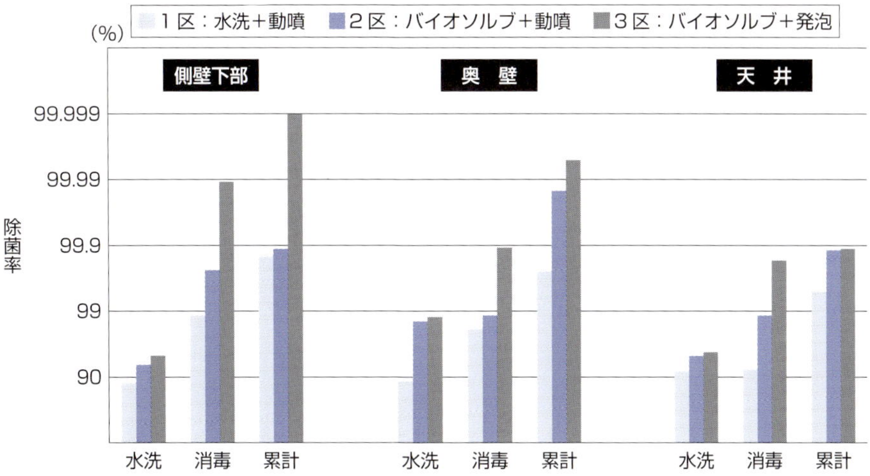

●図 5-1-7　カーフハッチの洗浄・消毒効果（除菌率）

（横関）

各段階の処理後の床面および壁面の残存細菌数は，事前・水洗・消毒液散布（発泡消毒）の順で減少した。最終的な累計除菌率はきわめて高く，総菌数の場合，側壁下部で最高 99.999％以上（当初菌数を 1/10 万以下に減らした）となった。その結果，バイオソルブによる洗浄効果とビルコン S の殺菌効果が確認された。

各処理後の残存細菌数が段階的に減少したことから，各処理による除菌効果が明らかになった。側壁下部の場合，単なる水洗では床面の除菌率は 80％であったが，バイオソルブを使用すると 90％以上に向上した。ビルコン S の消毒液噴霧では最高 99.9％以上が除菌できた。累計除菌率は発泡消毒区（3 区）が最高で 99.999％以上であった。奥壁・天井でも大体同様の傾向が認められた。

供試したカーフハッチがプラスチック製であり，比較的新品であったことが水洗・消毒による除菌効果を高くした一因と推察される。

農場主によると，ビルコン S を使いはじめてから子牛に多発していたサルモネラ症がまったく影を潜めたとのことであった。ビルコン S がサルモネラに対して特に強い殺菌力を発揮することは，従来の，いくつもの実験で証明されている。

■ 蹄腐乱の対策としての牛舎消毒

蹄腐乱の原因は小さな外傷からはじまるが，化膿部分から膿として黄色ブドウ球菌などが牛床を汚染して乳房炎の原因となるとも言われている。

予防法としては，次のような方法がある。

①牛床の清掃・水洗・消毒で，毎日ブラシ洗いをすること。その際に牛の足にも消毒液をかけてやる

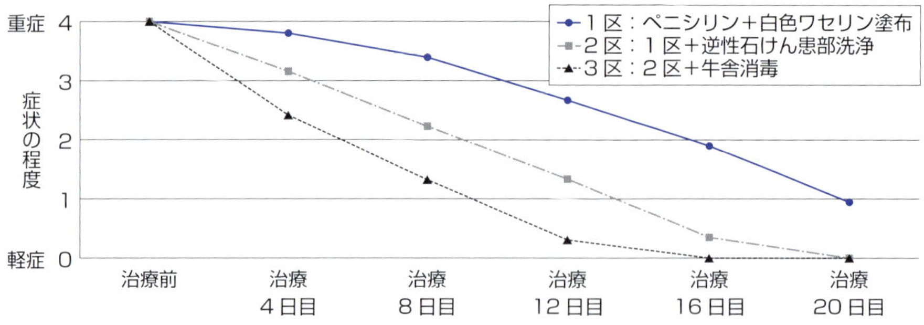

●図 5-1-8　牛舎消毒と蹄腐乱の治療効果

（光畑ら）

こと。

②牛用踏み込み消毒槽を設置すること。

③運動場を乾燥させること。

また，治療法として，宇津田ら（1971）は次のような方法が有効であったと報告している。

①患部の消毒：患部の汚れを取り消毒液（逆性石けんパコマ 500 倍液）で創面を毎日 1 回消毒する。

②軟膏塗布：ペニシリンと白色ワセリンを混合して塗布，油紙包帯する。毎日交換。

③牛床の消毒：逆性石けん消毒液で毎日 1 回。

結果は**図 5-1-8** に示すように逆性石けんでの患部洗浄と牛舎消毒を併用した区が最も早く全快した。

CHECK SHEET

□1．牛舎・牛床の消毒は乳房炎の発生を減少させる。

□2．牛舎消毒の効果は2週間程度しか続かない。

□3．カーフハッチは子牛が病原微生物に感染するのを防ぐと同時に感染源ともなるので，使用後の消毒は必須である。

□4．牛舎消毒にもカーフハッチの消毒にも発泡消毒はより効果的である。

第2節
養豚場の消毒

■ 豚舎の消毒

豚舎の消毒は牛舎のそれと同じである。ここでは豚舎での実際例と実験例を示す。

図 5-2-1 は豚舎の天井と壁面の付着菌数と消毒(通常の動力噴霧機による散布)による除菌効果を調べたものである。消毒後の分娩舎は天井の 1 検体を除いておおむね 100 cfu/cm²レベルであったが，離乳豚舎は若干残存菌数が増え，肥育豚舎では 1,000 cfu/cm²のレベルのかなり多い残存が見られた。通常の消毒では天井まではしないことが多いように見受けられる。しかし，徹底消毒と言っても天井を忘れていては塵埃とともに病原菌やウイルスが落下してくるおそれがある。消毒の効果半減である。特に感染症汚染豚舎では注意を要する。

通常の動力噴霧機散布と発泡消毒を比較した菊入らの実験では，発泡消毒の効果が優れていることを示している(第 4 章，109 ページ)。**図 5-2-2** は複合塩素剤(ビルコン S)の動力噴霧機散布に加え，酸化剤(ハイペロックス)の熱煙霧消毒を行った場合の除菌効果を示したものである。前に紹介したブロイラー鶏舎の場合(103 ページ，**図 4-1-10** の B 農場)と同じく，熱煙霧消毒により除菌率が 1 桁以上

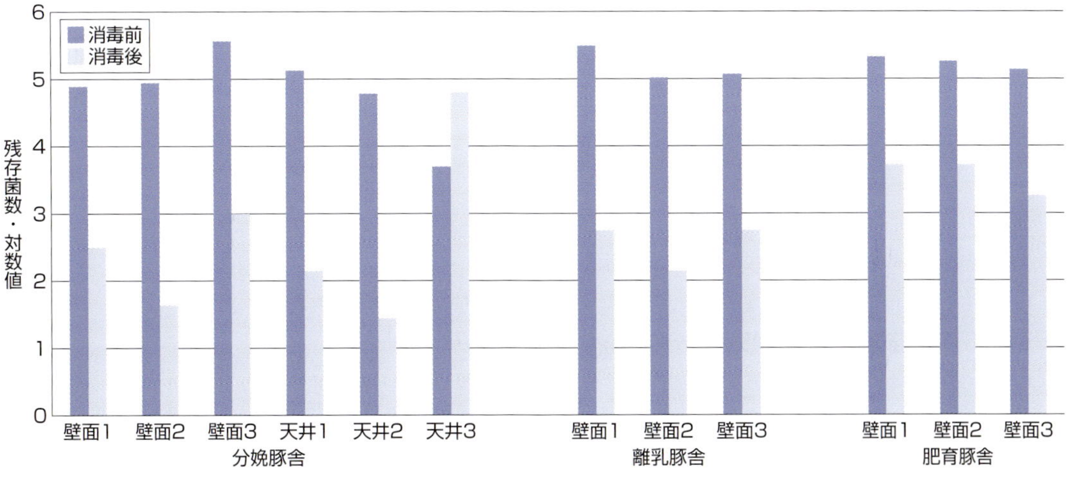

●図 5-2-1　豚舎天井・壁面の細菌数(総菌数)

(横関)

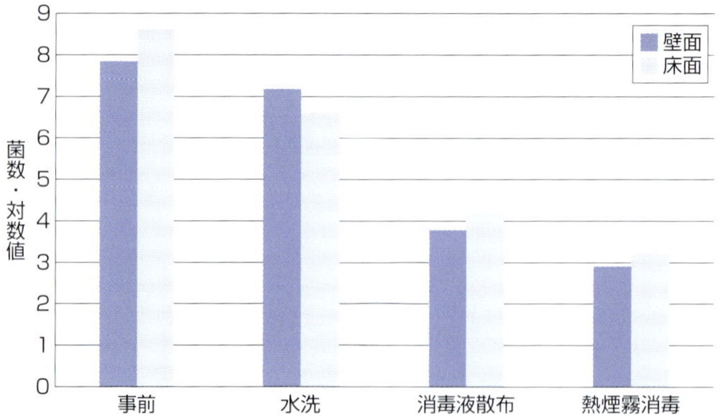

●図 5-2-2　プログラム消毒の効果－豚舎残存細菌数（総菌数）－

菌数：log・cfu×0.24/㎠　（横関）

向上している。

これらの成績の示すとおり，豚舎でも鶏舎・牛舎でも消毒により同様の効果が得られることが分かった。しかし，これらは平床式の豚舎の場合で，最近普及が進んでいるスノコ床式の豚舎では難しい問題がある。それは，スノコの裏面の洗浄消毒が困難な点である。いかに丁寧に洗浄消毒してもスノコの表面だけで裏面は手つかずの状態にある。感染症（伝染病）に汚染されている豚舎では，このスノコの裏面に病原菌やウイルスがしっかり残存していて，後で再登場して病気を復活させることになる。

■ スノコの消毒

現在，豚舎で用いられているスノコはコンクリート製が多く（プラスチック製もあるが），重量物なので外して裏面を洗浄消毒するには非常な労力と時間と手間を要するため，実行している農場は少ないようである。

養豚場の管理者として，あるいは指導者として現場のバイオセキュリティを熟知している三宅 真佐男氏（アニマル・バイオセキュリティ・コンサルティング㈱社長）によると，スノコの上や壁面だけの消毒では実際の豚舎の衛生度を維持できない。つまり，スノコ間の隙間や側面，壁とスノコの接合部，さらには裏面などの水洗・消毒の届かない部分に病原微生物が残留して，新しい豚が入って1カ月ほどで，それが表面に出て感染源となるという。

スノコを外さずに行える洗浄消毒の方法を考えている農場主や指導者は少なくないと思われるが，実用的に満足できる効果をあげた例はないようである。三宅の実験の一例を示す（**図 5-2-3**）。このようにスノコの側面自体は消毒液噴霧などで除菌することは可能である。ここでは，ホルマリンの散布（実はスノコ間の隙間に流し込んだ）は非常に効果的であり，コンクリートスノコで99.9％以上，プラスチックスノコでは99.999％以上の除菌率を得たが，火炎消毒はまったく効果がなかった。火炎は有

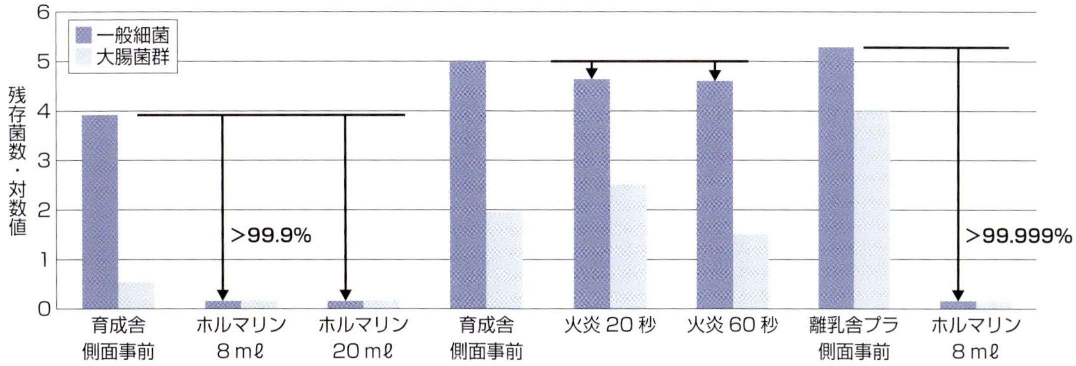

●**図 5-2-3　豚舎スノコ側面の消毒効果－各種方法の比較－**

菌数：cfu/㎠　　育成舎：コンクリートスノコ
離乳舎：プラスチックスノコ
(三宅)

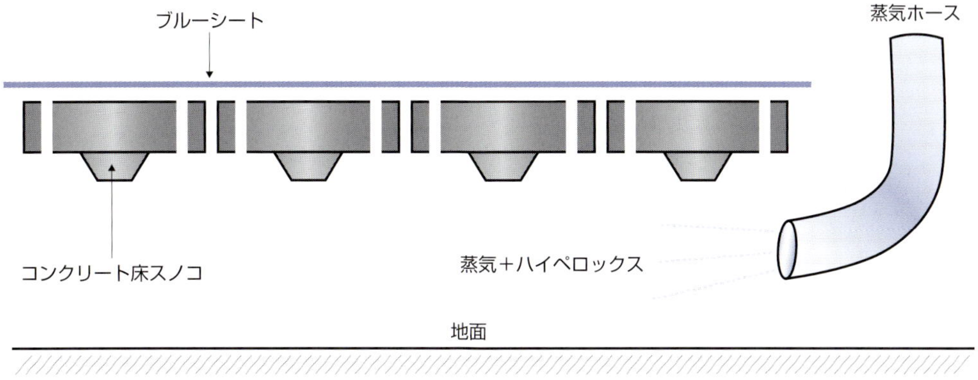

●**図 5-2-4　育成舎床面下部の蒸気消毒**

機物の有無とほとんど無関係に殺菌できると考えられているが，この結果から推測すると，焼灼時間をさらに長く取る必要があると思われる。したがって，実用化はかなり困難と考えられる。

このように，スノコの消毒においては，消毒液自体の消毒力(殺菌力)については，効力の強い消毒薬を用いれば問題はないが，現実はそれが実際現場にいかに応用できるかにかかっている。しかし，その具体的な手段・方法については，未だに満足のいく方法は確立されていない。消毒効果だけでなく，いかに省力的に，効率的に実施できるかがポイントなのである。

スノコの裏面の消毒について，三宅と著者は省力的消毒の実用化を目指して実験を行った。土壌消毒用の蒸気発生機を用い，約 80℃の蒸気をダクトで豚舎床下に放射した。蒸気には熱煙霧用除菌剤(酸化剤)を配合して殺菌力を高めた。実験は冬季に行ったために，温度が予想外に上がらず約 2 時間後にも舎内温度が 40℃程度にしかならず，除菌効果も低かったので，**図 5-2-4** に示すように床面にブルーシートを敷いて蒸気の発散を防いでみた。結果は**図 5-2-5** に示すが，シートを敷いた場所のスノ

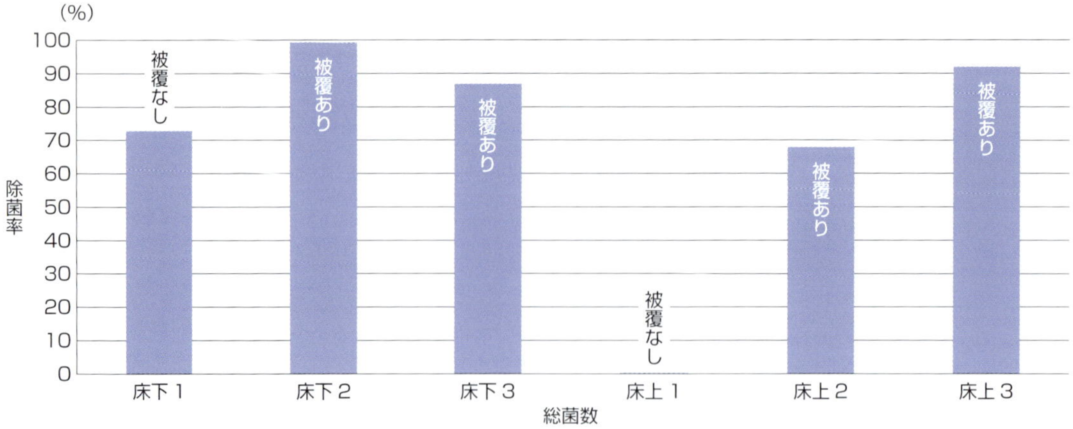

●図 5-2-5　離乳舎の蒸気噴霧による消毒効果

（横関・三宅）

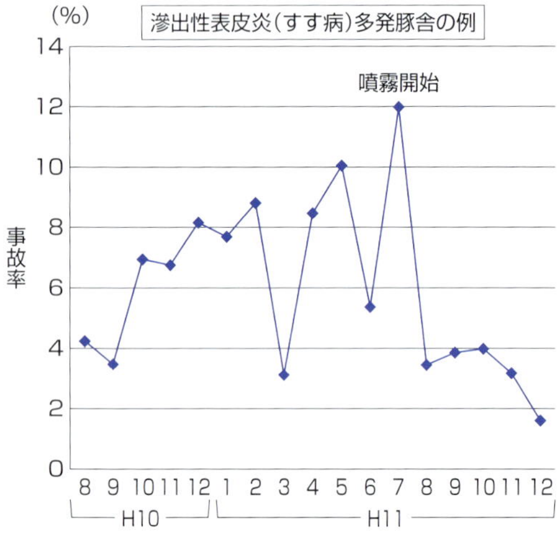

●図 5-2-6　離乳豚舎での事故率と豚体噴霧の効果

（片岡を一部改変）

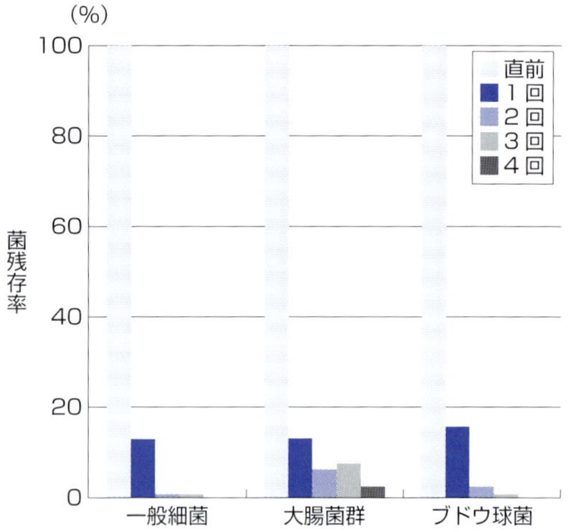

●図 5-2-7　豚体噴霧による体表付着細菌の除去

逆性石けんＡ 500 倍液，１回噴霧量：１ℓ/㎡　（岐阜大学）

コ裏面およびスノコ上面の除菌効果はシートのない部分と比較すると著しく高かった。これは蒸気がシートの下に溜まって温度を上げたためと考えられる。除菌率は，スノコ裏面で最高 99％以上，スノコ上面では 90％以上であり，今後蒸気発生機の能力に改良を加えれば，実用化の可能性はかなりあると考えられる。

現時点での農場で応用できる方法は，先のホルマリン液の隙間流し込みのほか，石灰乳をスノコ間の隙間に詰め込むことくらいではないかと思われる。糞落としの切り込み口は動力噴霧機のノズルを差し込んで洗浄消毒ができる。これならあまり手間はかからないと思われる。

■ 豚体噴霧

これは第４章（112ページ）に紹介した「舎内噴霧」の養豚版である。

離乳豚の事故率の低減に有効との片岡（1999）の報告がある。**図5-2-6**で明らかなように，噴霧開始１カ月後に事故率が急減し，その後も低く維持されている。また，豚体噴霧により体表付着菌数を低減できることも平井が報告している。**図5-2-7**に示すが，逆性石けん500倍液の１回噴霧で一般細菌は10％台に，２回噴霧でほぼゼロに減少した。ブドウ球菌も同様であった。これは皮膚病の予防に有効なことを示唆している。これ以外にも，いくつかの実験や調査の報告があり，特に，呼吸器病対策として実際現場に広く普及している。これらは豚舎環境の衛生状態を改善することが感染性疾病の防除に有効なことを示していると考えられる。

CHECK SHEET

□1．豚舎の消毒は，平床式の場合は，基本的にはブロイラー鶏舎と同様である。

□2．スノコ式の豚舎の場合には，スノコ側面と裏面の水洗消毒に大きな問題がある。これを無視した消毒では疾病の防除はできない。

□3．スノコ消毒は，効果だけでなく，いかに省力的に，効率的に実施できるかが問題である。目下のところ，満足できる方法は開発できていない。

□4．舎内噴霧（豚体噴霧）は豚舎の衛生状態を改善するので感染性疾病の対策に有効である。

第3節
養鶏場の消毒

■ 養鶏場の消毒の特徴

養鶏場には4つの種類がある。すなわち，ブロイラー養鶏場，採卵養鶏場，種鶏孵卵場，育雛場である。

各々について，第一に，消毒の実施時期やその時の鶏舎の状態が異なる。ブロイラー養鶏場と育雛場では出荷のオールアウト後に洗浄消毒する。採卵養鶏場では廃鶏出し後に行うが，必ずしも鶏舎内の全鶏が出されるわけではない。種鶏孵卵場でもオールアウトではなく，群単位でアウトすることが多い。第二に，鶏舎の構造が異なる。ブロイラー鶏舎は大きな倉庫または体育館のような長方形で，給餌機などは出荷後には天井に釣り上げるので，清掃・洗浄・消毒は大型機械を入れて簡単に行うこともできる。採卵鶏舎には形式が2種類あり，その1は高層鶏舎で，例えばケージが縦に8段積みされ，それが背中合わせの列で6列もあるタイプ，その多くは高床式で大きな糞だめがケージ最下段の下(地下とは限らない)にある。高層採卵鶏舎ではケージのほかに糞ベルト，集卵ベルト，集卵コンベヤー，集卵エレベーターなどの複雑な形状の機械設備が多数存在するので，清掃・洗浄・消毒には非常に手間と時間と労力を要する。その2は低層採卵鶏舎でケージが3段以下，糞だめはない。糞ベルト・集卵ベルトもなく手集卵している小型鶏舎もあり，比較的容易に清掃・洗浄・消毒できる。鶏にストレスを与えないためとか観察と管理が緻密にできるので低層にしているという養鶏家もいる。種鶏舎の多くは平飼いであるがネストやスノコなど特殊な設備があり，作業は簡単にはできない。

以上のような大きな相違があるので，「養鶏場の消毒」と言っても簡単にひとくくりして論ずるのは難しい。

■ 各種鶏舎の消毒の留意点

1．ブロイラー鶏舎

大型のスクレーパーやユンボ，スピードスプレイヤ—などの機械を使用することができるが，機械では水洗・消毒が念入りにできず，効果があがらないことがある(第4章，103ページ)。したがって，機械で省力・省時間だけを目的とすることなく，効果第一で丁寧徹底的に作業したいものである。

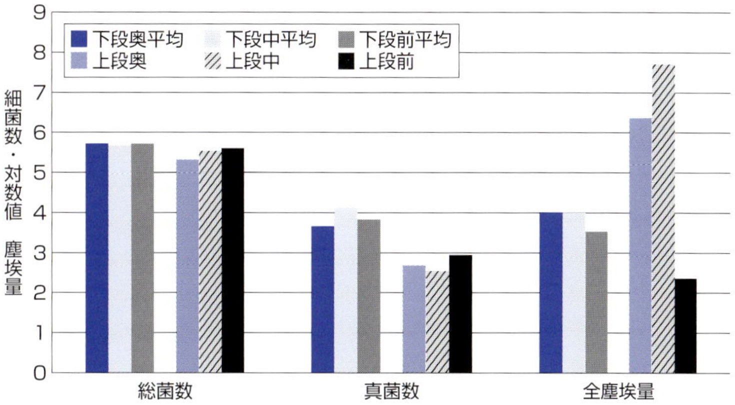

●図 5-3-1　ウインドウレス鶏舎の空気中菌数・塵埃量

細菌数：cfu/m³　対象鶏舎：４万羽飼育，高床式６段８列，陰圧換気式無窓鶏舎　（横関）
塵埃量：mg/m³　調査時期：秋季

2．採卵高層鶏舎

前述の通り，複雑な形状の機械設備が多く，非常に手間暇がかかるが，ひとつひとつ丁寧に片付けるしかない。きちんとするのといい加減にするのとでは，後で結果が違う。

高層鶏舎はほとんどがウインドウレス(無窓)であるため，換気が管理上の重要ポイントになっている。著者はあるウインドウレス高層鶏舎で空気中の浮遊菌と塵埃量を調査したことがあるが，換気を適正に行っているはずの鶏舎内にも**図 5-3-1** のように大量の浮遊菌と塵埃量が測定された。これら浮遊菌と塵埃は鶏舎内壁やケージあるいは機械設備，さらに鶏体に付着していたものが鶏の羽ばたきなどの動作により空気中に浮遊するのである。これを除去するには動力噴霧機による水洗および消毒液散布をせねばならないのであるが，電気設備の水濡れ破損とか内部の機械や設備の発錆とかを理由に水洗・消毒液散布をしない鶏舎が増えてきた。今日では，また普通に水洗をする養鶏場が多くなってきたが，一時は「ドライサニテーション」なる水で濡らさない洗浄消毒方式が喧伝された。これは，エアーコンプレッサーで舎内に堆積した塵埃を吹き飛ばし，同時に入気口を全開し，換気扇をフル運転して塵埃を舎外に出そうというものである。これを「エアー除塵」という。しかし，いくら換気扇をフル運転しても全部の塵埃を排出できるわけはなく，かなりの塵埃が時間の経過とともに再び沈下してくるのは当然である。あるいは，もし，これが汚染鶏舎であれば(鳥インフルエンザの際にこのような無謀をする者はいないであろうが，サルモネラとか呼吸器病の病原菌にはお構いなしに行うのではないか)，当然，病原微生物を拡散し隣接の鶏舎を汚染することになる。バイオセキュリティの観点からは，真に不当な方法で，水洗の代替になる方法とは言えないと思われる。そこで著者は実験をしてみた。第４章(97 ページ)に述べているが，ウインドウレス鶏舎に２カ月間放置して自然汚染させた木板をエアー除塵または水洗した後に，拭き取り採材して普通寒天培地に出現したコロニー数を数えた結果はエアー除塵では事前(対照区)に比して 1/10 にしか減らせていないが，水洗は 1/1,000 にも除菌していたのである。さらに実際に「ドライサニテーション」を実施しているウインドウレス鶏舎を拭き取り採材してみたところ，エアー除塵後にいわゆるジェット煙霧機で２回消毒液噴霧した後の成績でも，細菌数は糞ベルトの 10^7cfu/cm²を最高に多くの個所で 10^5cfu/cm²以上で，この除菌成績では到底効果的消毒とは言い難い結果であった。

3．低層採卵鶏舎

複雑な機械設備がない鶏舎が多く，比較的楽に作業ができる。比較的小型の鶏舎が多いので，高性能の大型機械も必要がない。普通の動力噴霧機で十分対応でき，細かいところにも配慮することができる。

4．種鶏孵卵場における消毒

①種鶏部門の消毒

種鶏場の消毒は，基本的にはコマーシャル採卵養鶏場と同じであるが，侵入防止に最大限の重点を置かねばならない。なぜなら，もし種鶏場が病原微生物に汚染されたら，当該種鶏場だけの汚染ではなく，コマーシャルヒナが感染し，ヒナ導入先の多くの採卵養鶏場に汚染が拡散するからである。約20年前に年間1万人以上の患者を出し,我が国の養鶏業界に多大の損害をもたらした鶏卵による*Salmonella* Enteritidis 食中毒も，最初はある種鶏場が欧州から輸入した種鶏ヒナが病原菌を持ち込んだものであった。それがわずか2，3年で全国に蔓延したのであった。

種鶏場では，昔からひな白痢防止のための消毒が指導されてきたが，現場での効果的な消毒が日常的に励行徹底されていたとは必ずしも言えなかった。今日では食中毒防止対策としてのサルモネラおよびヒトへの感染も心配される高病原性鳥インフルエンザなどの予防策として侵入防止の消毒が励行されているのであるが，その実態は㈳日本種鶏孵卵場協会の調査結果から一部を紹介すると，**図5-3-2** のように，未だにすべての事業所において徹底されているとは言い難いようである。

②孵卵部門の消毒

その実態は㈳日本種鶏孵卵協会の調査結果の一部を**図5-3-3** に示すとおりである。孵卵舎や孵卵機の消毒には，通常，ホルムアルデヒド薫蒸か微粒子噴霧が行われている。孵卵機内は羽毛塵埃が多く，したがって浮遊菌も多いのだが，種卵の消毒によりかなり抑えることができると言われている。伊藤らの実験によると，孵卵機内の消毒の方法により，相当に効果が変わることが実証されている。その孵卵場での従来法は，孵卵機はヒナ発生の都度，外側は消毒液を浸した布片で拭き取り，機内の移動可能な器具は外して洗浄後，ホルムアルデヒドガス薫蒸，器具は消毒液に浸漬していた。孵卵室の床面，作業台は月１回消毒液で拭き，作業衣は月１回ホルムアルデヒドガス薫蒸していた。この方法の効果が不十分なことは**表5-3-1** の通りである。そこで改善法として次のように変えて実施した。⑴孵卵機は従来の方法に加え週１回動力噴霧機で消毒液を噴霧する。⑵孵化終了後にはやはり従来式に加え機内を消毒液噴霧後，消毒液に浸した布片で丁寧に拭き取る。⑶器具の浸漬時間を延長する。⑷作業員の衣服は週１～２回ホルムアルデヒドガス薫蒸する。⑸ホルムアルデヒドの量を増やし，密閉度を高める。⑹種卵は産卵後２～３時間以内に集卵し直ちに薫蒸する，などを行った。

結果は**表5-3-1** の通り非常に改善されたのであった。

③汚染除去の消毒

種鶏孵卵場において，万一，病原微生物に侵入された場合には，汚染除去の徹底消毒とその後の綿密な検査が不可欠である。検査で１検体でも陽性が出れば再度消毒を実施し，さらに検査で，全検体

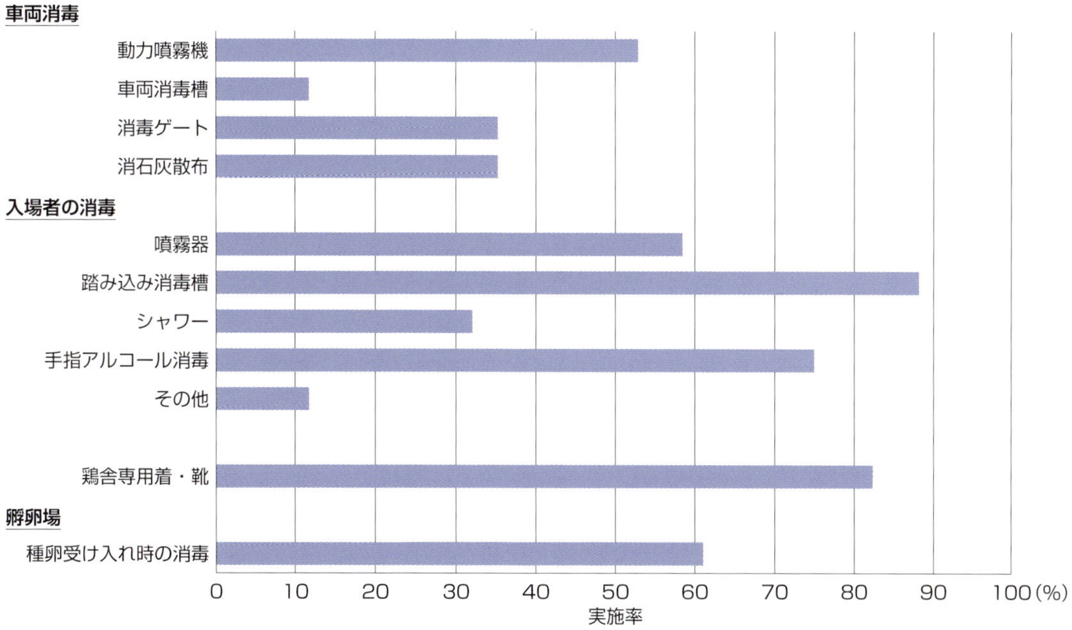

●**図 5-3-2　レイヤー種鶏孵卵場の衛生管理**

㈳日本種鶏孵卵場協会調べ　平成 23 年度

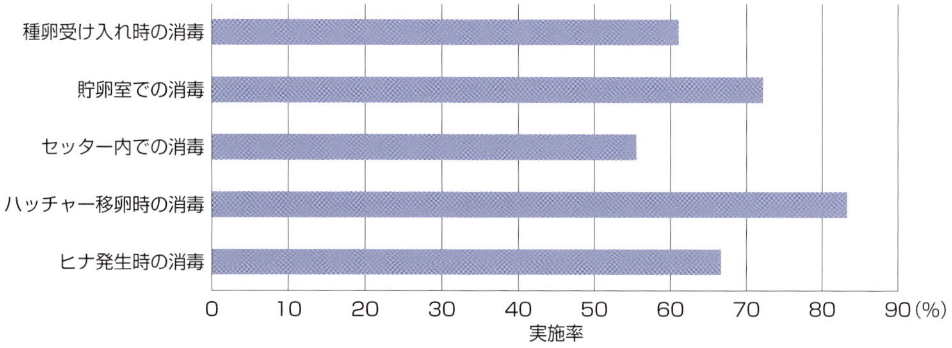

●**図 5-3-3　レイヤー孵卵場における種卵消毒の実施状況**

㈳日本種鶏孵卵場協会調べ　平成 23 年度

が陰性化するまで消毒と検査を反復しなければならない。この場合，留意しなければならないことは，当該病原微生物に対して最も強力に有効な消毒薬を使用することである。家畜保健衛生所の業績発表で，サルモネラ汚染に対して陰性化まで８回も消毒を反復してようやく陰性化できたなどと報告されていた例があったが，そこでは逆性石けんを使用していた。塩素剤などサルモネラに対して強力な消毒薬を使用すれば，もっと早くよい結果を得られたはずである。消毒薬に対する知識不足が過大

●表 5-3-1　孵卵場の衛生状態の改善

スタンプ場所			2号孵卵器																				
			セッター扉外側	セッター扉内側	セッター内側面	セッター内側天井	卵座	ハッチャー扉外側	ハッチャー扉内側	ハッチャー内側側面	発生座	ハッチャー内床面	種卵輸送箱	貯卵輸送箱	作業室側壁	選別作業台	鑑別用ひな受台	ひな荷造り用作業台	ひな輸送箱	孵化場作業員衣服	ワクチン接種用作業台	孵卵室内壁	孵卵室落下細菌
従来	始7月 至9月	ブドウ球菌	−	＋	●	＋	＋	−	●	●	＋	●	−	−	＋	＋	●	●	−	●	＋	−	−
		連鎖球菌	＋	＋	＋	−	＋	＋	＋	＋	＋	＋	＋	−	＋	＋	−	＋	−	＋	＋	＋	−
		大腸菌	＋	＋	＋	−	＋	＋	＋	−	＋	＋	＋	＋	＋	＋	＋	＋	−	＋	＋	−	−
		ひな白痢菌	−	−	−	−	−	−	−	−	−	−	−	−	−	−	−	−	−	−	−	−	−
		サルモネラ	−	−	−	−	−	−	−	−	−	−	−	−	−	−	−	−	−	−	−	−	−
改善後	初10月 至12月	ブドウ球菌	−	−	−	−	−	−	−	−	−	●	−	−	−	−	−	−	−	−	−	−	−
		連鎖球菌	−	−	−	−	−	−	−	−	−	＋	−	−	−	−	−	＋	−	−	−	−	−
		大腸菌	−	−	−	−	−	−	＋	−	−	＋	＋	−	＋	＋	−	−	−	＋	−	−	−
		ひな白痢菌	−	−	−	−	−	−	−	−	−	−	−	−	−	−	−	−	−	−	−	−	−
		サルモネラ	−	−	−	−	−	−	−	−	−	−	−	−	−	−	−	−	−	−	−	−	−

−：菌検出なし，＋：菌検出，●：病原性菌検出　　（伊東ら）

な労力と時間と経費を浪費した事例である。

■ コクシジウム症対策のための消毒

鶏コクシジウム症は未だに養鶏場にとっては根絶できない感染症である。したがって，鶏舎消毒の際にはオルソ剤の床面散布が欠かせない。コクシジウムは天井にも付着すると言われるが，通常，床面から腰板（地上１m）に散布していることが多い。オルソ剤（オルソジクロロベンゼンを主とした製剤）は唯一コクシジウムオーシストに有効な消毒薬であり，多くは未成熟のオーシストのみに有効なタイプであるが，なかには成熟オーシストにも効果のあるタイプ（キノメチオネート製剤）もある。オルソ剤の殺オーシスト力は試験管内では100倍液に60分感作して90%と言われるが，実際に近い条件でジョウロで散布した場合，鶏糞中のオーシストの死滅率は100倍液で40%であったという（桐岡，1973）。試験管内の殺オーシスト試験の結果を**図 5-3-4**に示す。また，オルソ剤100倍液の踏み込み消毒槽から回収したオーシストの生死についての実験もあり，オーシストが全滅していると報告しているが（**表 5-3-2**），問題は，作用時間が24時間と長いことで，実用性はまったくない。コクシジウムに対しても，ほかの細菌・ウイルスと同様に踏み込み消毒槽の実用的効果はほとんどないのである（ただし浸漬保管は有効である）。

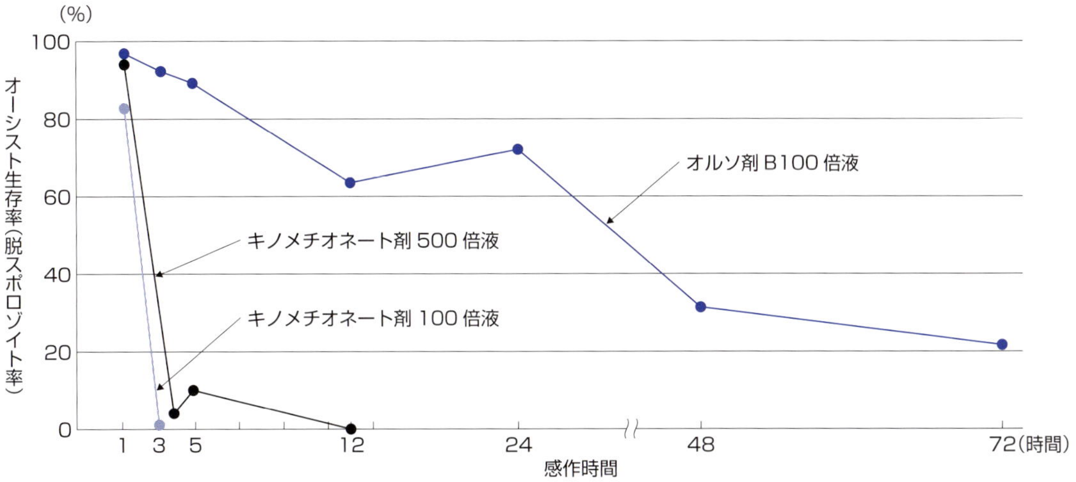

●図 5-3-4　成熟オーシスト(*Eimeria tenella*)に対する効力(スポロゾイト脱出能の観察による方法)

$$\text{脱スポロゾイト率} = \frac{\text{スポロゾイト数}}{\text{スポロゾイト数} + 2 \times \text{スポロシスト数}}$$

(畜産生物科学安全研究所)

●表 5-3-2　踏み込み消毒槽から回収したオーシストのヒナへの感染試験成績

薬剤	希釈倍数	感作時間	血便の程度				盲腸病変の程度・ヒナ5羽				
			4日	5日	6日	7日	No.1	No.2	No.3	No.4	No.5
ゼクトン	100	24	—	—	—	—	—	—	—	—	—
	500	24	—	—	—	—	—	—	—	—	—
水道水		24	++	++	++	+	++	++	++	++	++
				++	++		++	++	++	++	++
		48	++	++	++	+	死亡	死亡	++	++	++
				++	++				++	++	++
		72	++	++	++	+	++	++	++	++	++
				++	++		++	++	++	++	++

4～7日はオーシスト投与日数

(畜産生物科学安全性研究所)

■ 食中毒病原菌清浄化のための消毒

食卵と食鳥肉を食品衛生的見地から見ると，食卵のサルモネラ汚染と食鳥肉のサルモネラおよびカンピロバクターの汚染が最重要問題である。これら病原菌に侵入された養鶏場では常在化により生産物が汚染される。その防止のためには特別の消毒が必要となる。

まず，オールアウト前1週間ごろに舎内の検査を行う。一般に消毒後の検査が推奨されているが，それでは駄目である。理由は消毒後に汚染の有無が確認できるが，結果がそうだというだけで，結果を消毒作業に反映することができないからである。著者はオールアウト前の検査をして汚染があることが分かれば特別な消毒プログラムを実施する方法を勧める。薬剤はサルモネラやカンピロバクターに特に強力な薬剤（過酸化除菌剤や複合塩素剤）を使用する。消毒後に検査を行い，清浄化を確認する。汚染が残っていれば再度消毒と検査を反復する。オールアウト前の検査で汚染がなければ通常の消毒プログラムを行う。消毒薬も通常の薬剤（例えば逆性石けん）で差し支えない。消毒後の検査も不要である。このようにすることで，清浄化を確実にすると同時に労力と経費の節減が可能になるのである。

CHECK SHEET

□1．養鶏場には大きく４種類のタイプがある。それぞれに飼養形態や鶏舎構造が異なるので，現場での消毒の方法も異なる。

□2．鶏病の中でも歴史の長い感染症として鶏コクシジウム症があり，現在でもなお根絶されていないので，鶏舎消毒には特効的な消毒薬としてのオルソ剤の使用が必須であるが，その効果には細菌に対するより長い作用時間を要する。

□3．鶏に関係する食中毒には鶏卵・鶏肉ともにサルモネラが，鶏肉には加えてカンピロバクターがある。食中毒防止のための鶏舎消毒はオールアウトの１週間前に実施して，その結果により，消毒のレベルを変えるのが実際的である。

第4節
GP センターの消毒

生産現場ではないが，畜産関連施設としてGP センターと食鳥処理場の消毒を点検してみる。両方とも「畜産物」を「畜産食品」に移行させる施設で，消毒は食品安全の面で重要な役割を担っている。同様に畜産食品を扱う屠場には触れないが，その理由は，著者は屠場における調査や実験をしたことがなく，自身の知見を持っていないので，記述するとしても諸先賢の受け売りに終始せざるを得ず，それでは読者諸兄に申し訳ないと思うからである。

■ GP センターでの作業工程

GP センターはEgg Grading and Packing Plant の和訳で，食用の鶏卵をパック詰めの商品にする施設である。しかし，単純に規格分けして包装するだけではない。最も重要な役割は農場から搬入された汚れた鶏卵を食品にふさわしい衛生的な状態にすることである。鶏の体は構造的に産道と腸管が体外への出口(総排泄口)付近において結合しているために，鶏卵の卵殻は腸内菌により汚染されて放卵される。さらに産卵後にはケージや集卵ベルトに付着している細菌(主として鶏糞の微粉末や鶏の羽毛の微粉末が浮遊塵埃となり付着する)により汚染される。これらの細菌汚染を除去して食品として望ましい衛生状態にするのがGP センターの第一の役割である。その工程が「洗卵」である。洗卵は特殊な「洗卵・乾燥機」により，次亜塩素酸ソーダ水により水洗消毒し，ブラシで汚れを除去する。洗浄水およびゆすぎ水には，次亜塩素酸ソーダの150 ppm と同等以上の殺菌力を有する殺菌水を使用することが食品衛生法により規定されている(厚生省通知，平成10年11月25日，第1647号，卵選別包装施設の衛生管理要領)。工程は**図 5-4-1** に示すように「原卵の搬入」から「洗卵・乾燥」，「検卵」を経て「重量選別」，「包装」，「一時保管」，「出荷」となる。

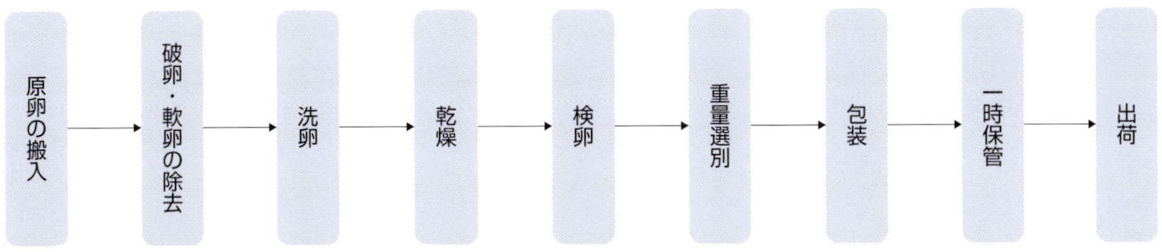

●図 5-4-1 GP センターでの工程

●表 5-4-1 GP センターの衛生管理の状況

規模	次亜水*濃度管理	オゾン水管理濃度	洗卵水温度管理	使用水塩素殺菌	UV 管清拭	UV 管定期交換	終業時清掃	卵の定期的サルモネラ検査	施設の拭き取り細菌検査	健康チェック／下痢者の除外	定期的検便
10 万羽以上	90	36	95	82	51	58	87	98	77	84	75
30 万羽以上	100	50	100	89	75	80	95	100	89	89	95
50 万羽以上	100	57	100	100	71	89	100	100	89	89	89
100 万羽以上	100	50	100	100	33	75	100	100	60	80	80
200 万羽以上	100	－	100	100	100	100	100	100	100	100	100

＊：次亜塩素酸ソーダ水，単位(%)

(社)日本養鶏協会)

GP センターの衛生状態

平成 17 年に㈳日本養鶏協会が農水省の補助で行った調査がある。全国の採卵養鶏生産者のアンケート調査で 587 カ所から回答を得た。GP センターの衛生管理については，車両消毒などの設備は，10 万羽規模では 77%，30 万羽規模では 79%だが，それ以上では 100%設置されていた。手洗い場に洗剤と消毒液を設置しているのは，10 万羽では 74%だが，それ以上では 100%であった。作業衣の着替えのための更衣室は 30 万羽では 100%であった。卵コンテナ・トレイの洗浄消毒を実施しているのは 10 万羽では 83%，30 万羽で 79%，50 万羽で 89%，100 万羽以上は 100%であった。そのほかの項目については**表 5-4-1** に示す。

次亜塩素酸ソーダ水の濃度管理や洗卵水温度管理は 10 万羽規模を除けば満点であるが，オゾン水の濃度管理ができていないところが多いのはなぜだろうか。また，第 2 章(22 ページ)に述べたが，かなり多くの事業所で紫外線灯の管理ができていない。意外に感じられるのは定期的検便の実施率で，出荷先のスーパーや生協などからの要求が多いはずであるのに，不実施が少なくない。朝礼での健康チェックもほぼ同率で不実施であるのは，食中毒防止に関心が薄いということであろうか。

洗卵の役割

GP センターとは，前述のように鶏卵の洗卵，規格分別，包装を行う事業場であるが，食品の安全の面から見れば，その第一に挙げるべきは洗卵であろう。

GP センターにおける消毒では，施設すなわち作業場や倉庫などの洗浄消毒，踏み込み消毒槽，車両消毒，さらには工程の機械の洗浄消毒などが行われているが，最重要なのは洗卵(卵殻の洗浄殺菌)である。これは，HACCP でいうところの重要管理点(CCP)である。HACCP については第 6 章(182

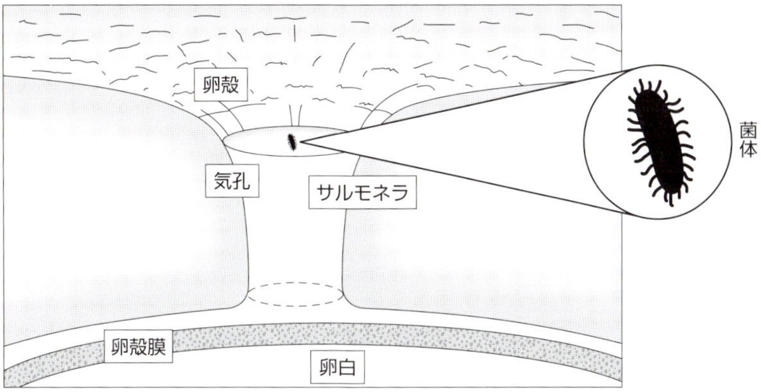

●図 5-4-2　卵殻の構造…気孔と菌体の大きさ

（原図：米国 Mid-Atlantic 農協のパンフレット）

ページ～）で取り上げる。

先日，テレビで見たのだが，ある特別にうまい卵の生産者と称する養鶏家が，糞が付着した鶏卵を布片で拭きながら，「卵殻には無数の孔があり，水で洗うと細菌が卵内に入るので，このように拭き取るのが一番よいのだ」と言っていた。

これは半分は正しいが半分は間違っている。確かに卵殻には数千～1万数千個の孔（気孔）があり，その構造は**図 5-4-2** のようになっている。この孔は卵殻の外側で直径 30 μm，内側で 10 μm ほどである。もちろん，水も空気も通ることができる。細菌の一例として，サルモネラの菌体は長さ数～10 μm，直径 0.5 ～数 μm ほどであるから，この孔を通ることができる。

しかし，水で洗うと細菌が侵入するから，拭き取るのがよいというのはとんでもない間違いである。むやみに水で洗うのはよくないが，正しい洗い方をすれば，細菌が内部に侵入することはない。では，正しい洗い方とはどんな洗い方か。

厚生省通知（1998）によると，「洗卵水は水温 30℃以上で，卵温より 5℃以上高いこと」とされている。この「卵温よりも 5℃以上高い」ということが重要なのである。卵を洗う時，水温が卵温よりも低いと水が卵内に侵入する。高いと侵入しないのである。

拭き取るのは細菌を気孔に塗りこめているようなものである。一知半解とはこのようなことであろう。ちなみに，近年では自然崇拝者で何事も自然なのがよいと，鶏卵も糞が付着して汚れているのをありがたがる消費者が少なくないらしい。そのために「無洗卵」というものが一部生協などで流通していると聞く。卵殻上の細菌は，結露などで表面が湿ると気孔から内部へ入りやすい。したがって，表面に細菌が付着していれば，卵内部に入り込むことは当然の結果である。

渡邊（1995）は卵殻に付着させたサルモネラが内部に侵入することを実験で確認している。**図 5-4-3** によると，洗卵した卵では，30℃のサルモネラ汚染した温水に 5℃の卵を浸した場合には，14 日後まで卵は 1 個も陽性にならなかった。他方，その逆に 5℃の冷水に 25℃の卵を浸した場合には，累計で 20 個中 10 個も陽性になった。無洗卵の場合は，1 日後と 3 日後だけに陰性があったが，そのほかは陽性が出たのである。

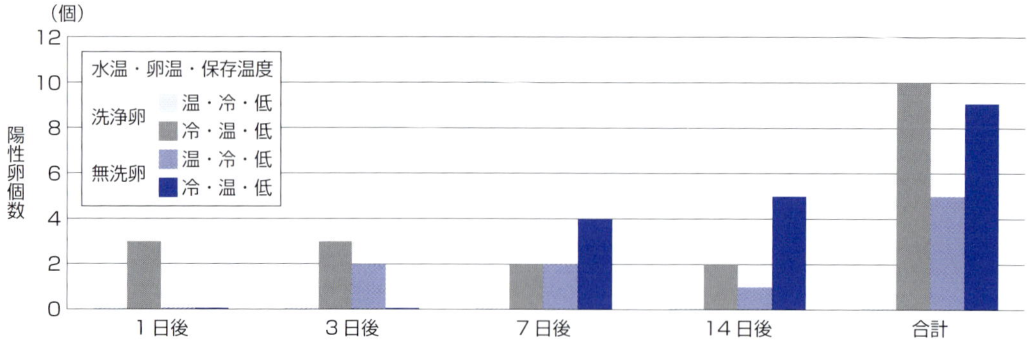

●図 5-4-3　卵殻からのサルモネラの侵入

実験卵数：各区，各処理５個　　（渡辺ら）
水温：温＝30℃，冷＝5℃
卵温：温＝25℃，冷＝5℃

■ 殻付卵を汚染する食中毒菌

特別な場合を除けば，殻付卵を汚染する食中毒菌は，実用的にはサルモネラに限られている。カンピロバクターもあるが件数は少ない。サルモネラは卵殻も汚染する(on egg)が卵内にも侵入して汚染すること(in egg)が知られている。「in egg 汚染」は菌が卵巣内に侵入定着して卵胞に付着したのが成熟卵として放卵されることにより起こる。卵内の汚染を防止するのは産卵鶏の感染を防止するか抗生物質や抗菌剤により治療するかであるが，GP センターはあくまで「on egg 汚染」のみの除去に注力することでよい，とされている。

カンピロバクターの鶏卵汚染

消毒とは直接関係はないが，養鶏場のバイオセキュリティや食中毒防止には新しい対策が必要となるかもしれない事柄なので紹介する。

食中毒原因菌としてのカンピロバクターは通常，牛・豚・鶏などの家畜由来で感染するが，特に鶏肉が原因食品となることが多いと知られている。その原因は，ブロイラー鶏の感染率が高いことに加えて，食鳥処理場での交差汚染により鶏肉の汚染率が高くなるためとされている。しかし，同じ鶏であっても鶏卵がカンピロバクター食中毒の感染源となることはほとんど問題とされていない。その理由は，カンピロバクターの伝播経路は水平感染で垂直感染(介卵伝達)はないとされていることにある。したがって，産卵鶏が感染していても鶏卵に菌が入ることはないということになる。この証明については，過去に多くの研究があるので，その２，３を紹介する。

厚労省によると，採卵鶏のカンピロバクター汚染に関して，食品安全委員会事務局では，全国10カ所の採卵養鶏場について，１農場当たり10カ所から採取した鶏糞便のカンピロバクターの汚染実態を調査したところ，８カ所の農場から *Campylobacter jejuni* が検出され，そのうちの３農場から *C. coli* が検出された。検体数で見ると，*C. jejuni* が20％(20/100検体)，*C. coli* が５％(５/100検

●表 5-4-2　コマーシャル種鶏５群のカンピロバクターの糞中と卵内出現

群	週齢	出現頻度(陽性 / 検査)		平均排泄量 (log cfu)
		糞中	卵内	
1	50	40/50	0/100	2.87
2	43	25/50	0/100	2.69
3	25	46/50	0/100	3.07
4	42	50/50	0/100	3.04
5	29	50/50	0/100	3.30

(Sahin, et al.)

体)であった。鶏卵からの菌分離報告では，卵表面の洗浄液から菌が分離されたものの，これは0.9%にすぎず，またこれらの鶏卵の表面には糞便が付着しており，二次汚染の可能性が高い。また，種卵への侵入試験や汚染種鶏から付加した鶏の追跡調査から，カンピロバクターの鶏への感染機序としては垂直感染よりも水平感染と考えられるとしている。

M. P. Doyle(1984)は，20週齢の産卵鶏を１羽飼育ケージに入れ42週間にわたり糞便の *C. jejuni* を検査した。ピーク時(10月と４月下旬から５月はじめにかけて)の２回には約25%が陽性であった。糞中にカンピロバクターを排出している鶏の266個の卵を調べて，２個の卵殻から菌を検出したが卵内容物からは見つからなかった。卵内侵入実験では，カンピロバクターは卵内に侵入できなかった。

Belchiolina Beatriz Fonseca ら(2006)は，140羽の種鶏メスの肛門拭き取り検査をした。陽性鶏に244個の卵を産ませた。カンピロバクターは浸して柔らかくした卵殻，卵黄内容物に接種すると７週間生存した。140羽のうち25羽(17.8%)は肛門拭き取りで陽性であったが，カンピロバクターが卵殻と卵黄に侵入し生存するという結果はまったく認められなかった。

O. Sahin ら(2003)は，*C. jejuni* について次のように報告している。すなわち，菌が直接卵黄に接種された時，温度18℃以下では菌は14日以上生存する。しかしながら，卵白や気嚢に接種されると劇的に生存性が落ちる。*C. jejuni* を接種されたSPF鶏の新鮮卵を試験した。培養およびPCR(Polymerase Chain Reaction 検査)によると *C. jejuni* 汚染は全卵65プールのうち３プールだけだった(１プールには卵５～10個)。しかしながら，菌は同じSPF鶏群から取り，18℃で７日間保存した800個(80プール)の卵からはまったく検出されなかった。同様に，カンピロバクターは，活発に同菌を糞中に排出しているブロイラー種鶏群から得られた500個の卵からも検出されなかった(**表 5-4-2**)。また，コマーシャル種鶏孵化場から得られた1,000個の卵からも検出されなかった。結論として，これらの結果は，*C. jejuni* の卵を介しての垂直伝播は，たとえあったとしてもごく稀な事象で，ヒナ群へのカンピロバクターの侵入に大きな役割はしていない。したがって，ヒナ群へのカンピロバクター侵入の制御については，卵以外の感染源に焦点を当てねばならない，としている。

ところが，Poultry International誌の2011年１月号に米国農務省Russel研究所のN. A. Coxら(2011)がカンピロバクターは垂直伝播をするという報告を出している。それによると，ブロイラー種鶏の生殖器官の全部分からカンピロバクターを検出したという。漏斗部，大峡部，卵殻腺，膣，肛門

●表 5-4-3　ブロイラー種鶏生殖器各部からのカンピロバクターの検出

農場	膨大部	狭部	卵殻腺部	膣	総排泄腔
1（62 週齢）	1/6	1/6	2/6	6/6	6/6
2（61 週齢）	3/6	1/6	5/6	4/6	6/6
計	4/12	2/12	7/12	10/12	12/12

陽性 / 検査　(Cox, et al.)

●表 5-4-4　自然感染したブロイラー種鶏の卵胞からのカンピロバクターの回収

反復回次	成熟卵胞	未成熟卵胞	盲腸
1	2/12	1/12	3/12
2	1/4	0/11	8/11
3	1/8	0/ 8	8/ 8
4	5/11	4/12	11/12
5	3/12	2/12	11/12
計	12/47	7/55	41/55

陽性 / 検査　(Cox, et al.)

を個別的にカンピロバクターの検査をしたところ，検査した数箇所から検出された(**表 5-4-3**)。菌数は 1 mℓ当たり 10～数百個。全コマーシャル・メスの肛門から恒常的にカンピロバクターが検出され，生殖管からも高率で検出された。このことはカンピロバクターが部分的に鶏糞と接触していることを示す。メスの生殖管内のカンピロバクターがメスからブロイラー・ヒナへの垂直的感染の可能性を示唆することは明らかである。

垂直感染を評価するために設計された別の実験では，成熟卵胞の 25%(12/47)が自然感染のカンピロバクターに感染していた。同じブロイラー種鶏メスの群では未成熟卵胞の 12%(7/55)が感染していた(**表 5-4-4**)。日本うずらの研究では，カンピロバクターは血管系に侵入し，卵巣および発育卵胞に侵入し，孵化卵を汚染すること，あるいは生殖系を総排泄腔から上昇して卵管に定着することが示された。これらの研究は，生殖管と成熟卵胞が種鶏とブロイラーヒナにカンピロバクターが侵入する重要ポイントであることの非常に強固な証拠である。

カンピロバクターは初生ヒナでは分離や検出が容易でない病原微生物である。それは菌数が少なく，かつ“生存しているが培養できない(VNC：viable but non-culturable)”状態にあるからであろう。他方，研究者たちは，人工的に接種した卵はヒナの孵化時に腸内に保菌していると主張している。

もうひとつの独自の研究によると，外部環境やカンピロバクター感染源から隔離されたなかで孵化したヒナに，孵化した直後からカンピロバクターが定着したという。このことは，初生ヒナからカンピロバクターが検出されなくても，それはヒナの体内にカンピロバクターが有意な数で存在することを示している，としている。

さて，ここまではブロイラーについて述べられているが，カンピロバクターが卵内に感染するとしたら，食品としての卵の安全性を脅かすことになる。

現時点では，殻付鶏卵を汚染して食中毒の原因となる菌はほとんどサルモネラのみとされているが，カンピロバクターが垂直感染するとしたら，当然に食用の鶏卵をも汚染することになる。新たな食中毒病原菌の出現となり，対策を講じねばならないであろう。

しかし，前に紹介した M. P. Doyle ら(1984)，O. Sahin ら(2003)，あるいは厚労省の委員会は鶏卵からはカンピロバクターが検出されなかったと述べている。これを単に“生存しているが培養できない(VNC)”状態にあるから検出できないのだと断定してよいのだろうか。カンピロバクターは比較

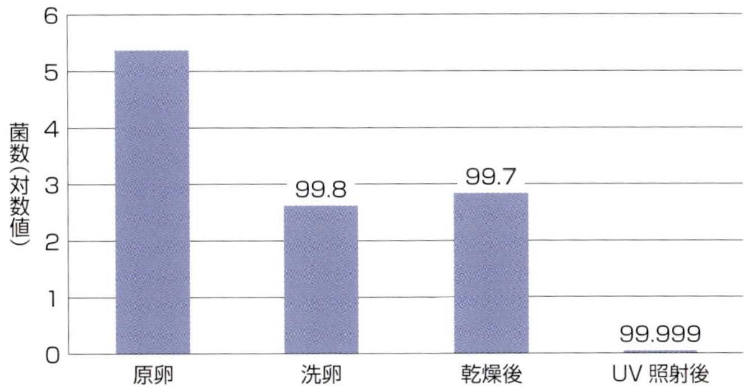

●**図 5-4-4 洗卵・乾燥・ＵＶ照射の効果(総菌数)**

柱の上の数値は除菌率(%)　　　　(横関)

的少数の菌(100 個)でヒトの感染が成立するとされているので，もし，介卵伝達があるとしたら，鶏卵中の菌数が少ないから問題がないとは言えないだろう。

■ 洗卵の効果

卵殻は放卵時にすでに総排泄腔付近で腸内細菌により汚染されているが，放卵後はケージや集卵ベルトに付着していた菌によりさらに汚染される。一般に，１個当たりの付着細菌数は数十万 cfu で，GP センターに入る時点では数千万 cfu になることもあると栗原(1996)は述べている。GP センターでは，洗卵乾燥機によって，洗卵水を流下しながら洗卵ブラシでこすり，物理的に汚れを落とし除菌している。次いで，乾燥機に入ると乾燥ブラシで水滴をこすり落としながら乾燥させるのである。

洗卵乾燥機による汚染原卵の除菌効果は一般に 90 ～ 99.99%と今井(2008)は述べている。

洗卵に用いる消毒薬について，厚生省は洗卵水の殺菌力を次亜塩素酸ソーダの 150ppm 相当と規定しているので，主として次亜塩素酸ソーダが用いられているが，オゾン水や二酸化塩素水，次亜塩素酸水あるいは電解水なども使用されている。

著者の調査した GP センターの一例では，次亜塩素酸ソーダを用いて**図 5-4-4** のような効果が得られていた。洗卵後よりも乾燥後の方が菌数が多いのは乾燥ブラシに菌が付着していたためであろう(後述)。しかし，その後，紫外線を照射することにより検出限界以下に除菌できた。

最近の洗卵乾燥機はほとんど乾燥工程に紫外線灯を設置している。その効果については，第２章の**図 2-1-2**(23 ページ)を参照願う。

次亜塩素酸ソーダに代わってオゾン水を使用するところも増えている。次亜塩素酸ソーダの 150 ppm 液は臭気が強く，特に夏季にはクレームが出ることが少なくなく，そのために現場では 100 ppm 程度に濃度を落とすところもあるように聞く。オゾン水も特有の臭気(生臭さ)はあるが次亜塩素酸ソーダよりは弱いので使われているようである。

その効果はどうか。2009 年に行った著者の GP センター現場における実験によると，オゾン水

●表 5-4-5　洗卵におけるオゾン水と次亜塩素酸ソーダの比較

処理区	残存菌数(対数値)	除菌率(%)
オゾン水区－1(2ppm)	2.8571 ± 1.1722	>99.9(99.98)
同対照区	6.5015 ± 0.5108	
オゾン水区－2(5ppm)	3.1076 ± 1.0622	>99.9(99.92)
同対照区	6.1828 ± 0.9798	
次亜塩素酸ソーダ区(150ppm)	3.4788 ± 0.6641	>99(99.6)
同対照区	6.9202 ± 0.3352	

(横関)

●図 5-4-5　ブラシの衛生的保管

2 ppm と 5 ppm は次亜塩素酸ソーダ 150 ppm よりも 1 桁除菌率に優れていた(**表 5-4-5**)。

また，次亜塩素酸も利用されている。これは次亜塩素酸ソーダに塩酸を添加するなどして pH を 7 程度の中性に落としたものである。塩素はアルカリ性下で効力が低下し，酸性下で増強することを利用して，低濃度で同じ効果を得ようとするものである。著者の実験では，20 ～ 80 ppm で次亜塩素酸ソーダの 200 ppm と同程度の卵殻殺菌ができた(2009)。前述の夏季の臭気苦情も解消できるのである。

■ 洗卵の注意点

洗卵の注意点の第一は，洗卵水の温度管理と次亜塩素酸ソーダの濃度管理である。これらについては，毎朝始業時に点検し，昼休み明けにも点検するべきである。さらに，作業中も随時点検しているところもある。次亜塩素酸ソーダ濃度は，最近ではほとんど薬液注入器により自動的に洗卵水に規定濃度の次亜塩素酸ソーダが注入されているので，最初に機械の目盛を合わせておけば，その後の濃度管理は不要と考えている向きもあるが，機械は永久に正しいわけではなく，経時的にずれてくることがあるので，日常の管理は重要である。

第二点は，ブラシの洗浄消毒である。前述のとおり，洗卵機では，洗卵水で洗い流しながら洗卵ブラシで卵殻をこすり洗いしている。また，乾燥機では，乾燥ブラシで卵殻の水分をこすり落としている。そのために，ブラシが汚れているとせっかくきれいにした卵殻に再度汚れをなすりつけることになる。そこで，衛生管理を重要視する GP センターでは，ブラシをそれぞれ 2 本以上持っていて，交互に供用している。毎日，終業時にブラシを外して，洗浄殺菌し，次亜塩素酸ソーダの消毒液に浸漬して保管するのである(**図 5-4-5**)。最近の洗卵乾燥機は，ブラシの自動洗浄装置がついていて，終業後に自動的に洗浄できるようになっている。そのため，ブラシの洗浄は不要と思われている。しかし，自動洗浄は本当にブラシを細菌学的に清潔にしているのだろうか。著者はある GP センターで調

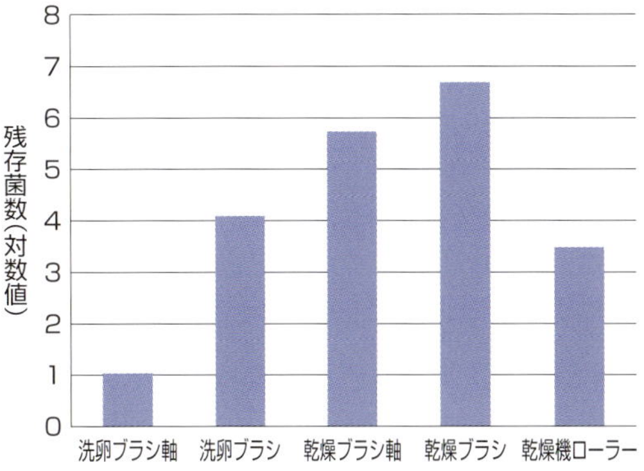

●図 5-4-6　ブラシ自動洗浄の効果(洗浄後の菌数)

ブラシ：cfu/ 小束，軸・ローラー：cfu/㎠　(横関)

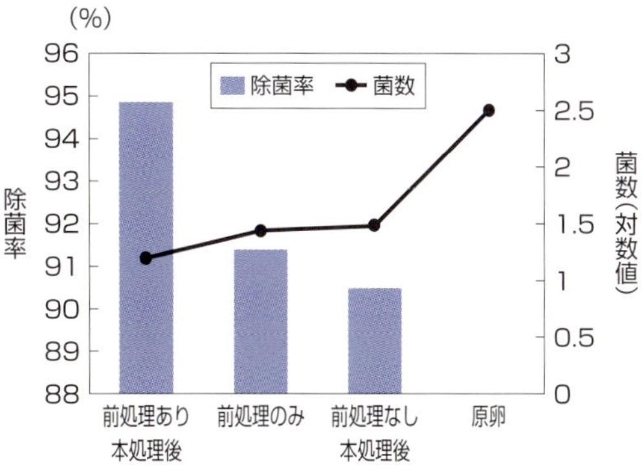

●図 5-4-7　オゾンガス処理による無洗卵の卵殻殺菌

菌数：cfu/㎠，大腸菌群は検出せず　(横関)

査をしてみた。**図 5-4-6** はその結果である。洗卵ブラシには 1 小束あたり 1 万 cfu 余，乾燥ブラシには 544 万 cfu の細菌が付着していた。これで洗浄消毒したとは到底考えられないのである。したがって，自動洗浄式の洗卵乾燥機でも，ブラシは毎日とはいわないまでも毎週とか定期的に洗浄するべきと考える。

また，ブラシだけでなく，機械の内壁とか，ローラーなど，あるいはその後の工程のベルトや吸盤など卵殻と接触する部分は毎日終業後に清拭し，アルコールを噴霧しておくことが必要である。

■ 無洗卵の卵殻殺菌

先に**図 5-4-3** について説明したとおり，無洗卵では人為的に塗布したサルモネラの侵入があった。これは，サルモネラの生存性に関係している。サルモネラは自然環境下での生存力が強い菌であるが，清潔なガラス板とかステンレス板，あるいは洗卵後の卵殻上では短時間に死滅する。著者の実験では，滅菌生理的食塩水に希釈した *Salmonella* Enteritidis は，洗卵後の卵殻上で，30℃下では翌日には増菌培養しなければ検出できなかった。5℃下では 12 日後に増菌培養して検出できた。菌が死滅するのは栄養分がないためなので，無洗卵では汚れの栄養分があるためにさらに長く生存すると考えられる。

したがって，無洗卵の卵殻上の細菌を放置しておくと，卵内に侵入する恐れがあるのに加えて，冷蔵庫内を汚染し，ほかの食品にも汚染を及ぼす危険がある。これを防ぐには何らかの除菌処理が必要である。それに用いるのがオゾンガスである。著者の実験によると，0.5 ppm 程度の低濃度のオゾンガスに一夜曝露したところ，実用的に無洗卵の卵殻を除菌できた(**図 5-4-7**)。この図において，前処理とは，養鶏場から搬入されたままの原卵をコンテナに入れた状態で，一夜オゾンガスを放射したもので，本処理とは，翌日出荷前に，トレイに収め段ボール箱に詰めた状態で放射したものである。最高で 95%の除菌率が得られた。

■ 液卵の細菌学的管理

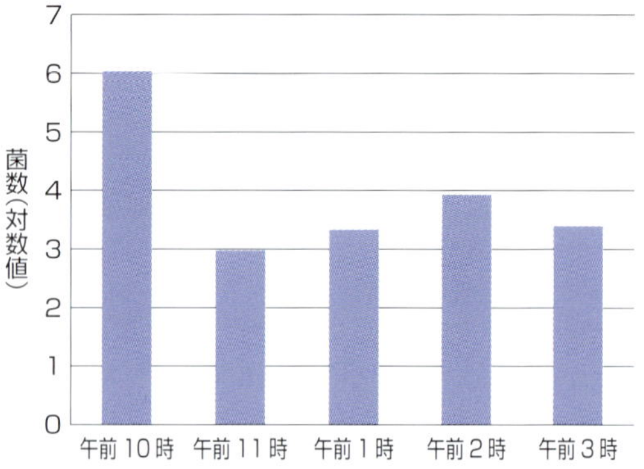

●図 5-4-8　液卵菌数の採取時刻による変化

総菌数：cfu/g　(横関)
貯蔵タンク出口から採取

GP センターで液卵を製造しているところは少なくないが，液卵の衛生管理は通常の殻付卵とはレベルが違うことをよく理解して取りかかるべきである。

殻付卵の汚染病原菌は，実用的には，ほとんどサルモネラとカンピロバクターしかないが，液卵となると製造工程を通るために，黄色ブドウ球菌，大腸菌，セレウス菌など多様な細菌に汚染される可能性がある。しかも，それを排除するのには相当の手間と時間がかかる。殻付卵であれば，1 個の汚染はあくまで 1 個の問題であるが，液卵ではロット単位に拡大する。したがって，例えば，サルモネラによる汚染でも，殻付卵が 1 万 1,000 個に 3 個(今井)とか 2 万 6,400 個に 7 個(村瀬)といわれた時期においても，液卵では，5.9％(潮田)から 38.6％(山川)と比較にならない高率であった(今井，2008 による)。このことからも，液卵製造設備の洗浄消毒が重要なことがわかる。

著者はある GP センターでの液卵製造設備を検査したことがある。そこはかなり衛生管理の行きとどいた事業所であったが，液卵の検査結果は**図 5-4-8** の通りであった。検体は工程の最終段階のタンクの液卵出口から採取した。この図で，朝一番 10 時の採材(9 時の作業開始からは 1 時間経過している)での細菌数が最も多く，その後激減するのはなぜか。通常は，作業開始前は前日夕方終業後に洗浄消毒しているから清浄な状態であるはずである。したがって，作業開始 1 時間後ほどは最も細菌数の少ない液卵が得られても当然である。ところが，最初の検体が最も細菌汚染されていた。一見不自然に思えたが，このメカニズムを考察して分かったことは，前夜に実施した液卵製造工程の洗浄消毒が不十分であったということであった。現場をみたところでは，かなり丁寧に行っていたように見えたが，細菌学的には満足するレベルには達していなかったのである。つまり，洗浄消毒後に残存していた細菌が夜間に工程のパイプやタンクのなかで増殖していて(季節は 5 月中旬であった)，それを朝，始業直後の液卵が，取るあるいは押し出す形になっていたのである。それで，朝一番の採材が最も細菌汚染されていて，その後の液卵は次第に細菌が薄められて細菌数の少ない検体になっていたのである。

このように，相当に衛生管理に注力していると思われた GP センターでも，液卵設備では洗浄消毒の不十分さが明らかになったわけである。

液卵製造工程には，割卵機，パイプの曲部，バルブ，ストレーナーなどの汚れが溜まりやすく，掃除がしにくい個所が多数あるので，普通に洗浄消毒しただけでは，その部分に汚れが残り，そこに細菌が増殖して，液卵の細菌数を増やすことになる。前にも述べた「1：10：100 の法則」ではないが，ただ漫然と洗浄消毒するのではなく，必ず，それらの部分を分解して丁寧に洗浄消毒することが肝要である。

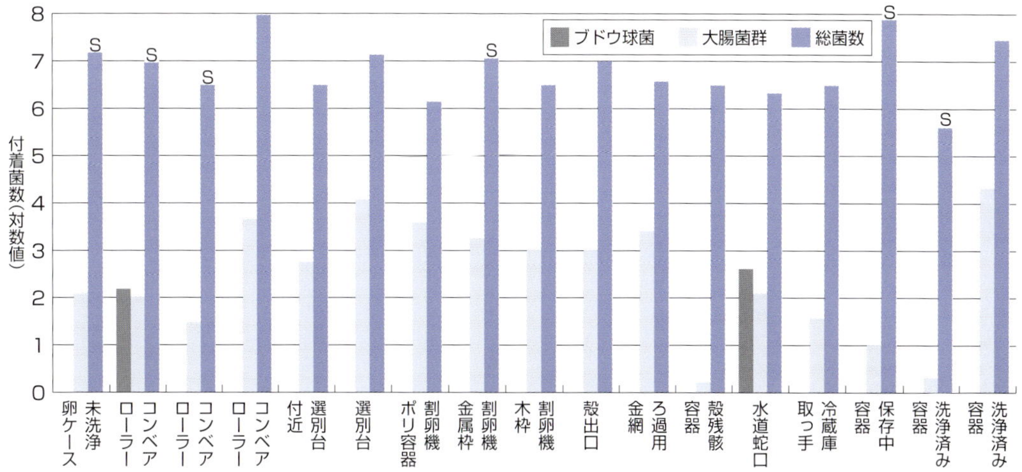

●図 5-4-9　GP センターの拭き取り検査結果

S：サルモネラ検出，*E. coli* は省略　(宇田ら)

このように難しい液卵製造の衛生管理については，㈳日本卵業協会から発行されている「液卵製造施設の衛生管理ガイドブック」が詳しく説明している。例えば，ストレーナーは，作業の前後および作業中にも定期的に取り外して，洗剤で洗浄後 150 ppm 以上の次亜塩素酸ソーダで消毒し，熱湯により殺菌して乾燥させるとある。熱湯は 80℃以上で 10 分間以上浸漬するとある。

液卵製造設備の洗浄消毒はこのように相当に厄介なのであるが，酪農場で行っているパイプラインやバルククーラーの洗浄消毒に似ているので参考になると考えられる。

■ GP センターの工程の洗浄消毒

GP センターの工程(ライン)は，前述のとおり，原卵の受け入れからはじまり，おおむね，洗卵(殺菌)→乾燥→検卵→重量選別→包装→保管となる。最近に新設あるいは改築された GP センターには，食品工場に準じて，作業場に**ゾーニング**を取り入れたところがあり，原卵を扱う場所は「汚染区」，洗卵以後包装までを「清潔区(清浄区)」，包装後，出荷までを「準清潔区(準清浄区)」としている。したがって，洗卵以降の工程の洗浄消毒が重要となる。

一般の GP センターの清潔状態を調べた宇田ら(1993)の調査によると**図 5-4-9** のように，工程の各部分からかなりの細菌数が検出されている。サルモネラが検出された部分もある。

洗卵以後のラインは，一般に，終業時に水に湿した布片で清拭し，その後空拭きしてアルコールを噴霧するのが普通である。破卵などで汚れた部分は別に洗剤液を含ませた布片で拭き取り，水拭き，空拭き後，アルコール噴霧する。

ゾーニング：食品工場において工程上の仕掛品や製品の交叉汚染を防ぐために工場内を区分すること。

GP センターの衛生管理については，㈳日本養鶏協会から「GP センターの衛生管理の要点」および「鶏卵衛生管理のポイント」という冊子が発行されている。実務的に平易に書かれているので参照されるとよい。

■ 卵トレイ・コンテナの消毒

これは GP センター自体の衛生状態の維持とは直接関係ないが，GP センターには多くの養鶏場から原卵が集まる。それを納めてくるのがトレイとコンテナである。これらは出荷した養鶏場に返送されるのだが，なかには間違ってほかの養鶏場に戻されることがしばしばある。もし，サルモネラやほかの伝染性疾病に汚染されている養鶏場のものであれば，その疾病の病原菌やウイルスを誤配送されたほかの養鶏場に持ち込むことになる。

トレイの消毒については，第 3 章(71 ページ)に説明したとおりだが，日常的に実施している養鶏場も少なくないと思われるが，実施していない養鶏場も多いはずで，もし，これらの養鶏場が伝染性疾病の汚染農場であれば，伝播拡大の源となると考えられる。そこで，GP センターでは出荷元の多くの養鶏場を守る意味で，トレイ・コンテナの消毒を行うのがよいのではないか。

CHECK SHEET

□1．洗卵は殻付卵の衛生的品質を維持する重要な役割を持っているので，洗卵水の温度と塩素濃度を常に適正に維持せねばならない。

□2．一般にカンピロバクターは水平伝播のみで垂直伝播はないとされている。いくつもの研究成果がそれを証明している。

□3．最近，米国農務省 Russel 研究所の N. A. Cox らがブロイラーでは種鶏からヒナへとカンピロバクターが垂直伝播すると発表した。

□4．Cox らは，卵にカンピロバクターが見つからないのはカンピロバクターが培養不可能な状態にあるからで，存在しないからではないと述べている。

□5．垂直伝播して卵が感染するなら食卵は食中毒の原因となるのではないか。

□6．無洗卵においても卵殻表面の細菌付着は食品衛生上好ましくないので，オゾンガス殺菌などで除菌するのが望ましい。

□7．液卵の製造は GP センターにおけるほかの工程より数段に高い衛生レベルを要するので，特別な注意を払い製造を衛生的に行うことが肝要である。

第5節
食鳥処理場の消毒

■ 食鳥処理場における消毒の目的

2011年の4月に，生牛肉のユッケを食べた人が腸管出血性大腸菌O111に感染して，患者数100名以上，死者4名という食中毒に発展したことは記憶に新しい。その後，焼肉店でO157による集団食中毒も発生している。欧州では直接に畜肉とは関係がないが，もやしによるO104食中毒で死者33名，患者数3,000名(2011年6月12日現在)を超す大食中毒の発生が欧州全体を揺るがした。

厚労省は罰則も付いた生肉の製造基準を制定するようで，鶏肉についても規定するといわれている。しかし，鶏肉の安全な生肉基準をつくるのはきわめてハードルが高いと思われる。仮にできたとしても，一般の食鳥処理場では対応できないのではないかと思われる。

生肉に付着している病原菌数を比較すると，鶏肉は牛肉や豚肉に比べてきわめて高率に細菌汚染されている。サルモネラやカンピロバクターは，腸管出血性大腸菌ほどではないが，感染患者には下痢や嘔吐などを発症させ食中毒の原因となる。その意味で，鶏肉の調理には万全の対応が必要である。

食鳥処理場における消毒の目的は，鶏肉の細菌汚染(病原菌汚染)の防止にある。前述のように，鶏肉は市販品の調査でも，牛肉や豚肉に比べて細菌汚染の程度が強いものである。その理由は，後で詳しく説明するが，屠殺処理の方法の違いによると考えられている。

■ 食鳥処理場の作業工程

食鳥処理場の作業工程は，**図5-5-1**に示すような流れになっている。主なポイントだけを簡単に説明する。最初は農場から搬入した「生鳥の受け入れ」で，食鳥かごのままの状態で検査員が目視検査する。ここで明らかに病気の鳥や痩せた鳥などを排除する。次は懸垂具(シャックル)に掛ける「懸鳥」で，鳥は脚を釣られて頭を下にしてコンベアで運ばれる。この状態で頚部を切り「放血」する。その後，湯漬槽に入れられ,「脱羽」しやすいように羽毛を濡らす。脱羽機で羽毛を除去する。残った毛は火炎で焼きとられる。裸になった鳥は頭と脚を除去され，それから「内臓摘出」，内臓を取った後を「内外洗浄」し，「冷却槽」に入れる。それを，もも肉，胸肉，ささみ，手羽などに分ける「解体」にかかり,「包装」されて「出荷」される。

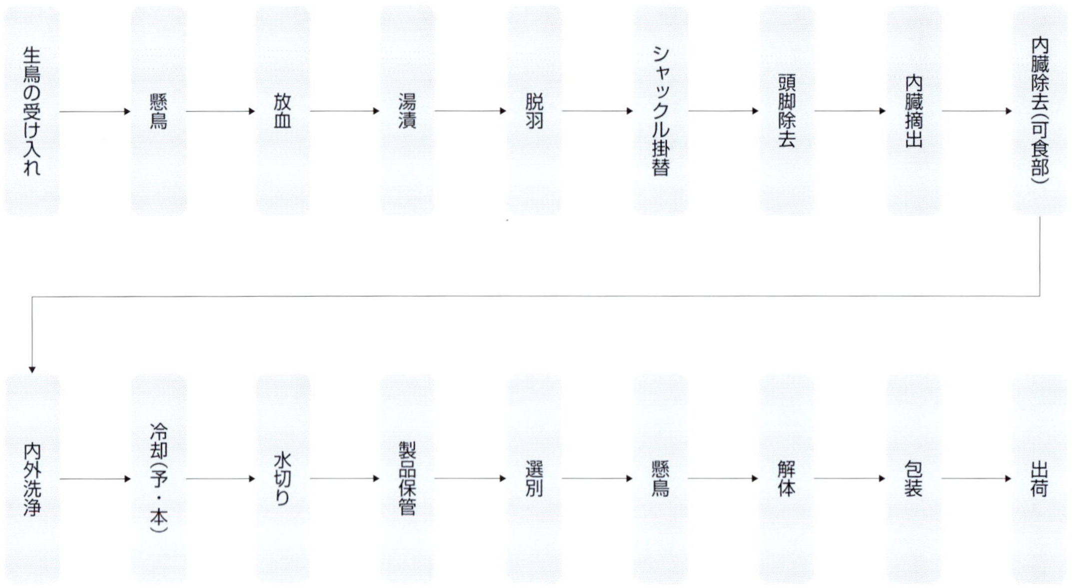

●図 5-5-1　食鳥処理場の工程

■ 鶏肉を汚染する２大病原菌

鶏肉を汚染する病原菌は，主としてサルモネラとカンピロバクターである。もちろん，黄色ブドウ球菌やリステリア，病原性大腸菌，腸球菌もあるが，食中毒の危険度は低い。これらの病原菌は豚肉や牛肉も汚染するが，鶏肉はそのレベルが違う。

図 5-5-2 は，1993 年に日本食品微生物学会で島根県の保科ら(1993)が報告した調査結果である。**図 5-5-3** は，2009 年の東京都など 21 自治体の調査結果である。また，久高ら(2006)の報告では，沖縄県の市販および食鳥処理場鶏肉のサルモネラ汚染状況は，市販鶏肉が 26.1%，食鳥処理場出荷前鶏肉が 50% であり，市販鶏肉よりも食鳥処理場出荷前鶏肉の陽性率が高かった。市販鶏肉の産地別サルモネラ汚染率は，県内産が 26.0%，国内産が 23.8%，外国産が 30.8% であったという。

表 5-5-1 は，中央卸売市場を管轄する 19 自治体の調査による鶏肉のカンピロバクター汚染状況である。比較のために牛肉と豚肉も調べているが，汚染率の差は歴然たるものがある。2005 年の市販鶏肉の調査では，冷蔵品 201 検体の 72%，冷凍肉 30 検体の 37% が汚染されていた。同じく 2005 年の輸入鶏肉の調査では，307 検体中 56.7%，タイ産 13 検体の 61.5%，中国産 12 検体中 16.7%，米国産 5 検体の 20% が汚染されていた。

また，辻村らの和歌山市での 1999 ～ 2000 年の調査では，サルモネラが 41.5%，カンピロバクターが 27.7%，両方あるいはどちらかに汚染されていたのが 77% であったという。このように，鶏肉の食中毒菌汚染は，20 世紀と 21 世紀で，ほとんどその状況は変わっていないといえよう。

余談だが，十数年前，食鳥肉販売業者を対象に講演した際に，この保科氏のデータを紹介したら

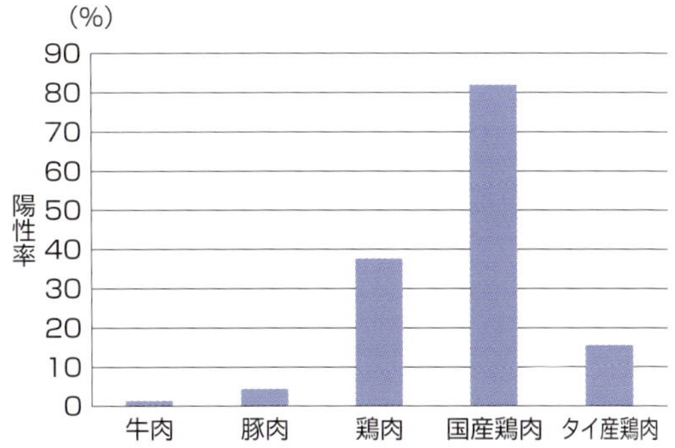

●**図 5-5-2　食品加工場における食肉のサルモネラ汚染**

（島根県下食肉加工場 1991 年6月～ 1992 年2月）
1993 年日本食品微生物学会発表（保科ら）

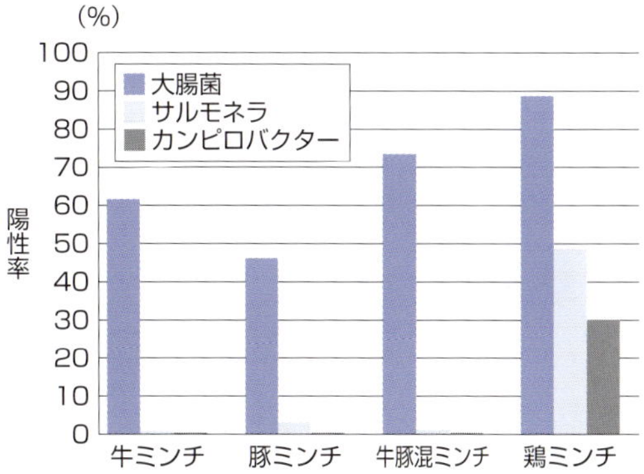

●**図 5-5-3　食肉の食中毒菌汚染**

厚労省 2009 年食中毒菌汚染状況調査
東京都など 21 自治体による

●**表 5-5-1　鶏肉のカンピロバクター汚染**

検体	検査数	陽性数（陽性率%）	備考
鶏ミンチ	196	46 (23.5)	*jejuni*：10，*coli*：3
鶏肉	30	8 (26.7)	
鶏レバー	6	5 (83.3)	
鶏たたき	45	9 (20.0)	*jejuni*：6
鶏刺し	18	3 (16.7)	
鶏砂ずり	11	4 (36.4)	*jejuni*：2，*coli*：1
豚ミンチ	177	1 (0.6)	
牛ミンチ	137	1 (0.7)	
牛レバー（生食用）	11	2 (18.2)	*jejuni*：1
牛レバー（加熱用）	212	18 (8.5)	*jejuni*：2

2008 年度食品の食中毒菌汚染調査　19 自治体　（厚労省医薬品局食品安全部監視安全課食中毒被害情報管理室）

「その調査は古い。今はHACCPが導入されたので，衛生状態も格段によくなっているはずだ」というクレームが来た。ちょうど，食鳥処理場にHACCPに準じた衛生管理方式の導入を農水省・厚生省が推奨していたころであった。当時はHACCPというと“究極の食品製造管理方式”などと宣伝され，HACCPを導入したら翌日からは安全・安心な食品がコンベヤーの上を洪水のように流れてくると信じられていたのであった。そのときに,「雪印乳業の黄色ブドウ球菌食中毒事件」が起きた。その工場はHACCPを導入していた。詳細は第6章(182ページ～)の「HACCPにおける消毒」で紹介するが，この事件は当時の「HACCP信仰」に冷水を浴びせたのであった。

2011年の3月に，群馬県吉岡町の小学校で患者数220人余のサルモネラ食中毒が発生したことはすでに忘れられているかもしれないが，汚染食品はモヤシのナムルであったが，同時に調理していた鶏肉によって汚染されたと考えられる。このように，鶏肉はそれ自体が汚染食材であると同時に，器具や人の手を介してほかの野菜などにまでサルモネラやカンピロバクター汚染を拡散する危険性をもつ。鶏肉をはじめ多種類の肉を扱う食肉加工場では，鶏肉関連のまな板とか包丁などはほかの肉には絶対に用いないこと，調理台を別にすること，作業者も別にするか，事前事後の手洗い消毒を徹底することにより，サルモネラやカンピロバクターの拡散を防ぐようにしているところもある。給食センターや飲食店でもそのくらいの注意が必要であろう。

■ サルモネラおよびカンピロバクター食中毒の発生状況

サルモネラとカンピロバクター食中毒の発生状況は，厚労省の統計によると，**図5-5-4**のとおりで，2001年以前は圧倒的にサルモネラが多かったが，漸次サルモネラが減少し，今日では両者が拮抗している状態である。ちなみに最近，最も患者数の多い食中毒はノロウイルス食中毒で，患者数は1万人を超えている。

サルモネラ食中毒の多くは数日間で回復するが，きわめて稀に死者が出ることもあり，数年に1名か数名の死者が出たこともある。他方，カンピロバクターは，それ自体は重篤化することもないが，後遺症として「ギラン・バレー症候群(Guillan-Barre Syndrome)」を発症することが少なくない。本症候群は，第2章(25ページ)にちょっと触れたが，いわゆる難病として知られる。伊藤(1999)によると，ギラン・バレー症候群は1919年にGuillanとBarreおよびStohlによって記載された「急性突発性多発性根神経炎」であり，神経根や末梢神経における炎症性脱髄疾患である。発症は急性に起き，多くは筋力が低下した下肢の弛緩性運動麻痺からはじまる。典型的な例では下肢の方から麻痺が起こり，だんだんと上方に向かって麻痺がみられ，歩行困難となる。四肢の運動麻痺のほかに，呼吸筋麻痺，脳神経麻痺による顔面神経麻痺，複視，嚥下障害がみられる。運動麻痺のほかに，一過性の高血圧や頻脈，不整脈，多汗，排尿障害などを伴うこともある。予後は良好な場合が多く，数週間後に回復がはじまり機能も回復するが，15～20%が重症化し，致死率は2～3%である。ギラン・バレー症候群は，発症1～3週前に感冒様ないし胃腸炎症状があり，肝炎ウイルス，サイトメガロウイルス，EBウイルスなどのウイルスやマイコプラズマによる先行感染が疑われていた。また，これらの微生物による感染が証明された症例もある。カンピロバクターとギラン・バレー症候群が関わる最初の報告は，1982年に英国において45歳の男性がカンピロバクターによる下痢症状がみられてから15日後にギラン・バレー症候群を起こしたものである。その後，英国や米国など諸外国で*Campylobacter jejuni*感染後に起きるギラン・バレー症候群が多数報告されてきた。米国の統計ではギラン・バレー症候群患者の10～30%がカンピロバクター既感染者であり，その数は425～1,275名と推定されている。日本国内の*C. jejuni*先行感染によるギラン・バレー症候群患者の実態数は明確ではないが，これまでの都立衛生研究所での抗体検査からの成績ではギラン・バレー症候群患者52名中31名が*C. jejuni*に対する抗体が陽性(Cut off 値は0.348～1.313)である。このうち，下痢が先行した症例29名中22名が抗体陽性であったという。

■ 鶏肉の加工工程と食中毒菌汚染

食鳥処理場の行程はすでに**図5-5-1**に示した。脱羽のためには鳥屠体を湯漬け槽に浸すが，百数十

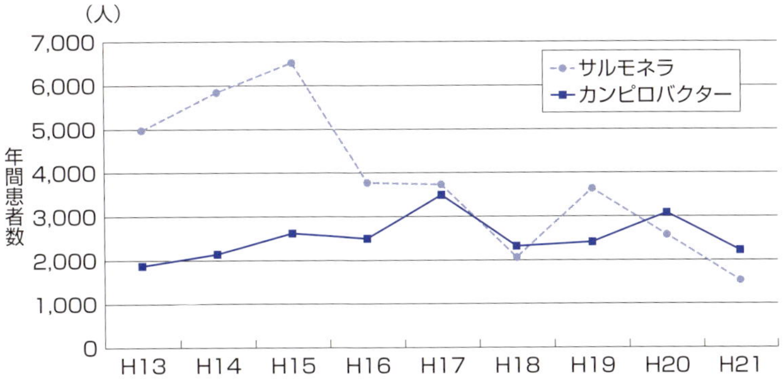

●図 5-5-4　年次別サルモネラ・カンピロバクター患者数

厚労省食中毒統計より

ないし数百羽の屠鳥直後の屠体が，一時槽内に密集するので，互いの接触と汚染された水により1羽の汚染屠体から多数の屠体に病原菌汚染が拡大することになる。

これが牛肉や豚肉に比べて格段に食中毒菌汚染が高度な理由である。これは**表 5-5-1** と**図 5-5-5** に示すとおり明らかである。また，内臓摘出(中抜き)でも，各機械は自動的に洗浄消毒されるとはいえ，同じ機械で次々に内臓を摘出するので，腸内細菌は順送りに伝播していく。冷却槽内でも湯漬け槽ほどではないにしても相互汚染はある。さらに，その後の解体整形工程では，ベルトコンベヤーやまな板，包丁，バットなどに付着する菌による汚染がある。

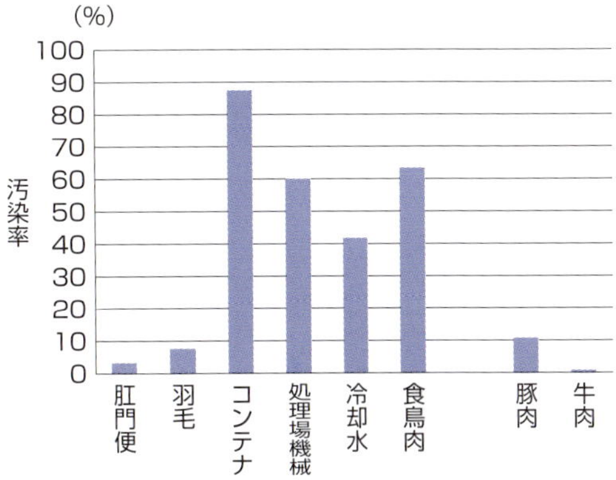

●図 5-5-5　食鳥肉のサルモネラ汚染経路

(望月ら)

したがって，食鳥処理においては，このような各工程での細菌汚染に対する対策を適正に実行していかねばならないのである。

食鳥処理の各工程での細菌汚染についての調査は多く行われており，報告されている。

一部を紹介する。岡本(1984)は，湯漬け湯と冷却水について衛生学的検討を行った。湯漬け湯については，始業時より生菌数，*Staphylococcus* 数が多く，またCOD(化学的酸素要求量)と透視度で示される理化学的性状も悪いことが示され，湯漬け槽に付着した汚染物が終業時の洗浄によっても完全には除去されていないと推定された。生菌数，*Staphylococcus* 数は，それぞれ1 mℓあたり 10^3 個，10^2 個台で恒常状態となった。低温細菌，*Salmonella* は湯漬け湯から検出されなかった。冷却水については，残留塩素濃度の低下に伴なって，生菌数，低温細菌数の増加がみられ，殺菌剤の効果が示された。生菌数，低温細菌数はともに 10^2 個 /mℓ台で恒常状態となった。低温細菌の多くはタンパク・

●表 5-5-2　処理段階別屠体菌数とカンピロバクター陽性の変動

ブロイラーと体	7月	10月
湯漬け前	4.13[a] ± 1.13[1]　(6/6)[2]	3.23[ab] ± 1.74 (4/6)
脱羽	1.04[b] ± 0.13　(1/6)	3.61[a] ± 0.75　(6/6)
内臓摘出	<1.00[b3] (0/6)	2.74[ab] ± 0.44 (6/6)
冷却	<1.00[b]　(0/6)	2.02[bc] ± 0.34 (6/6)
冷蔵 7 日後	<1.00[b]　(0/6)	1.13[c] ± 0.21　(4/6)
冷蔵 14 日後	<1.00[b]　(0/6)	1.01[c] ± 0.25　(3/6)

1：総菌数：$\log_{10}$cfu/mℓ(と体リンス水)，2：(陽性数 / 検査数)，3：<1.00 直接塗抹法で陽性，a～c：有意差あり
(Hinton, et al.)

●表 5-5-3　冷却槽内水の菌数

湯漬け槽	7月	10月
＃1　45℃	2.89[a] ± 0.14[1]　(6/6)[2]	5.40[a] ± 0.25 (6/6)
＃2　49.9℃	1.04[b] ± 0.13　(2/6)	2.70[b] ± 1.28 (2/6)
＃3　57.2℃	<1.00[b3]　(0/6)	<1.00[c]　(0/6)

1：総菌数：$\log_{10}$cfu/mℓ(槽内水)，2：(陽性数 / 検査数)，3：<1.00 直接塗抹法で陽性，a～c：有意差あり
(Hinton, et al.)

脂肪分解能を有していたことから，品質保持の面から冷却槽での二次汚染が危惧される。*Clostridium perfringens* は湯漬け湯での菌数が多い場合，冷却水からも検出された。*Staphylococcus* と *Salmonella* は予期に反して検出されなかった。湯漬け湯と冷却水では細菌叢の様相に違いが認められた。

狩屋ら(2009)によると，大規模食鳥処理場における処理工程ごとのカンピロバクター菌数の動向と，衛生管理対策について検討した。カンピロバクター菌数は，生鳥時に比べ冷却槽通過後には屠体の 62.5％で増加していた。湯漬け，脱羽，冷却の工程を経過することにより，屠体表面の塵埃などが剥がれやすくなる傾向にあり，二次汚染が進行する可能性が想定された。

脱羽は屠体の細菌汚染をもたらすといわれている。特に，羽毛が抜けた後の羽毛嚢には細菌が侵入して屠体を汚染するとされているが，Cason, Jr, John ら(2004)は，遺伝的に羽毛を持たない鶏との比較において，羽毛と脱羽後空孔になった羽毛嚢の存在が，処理中および 1 週間冷却後の屠体の細菌汚染に何らの差異ももたらさなかったことを報告している。

すなわち，脱羽 30 秒後および 60 秒後と 2℃で 1 週間保存後の屠体をリンスしてそのリンス液の菌数を測定したが，好気性菌・大腸菌・カンピロバクターのいずれについても，有意差はなかった($P<0.05$)という。脱羽による細菌汚染は脱羽工程自体によるもので，羽毛あるいは羽毛嚢によるものではない。脱羽を清潔にするには羽毛を除去する技術に着目しなければならない。

A. Hinton ら(2004)によると，**表 5-5-2，5-3-3** のように湯漬け→脱羽→内臓摘出→冷却と進むにつれて屠体表面の総菌数が減少し，カンピロバクターの汚染率も低下することを示している。しかしながら，寺岡(2005)の調査では**表 5-5-4** のように，処理の進行と付着菌数はほとんど無関係のようである。また，小岩井ら(1987)は，**図 5-5-6** のように鶏肉の汚染が冷却水やベルトコンベヤーの汚染と関

●表 5-5-4　処理場別食中毒菌汚染状況

A 処理場	脱羽後屠体(%)	製品(%)
カンピロバクター属菌	68.2	62.1
サルモネラ属菌	28.8	27.3
黄色ブドウ球菌	40.9	59.0

B 処理場	脱羽後屠体(%)	製品(%)
カンピロバクター属菌	66.7	54.5
サルモネラ属菌	30.6	19.4
黄色ブドウ球菌	83.3	61.1

寺岡義孝：食肉衛生検査センターだより(畜産技術ひょうご 79 号 2005.12.28)

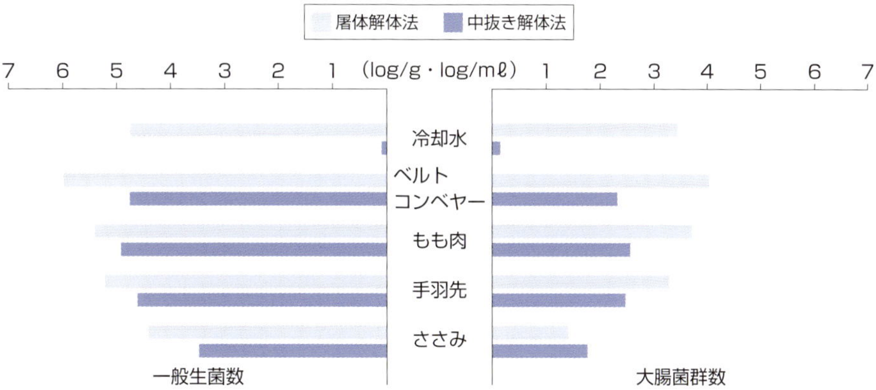

●図 5-5-6　冷却水，ベルトコンベヤーおよび生肉の一般生菌数と大腸菌群数

千葉衛研報告，第 11 号，66～69(1987)

係が深いことを示しているが，中抜き解体法の方が屠体解体法よりもやや汚染度が低いことも指摘している。

望月ら(1992)は，*Salmonella* Hadar の集団食中毒の調査の一環として，食鳥処理場の工程と食鳥肉の汚染状況を調べた。前出の**図 5-5-5** を見ると，肛門便の汚染はわずかに 4 %弱である。羽毛の汚染が 8 %弱に増えているのは輸送中に鳥相互の接触で汚染が伝播したものであろう。生鳥輸送かごは 87%強である。工場内に入って，機械が 60%，冷却槽が 40%である。結果として鶏肉は 64%弱と生鳥の汚染(保菌率)の 16 倍になっている。これによって，鶏肉の汚染は食鳥処理場の工程によって拡大されることが明らかである。

■ 食鳥処理場の各工程における消毒

ここからは，食鳥処理場の現場の各工程における細菌汚染の状況と，それに対処する各種の消毒の方法およびその効果について紹介する。

懸鳥シャックル，脱羽機，中抜き関係の機械，湯漬け槽，冷却槽などの洗浄消毒は，専門業者あるいは専従の作業班が当たるところが多い。

1．湯漬け槽

放血後の屠体は，58 ～ 61℃の湯に約 70 秒間浸ける。湯漬け槽の湯には，次亜塩素酸ソーダを添加しないところが多いようである。それは槽内には屠体に由来する血液や羽毛などの汚物が多く混在するので，次亜塩素酸ソーダを添加しても殺菌力が妨害されて，効果が発揮できないからである。それよりも水量を増やし，湯の交換率を高めるのが効果的である。厚生省の「食鳥処理場の HACCP 方式による衛生管理」にも水量は 1 羽あたり 1 ℓと規定されているが，塩素濃度には触れていない。また，湯温は各事業場の慣行に任せている。

湯漬けにおける諸問題については，幾多の報告がある。若干を紹介すると，湯漬けの第一の障害は，放血時間の不足であると Humphrey ら（Humphrey & Lanning，1987，および，Mulder et al., 1978）が報告している。放血後，湯漬けを早くはじめると，血液循環が終了していないので，湯漬け水が肺に入り血管内に取り込まれ諸臓器や筋肉に送られる。湯漬け水には，糞便由来のサルモネラやカンピロバクターが生存している。槽内の細菌数は，鶏の羽毛と皮膚の菌により増加する。湯漬け直前の屠体の表面リンス水には，7 log cfu/mℓ以上のカンピロバクターとサルモネラが付着している（Kotula et al.，1995）。多槽式湯漬け槽が屠体の細菌汚染を減少させる（Veerkamp et al.，1992）との報告もある。Veerkamp の開発した 3 ～ 4 槽式逆流式湯漬け槽によると，屠体は次々によりきれいな水に浸かり，3.0 ～ 3.9 log cfu/mℓの菌数を減少した。これにより湯漬け中の交差汚染を減少させることができるという。しかし，James ら（1992）は単槽式でも水流を側面注水から逆流式に変えただけで，屠体細菌数の改善ができたと述べている。

Humphrey（1981）は，湯漬け槽内菌数の制御のためにアルカリ（pH9.0）に注目した。槽内には糞便がある。尿酸アンモニウムは鶏の糞便中にあり，槽内水の pH を 6.0 に低下させる。結果として，サルモネラの活性と熱抵抗性サルモネラ（*S.* Typhimurium を含む）の活性を高める。この結果を応用して，彼らは 50℃の湯漬け槽に苛性ソーダを投入して pH9.0 にしたところ，湯漬け槽内の菌数は顕著に減少したが，サルモネラとカンピロバクターの屠体の付着菌数は変わらなかったと報告した。

一般に湯漬け槽の衛生管理は，終業後に，水を抜き，ゴミを取り除いて，動力噴霧機で水洗するだけである。

2．冷却槽

食鳥検査法によると，冷却槽は予備冷却（予冷）と本冷却（本冷）と 2 段階になっているが，予備冷却は水温 16℃で水量は 1 ℓ / 羽，本冷却は水温 5 ℃，1.5 ℓ / 羽とされている。次亜塩素酸ソーダ濃度は個々の事業場で異なるが，Omar（2007）によると，一般に，屠体のカンピロバクター付着菌数は，内臓摘出から冷却直後まで減少していく。内臓摘出直後（洗浄前）の菌数は一般に 2.5 ～ 3.7 log cfu/mℓ（屠体リンス液）。IOBW（Inside-outside bird washers：内外洗浄機）はカンピロバクターの菌数を 0.7 log cfu/mℓ低減する。その効果はほかの菌の場合と同様に水量と水圧，塩素濃度に影響される。抗菌剤の添加（リン酸 3 ナトリウムまたは亜塩素酸ナトリウム）は 1 ～ 1.7 log cfu/mℓを低減する。チラー槽（冷却槽）を通過した屠体の多くは，増菌培養するとカンピロバクター陽性である。チラー槽は通常，菌数を 0.8 ～ 1.3 log cfu/mℓ減少する。カンピロバクターの汚染率は 0 ～ 20％低減する。抗菌剤の添加によりほぼ 1.8 log cfu/mℓ低減する。このような工程を通ってきた屠体は菌数と汚染率ともに

●**表 5-5-5　冷却による屠体菌数の減少**

菌種	採材工程	陽性率(%)	平均菌数(cfu/mℓ)
カンピロバクター	再懸鳥前	71.36	9,017
	冷却後	10.66	67
サルモネラ	再懸鳥前	40.7	2.99
	冷却後	5.19	0.7

(Micro biology Div. of FSIS, USDA)

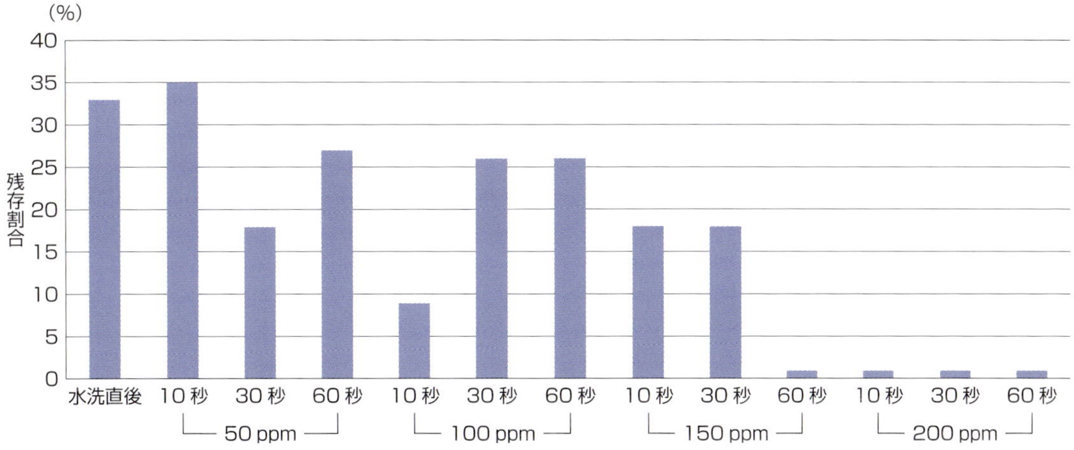

●**図 5-5-7　次亜塩素酸ソーダ処理後のカンピロバクター残存割合**

原報では，0 cfu，1～9 cfu，10～50 cfu，50～100 cfu，>200 cfu の 5 区に分けているが，理解しやすいように 0 とそれ以外に単純化した
狩屋英明ら「大規模食鳥処理場における処理工程ごとのカンピロバクターの動向及び衛生管理対策」(2009 年度)より改変

低減しているが，最初(生鳥)の汚染度が高いと冷却工程での低減はできない。したがって，食品の安全のために最も重要なステップは適切な加熱調理にあるという。これはある意味，食鳥加工工程での病原菌汚染に対しては完全な対策はないと両手を上げた格好である。

米国農務省の FSIS(食品安全検査局)，Micro biology Div.(微生物部)によると，再懸鳥の前と冷却後では，カンピロバクターとサルモネラの汚染率および付着菌数が大きく減少していることを報告している(**表 5-5-5**)。

狩屋ら(2009)によると，冷却槽通過後にカンピロバクター菌数が 100 cfu/25 ㎠未満の屠体は 56.3%であったが，水洗後は 93.8%に増加し，より衛生的となった。水洗処理では菌数 10 cfu/25㎠未満の屠体が 52%であったものが，次亜塩素酸ナトリウム処理では 88%であり，200 ppm で処理するとすべての検体でカンピロバクターは検出されなかったという。次亜塩素酸ソーダの濃度と作用時間の関係も，屠体のカンピロバクター付着菌数で見ているが，50 ppm では 10 秒で水洗直後と同じ程度の 0 cfu(陰性)が 20%で，しかも 30 秒よりも 60 秒が低いというバラツキが大きかった。100 ppm でもバラツキがあり，30 秒，60 秒が 10 秒よりも低かった。150 ppm では 10 秒，30 秒で 60%，60 秒で 100%となった。200 ppm では 10 秒，30 秒，60 秒ともに 100%陰性であった(**図 5-5-7**)。

●表 5-5-6　食鳥処理場における屠体などの細菌汚染度と塩素処理の効果

拭き取り場所	検体数	サルモネラ	黄色ブドウ球菌	カンピロバクター・ジェジュニ	処理区別陽性数計	処理区別陽性率(%)
脱羽後食鳥屠体	26	26	11	12	40	38.5
塩素殺菌処理後食鳥屠体(30 ppm)	9	4	3	2	9	8.7
同上(80 ppm)	9	4	2	1	7	6.7
殺菌冷却後食鳥屠体(30 ppm 塩素処理)	9	3	3	0	6	5.8
同上(80 ppm 塩素処理)	9	2	3	0	5	4.8
出荷前食鳥屠体(塩素処理なし)	3	2	0	0	2	1.9
同上(30 ppm 塩素処理)	3	0	2	0	2	1.9
同上(80 ppm 塩素処理)	3	2	2	0	4	3.9
合計	71	34	26	15		
陽性率(%)		47.9	36.6	21.1	—	

一部改変(屠体の塩素殺菌の項目に絞り，ほかは省略，*C.coli* も全検体陰性のため省略，合計の陽性率の項および処理区別陽性数計ならびに同陽性率の項を追加した)
(茨城県県西食肉衛生検査所，平成 20.4 ～ 21.3「食鳥処理場における屠体等の微生物汚染実態調査」)

●表 5-5-7　空気冷却と氷水冷却の効果比較

冷却処理	Aerobic bacteria[1]	Coliforms[1]	*E.coli*[1]	Campylobacter[2]
空気冷却	$3.83^{A} \pm 0.10$	$2.53^{A} \pm 0.13$	$2.42^{A} \pm 0.13$	$2.40^{A} \pm 0.27$
氷水浸漬冷却	$3.40^{B} \pm 0.11$	$2.05^{B} \pm 0.10$	$1.86^{B} \pm 0.12$	$1.81^{B} \pm 0.27$

A，B：有意差あり($P<0.001$)，1：8 回反復，n=80，2：3 回反復，n=30
(M. E. Berrang)

茨城県西食品衛生検査所(2008)の報告でも，塩素濃度を 30 ppm と 80 ppm に設定して屠体付着のサルモネラ，カンピロバクター，黄色ブドウ球菌の汚染度を調べているが，両濃度の間に差異はあるような，ないような結果になっている(**表 5-5-6**)。

これらのデータのバラツキは，主として，生鳥ロットの汚染率と保有菌数の違いによるものと考えられる。つまり，初発菌数のレベルの差である。生鳥の汚染率と保有菌数が大きいと，洗浄効果や次亜塩素酸ソーダの殺菌効果が期待どおりに上がらないのである。それは，Omar(前出)も述べているとおりである。

冷却方式において，我が国と米国では「水冷式」が，欧州では「空冷式」が一般である。水冷式は，水中で屠体が相互に接触することおよび汚染された水が付着することで，屠体の細菌汚染が多いといわれる。他方，空冷式は乾燥による目減りがあり，また，重度に汚染された屠体があると，水冷式のように水で流され薄まることがないので，消費者まで重度汚染鶏肉が届く恐れがある。Berrangら(2008)は両者を比較実験して，有意に水冷式が細菌汚染度が低いと報告している(**表 5-5-7**)。

一般には，冷却槽も湯漬け槽と同じに，終業時に水を抜き，固形物のゴミを除去した後で，動力噴霧機で内壁を水洗するだけである。

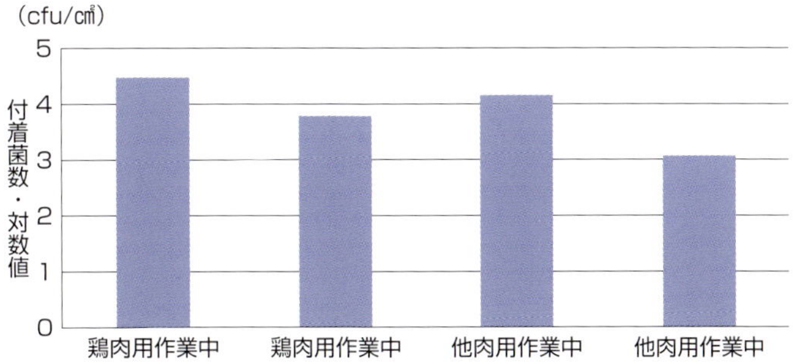

●図 5-5-8　まな板の付着菌数 (一般生菌数)

(横関)

3．内臓摘出ラインのシャックル

運転中に目視により，糞便や血液・羽毛の付着が多くないか点検する。汚れたものが 10% 以上の場合は洗浄装置を調整し，終業時には手洗浄する。

4．脱羽機・中抜き機など

自動洗浄になっているが，腸内容物や胆汁液汚れがないか点検して，ある場合には機械の調整，終業時に手洗浄(ブラシ洗い)する。

機械内部は発泡洗浄，発泡消毒を行うと除菌効果が高い。始業前に水洗いする。

5．ベルトコンベヤー

一般に，運転中のベルトは台の裏側で次亜塩素酸ソーダ液を吹き付けて消毒しているが，肉片や浸出液などの有機物が多く付着しているベルト面では，消毒液の殺菌効果が阻害され，期待どおりの消毒効果が得られないものである。液の濃度は 100 ppm 程度のところもあるが，より高い濃度は鶏肉に臭気が付く恐れもある。しかし，終業時に発泡洗浄・発泡消毒を行うのは効果的である。翌朝始業前に水洗する。

6．解体器具(まな板・包丁・バットなど)

まな板などの器具が細菌汚染されていることはよく知られている。現場でも，この点については注意を払っているが，実際には，それほどに効果があがっていないと考えられる。**図 5-5-8** は著者による食肉加工店での検査結果であるが，鶏肉用のまな板がほかの食肉(牛・豚)用と比べて，最大で 10 倍程度細菌汚染レベルが高い。

Nasinyama らが調査した出張料理店での鶏肉によるカンピロバクターの交差汚染の報告がある(**表 5-5-8**)。それによると，汚染された生鶏肉を調理したまな板や調理者の手は必ずしも完全に消毒できていないことが明らかになった。

まな板は通常，作業中にもときどき次亜塩素酸ソーダ液に浸けてブラシ洗いする。また，しばしばアルコール液を噴霧する。しかし，ベルトと同様に肉片などの有機物が大量に付着しているので，消

●表 5-5-8　出張料理店舗における交差汚染 (Campylobacter cfu/25 g)

店舗	生鶏肉	生鶏肉取扱前		生鶏肉取扱後		洗浄後		備考
		まな板	作業者・手	まな板	作業者・手	まな板	作業者・手	
A	1.0×10^4	陰性	陰性	3.0×10^4	1.0×10^5	2.4×10^3	6.0×10^3	低下なし
B	陰性	陰性	陰性	陰性	陰性	陰性*	陰性	鶏肉が陰性
C	6.0×10^5	陰性	陰性	6.0×10^4	1.0×10^5	陰性	陰性	洗浄が有効
D	8.0×10^5	陰性	陰性	2.0×10^4	4.0×10^4	4.0×10^2 *	陰性	手洗浄は有効
E	2.0×10^3	陰性	陰性	1.0×10^4	1.0×10^4	陰性	陰性	洗浄が有効
F	1.3×10^5	陰性	陰性	2.6×10^5	1.0×10^5	3.0×10^2 *	陰性	手洗浄は有効
G	2.1×10^3	陰性	陰性	2.0×10^3	2.0×10^3	陰性	陰性	洗浄が有効

Prevalence and Levels of Campylobacter spp. in broiler chickens from Farm-to-Table in a developing country (Nasinyama, et al.)
FoodRisk.org, Joint Institute for Food Safety and Applied Nutrition (JIFSAN)
＊：木製まな板，ほかは金属製

毒液の殺菌効果はあまり発揮できていない。

終業時にはスパーテルで肉片などをこそげ落とし，洗剤液に 10 分以上浸してからブラシ洗いし，流水で流して，消毒液(次亜塩素酸ソーダ 200 ppm 程度)に浸して一夜保管する。この浸漬の方法も漫然とやっていては効果が低いこともある。著者が見たある処理場で，終業後に洗ったまな板を専用の水槽に浸漬していた。その作業を見ていたが，まず，空の水槽にまな板を縦にして，きれいに並べてから水を張り，それから消毒薬を注入して撹拌した。これでは，消毒薬が水に十分希釈できないし，水槽の表層と底部では消毒液の濃度が違ってくるはずだと気付いたので，水を採取して調べてみたら，案の定，底層の濃度は表層・中層の半分しかなく，また場所により差異があった。このような場合には，水をある程度貯めてから消毒薬を加え，よく撹拌してから残りの水を入れて，さらに上下を十分に撹拌して，それからまな板を入れなければならないのである。

以下，著者の実験結果および濱田と著者(ともに未発表)がある食鳥処理場で行った調査と実験の結果を示す。まな板浸漬消毒の効果については**図 5-5-9** に示すが，除菌率 99.9% 以上の高い効果が得られた。また，まな板は熱湯消毒しているところもあるが，その効果については，75 ～ 80℃の熱湯への 5 分間浸漬よりも 10 分間の方が除菌効果は高く，対水洗前で 99.99% 以上，対水洗後で 99.9%以上の除菌率であった(**図 5-5-10**)。熱湯の 10 分間浸漬と次亜塩素酸ソーダ 200 ppm の消毒液の一夜浸漬とは同等の効果であると考えられる。

余談になるが，前述の生肉ユッケ食中毒のテレビ報道では，まな板の熱湯消毒を推奨して実演してみせていたが，単に熱湯をかけ流すだけではどれほどの効果があるのか，疑わしいものであった。著者らの実験は総菌数(好気性菌)を対象にしており，病原性大腸菌よりは熱抵抗性の強い菌が含まれるので，大腸菌のみの場合は 10 分も必要ないかもしれないが，まな板にかけ流す程度では死滅することは期待できないと思われる。第 4 章(93 ページ)にも述べたが，本来，「**消毒は効果のあるようなやり方で行えば効果があるが，効果がないようなやり方で行っても効果はない**」ものである。これはテレビ番組を指導をした専門家の知識不足に原因があると思われるが，食品衛生の専門家でも消毒というものを観念的でなく，実感的に理解するための勉強が必要と思われるのである。そして，このような半端な報道は，食中毒防止にかえって逆効果かもしれないと思われる。つまり，効果のない消毒を行っていながら，効果があったと誤解して安心してしまうのは危険である。

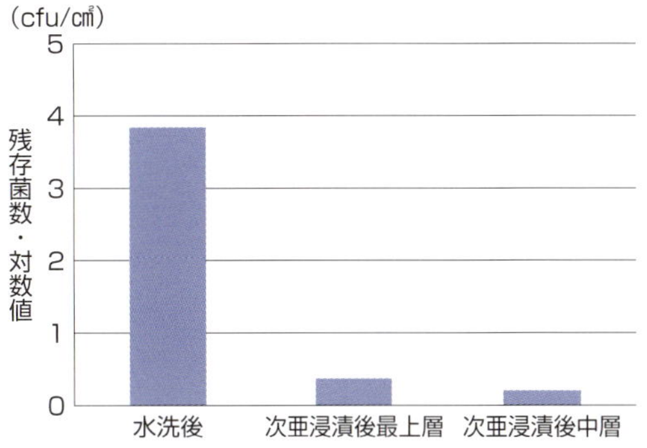

●**図 5-5-9　まな板浸漬保管の効果**

n=4，次亜：次亜塩素酸ソーダ 200 ppm　（濱田）

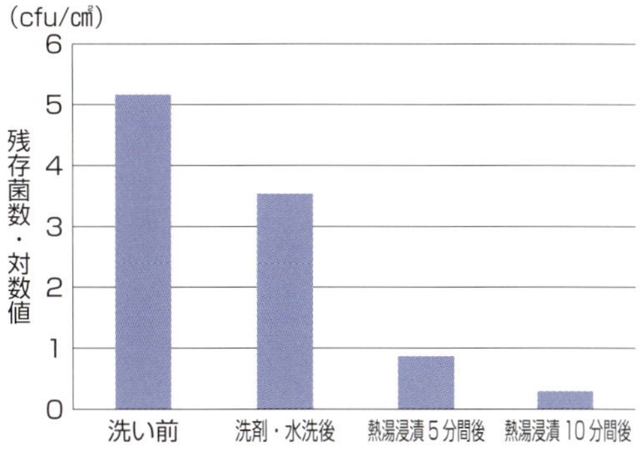

●**図 5-5-10　まな板の洗浄と熱湯浸漬の効果**

n=4，熱湯温度：75 ～ 80℃　（濱田・横関）

●**表 5-5-9　脂の付着によるまな板の消毒効果の低下**

工程	処理方法	塗布菌量*	残留菌量*	
			脂あり	脂なし
A	次亜塩素酸ソーダ 100 ppm	5.7×10^5	8.2×10^2	検出せず
B	熱湯 80℃	5.7×10^5	4.3×10^2	検出せず

＊：カンピロバクター　（佐久間）

●**表 5-5-10　たわし使用による洗浄消毒効果の改善**

工程	処理方法	塗布菌量*	残留菌量*
C	温湯 40℃	2.9×10^5	5.8×10^3
D	温湯 40℃＋次亜塩素酸ソーダ 100 ppm	2.9×10^5	2.7×10^3
E	温湯 40℃＋たわし	2.9×10^5	検出せず
F	温湯 40℃＋たわし＋次亜塩素酸ソーダ 100 ppm	2.9×10^5	検出せず
G	温湯 40℃＋たわし＋洗剤	2.9×10^5	検出せず
H	温湯 40℃＋たわし＋洗剤＋次亜ソーダ 100 ppm	2.9×10^5	検出せず

＊：カンピロバクター　（佐久間）

本題に戻って，佐久間(2008)は，実験により，脂の付着したまな板では次亜塩素酸ソーダや熱湯の効果が阻害されると述べている(**表 5-5-9**)。また，たわしで物理的に汚れを除去する効果が高いことも示している(**表 5-5-10**)。

包丁の汚染度も同様である。これは前出の食肉加工場での検査結果であるが，鶏肉用の方が若干汚染菌数が多いようであるが決定的な差異はない(**図 5-5-11**)。作業中のバットの汚染度は豚挽き肉用が特に多かったものの，鶏肉用とほかの肉(豚)用との差はなかった(**図 5-5-12**)。挽き肉の汚染率と菌数が多いことはよく知られているとおりである。

包丁やまな板あるいはほかの器具類を 85℃の熱風乾燥した場合の除菌効果について調べたが，まな板はよく除菌できていたが，前掛けは不成績であった(**図 5-5-13**)。これはまな板に比べて事前の洗

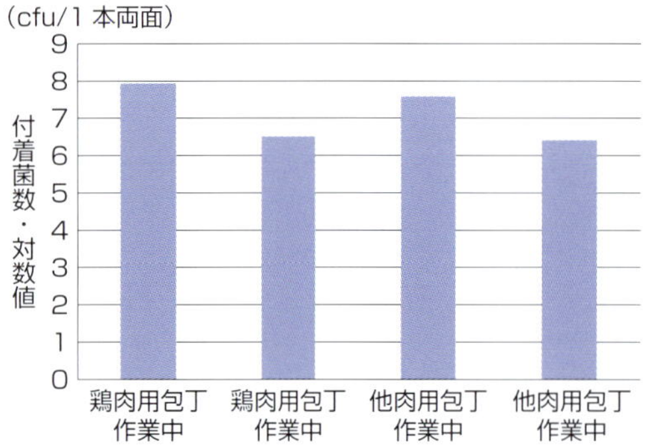

●図 5-5-11　作業中の包丁の付着菌数(一般生菌数)

(横関)

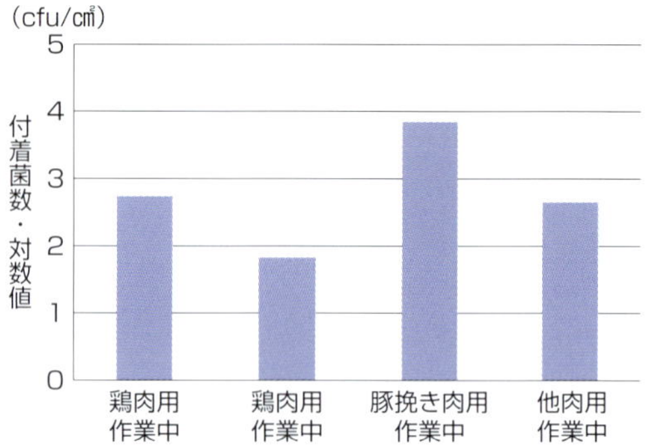

●図 5-5-12　バット(作業中)の付着菌数(一般生菌数)

(横関)

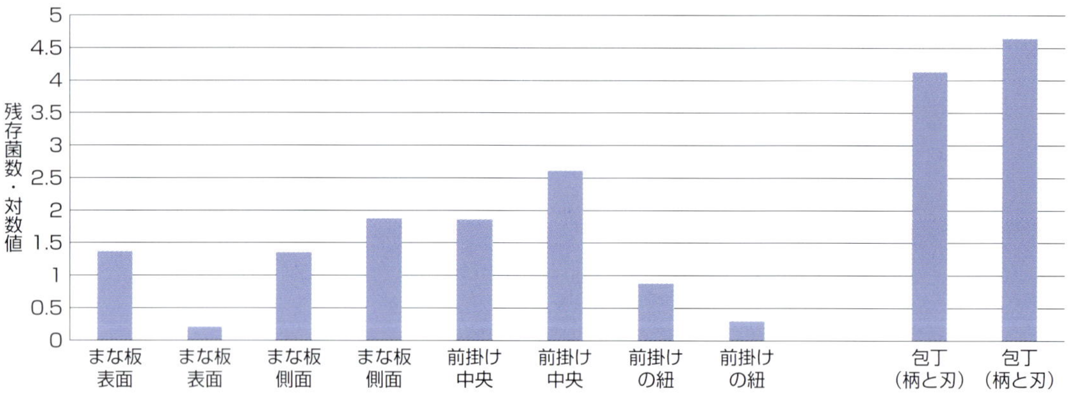

●図 5-5-13　器具類の熱風保管後の残存菌数(一般生菌数)

熱風 85℃以上，6 時間，包丁以外は cfu/cm²，包丁は cfu/1 本片面　(横関)

浄が不十分であったためと考えられる。包丁は単位面積が異なるので前 2 者と直接比較はできないが，まな板よりも若干除菌効果が低いのではないかと考えられる。その原因は木製の取っ手部分にあると考えられる。

包丁は，通常，シャープナーでよく磨き，洗剤液に浸漬，ブラシで磨き，水洗い，80℃以上の熱湯に 10 分以上浸漬する。

7．前掛け・手袋

作業中の前掛け(エプロン)と手袋の汚染度は，検体数が少ないが，意外に菌数が少ないという印象である(**図 5-5-14**)。一般に，これらは終業後，洗濯機に入れて普通の洗剤により洗濯する。洗濯後に 80℃程度の熱湯に 10 分間浸漬すると，洗剤水洗よりも 1 桁高い 98％の除菌率を得られた(**図 5-5-15**)。手袋は洗剤洗い後に次亜塩素酸ソーダ液に浸け，さらに熱湯に浸漬してから熱風乾燥する。

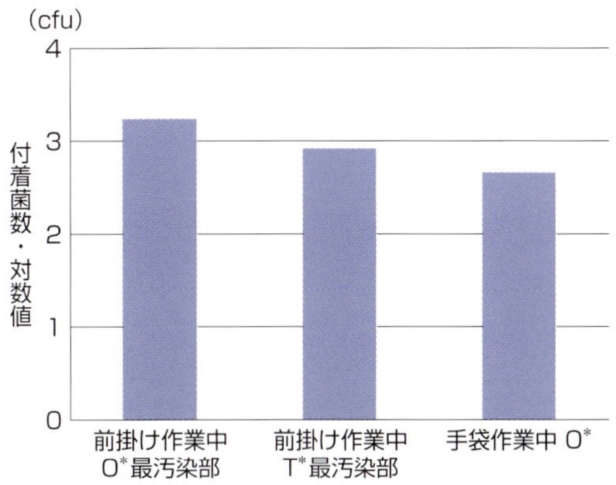

●図 5-5-14　前掛けと手袋の付着菌数(一般生菌数)

＊：O，T は作業者名　（濱田）

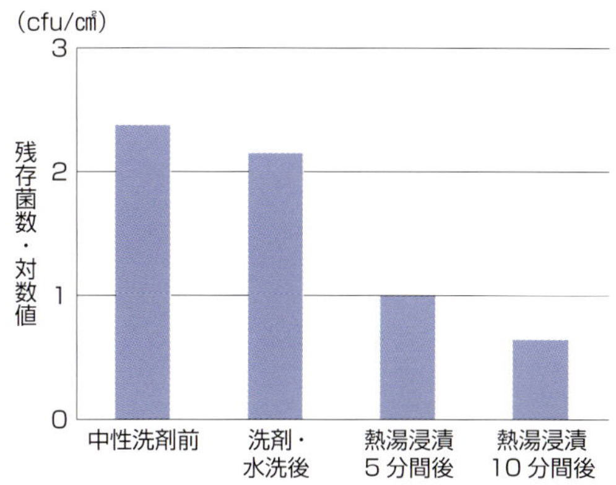

●図 5-5-15　前掛けの熱湯殺菌効果(一般生菌数)

n=16，熱湯：75～80℃　（濱田）

8．作業場

作業場は終業後に，清掃・水洗・水きり，消毒液散布を行う。消毒液散布は特に問題がなければ行わないところもあるようである。排水溝にクズ肉・小肉片などのゴミが溜まるとネズミやゴキブリを誘引するので，極力ゴミを除去して水で流す。

9．冷蔵庫・冷凍庫

本来は汚れる場所ではないが，作業場からカートやコンテナなどが持ち込まれ，車輪に付着している肉片などの汚れが持ち込まれる。作業者が入ることによっても作業場の汚染が持ち込まれる。その汚染の蓄積を防ぐために，定期的な清掃・洗浄・消毒が必要になる。床面ほどではないが壁面や天井面も浮遊塵埃やカビ類の付着により汚染されるので，定期的な洗浄・消毒が必要である。製品が入っている状態では，動力噴霧機による水洗や消毒液散布は難しいので空庫の時に行うようにすればよい。

10．食鳥かご

食鳥かごは多数の農場から生鳥を搬入してくるもので，かなりの時間をかけて運搬されるので，処理場に到着した時点では糞便などによる汚れが大量に付着している。もし，サルモネラやカンピロバクターなどの病原菌の汚染農場の食鳥かごであれば，当然に食鳥かごも汚染されているはずである。食鳥かごの汚染と消毒の方法については，第 3 章(73 ページ)に詳しく述べているので重複を避ける。食鳥かご消毒はどこの食鳥処理場でも実施しているが，時間的制約から現実には，動力噴霧機による水洗程度で終わっているところが少なくなく，真に効果的な消毒が行われているとはいい難いのではないだろうか。

11．作業員の手指・ドアの取っ手

作業員は手袋をはめているが，その下の手指は汚れている。布手袋なので汚れは内部に侵入し，手指は病原菌にも汚染されている(**図 5-5-16**)。衛生上，手洗い消毒が作業場への出入りのたびに励行す

るように決められている。ドアの取っ手類は汚れた手で扱われるので，汚染が甚だしい。したがって，作業終了時には，洗剤を含ませた布巾で清拭し，水ぶきした後で，アルコールを噴霧する。

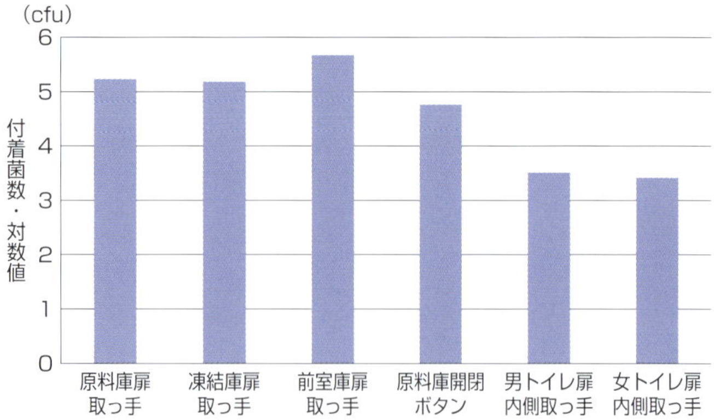

●図 5-5-16　扉取っ手の付着菌数(一般生菌数)

取っ手１個の表面　（横関）

以上，食鳥処理場における消毒の概要を説明したが，前述したように，生鳥が病原菌を持ちこむこと，湯漬け槽，冷却槽，中抜き機械など処理過程での伝播拡大を効果的に阻止できるまでの消毒方法は残念ながら存在しない。したがって，店頭の鶏肉の20数%から80%がサルモネラやカンピロバクターに汚染されているのが現実である。Omar(2007)が述べたように，最もよい防止策は「鶏肉の加熱調理を正しく行うこと」ということになるのである。

CHECK SHEET

□1．鶏肉を汚染する病原菌は，主としてサルモネラとカンピロバクターであるが，その汚染率は市販鶏肉ではサルモネラで20数%，カンピロバクターで最高約80%との調査報告がある。

□2．サルモネラ食中毒は平成21年で約1,500名，カンピロバクター食中毒は約2,200人の患者を出している。カンピロバクターは事後に難病「ギラン・バレー症候群」を誘発する危険がある。

□3．鶏肉の細菌汚染度は牛肉や豚肉と比較するときわめて高いが，この原因は食鳥処理の工程と牛豚のそれとの違いによる。食鳥では牛豚と異なり群単位で処理されるために，処理工程での食鳥の接触などにより細菌汚染の伝播拡散を防止することがきわめて困難である。
現在のような集団での処理とまったく異なる処理方法が開発されない限り，鶏肉の細菌汚染の根本的な改善は難しいのである。

□4．鶏肉が食中毒菌に汚染される原因の第一は、湯漬け槽と冷却槽における相互接触感染による。湯漬け槽および冷却槽内では，水量，水温，塩素濃度の管理が汚染を軽減するために重要であるが，決定的に汚染を防ぐことは難しい。

□5．まな板，包丁などの解体器具類も鶏肉の細菌汚染にかかわるので，その洗浄消毒は重要である。熱湯浸漬は有効な殺菌方法であり，80℃，10分間の浸漬が望ましい。

□6．処理場での対策の励行にもかかわらず，現実の問題として，店頭の鶏肉の食中毒汚染率は高い。鶏肉による食中毒防止の最もよい方法は，加熱調理を適正に実施することである。

■引用文献

第１節
・花房泰子：作業しやすく衛生的なカーフハッチについて，デイリージャパン，48(10)，30～33(2003)
・花房泰子，仮屋喜弘，石崎 宏(畜産草地試験場，http://nilgs.naro.affrc.go.jp/SEIKA/02/ch033.html)
・駒庭英夫ら：カーフハッチを利用した乳用雄子牛集団哺育施設の衛生対策，家畜診療，244，27～31(1983)
・小西英邦，温井功夫，谷口俊仁(和歌山県畜産試験場，http://www.pref.wakayama.lg.jp/prefg/070109/seika/h10/0402.htm)
・熊野康隆：北海道における乳質改善の歩み一安全でおいしい牛乳・乳製品を消費者に，乳房炎防除対策研究会誌，16，6～18(2010)
・馬渕貞三ら：消毒を主体とした経済衛生の推進について，昭和48年度岐阜県業績発表
・光畑 稔ら：乳房炎清浄化推進の方途，井笠家畜保健衛生所業績発表，エーザイ㈱資料
・数寄芳郎：乳房炎発症防止対策における環境衛生及び搾乳衛生の意義と殺ウイルス・殺菌消毒剤パコマの効果について第１報～第４報，エーザイ㈱資料
・数寄芳郎ら：疫学的立場から見た乳房炎Ⅱ 牛舎の消毒と乳房炎の発生ならびにミルカーの細菌汚染の実態，北獣会誌，14(1970)
・宇津田 嘉宏：牛の趾間腐乱に関する研究 第４報 各種治療法の比較試験．麻布大学研究報告，22(1971)
・横関正直：洗浄と消毒の方法によるカーフハッチの消毒効果の検討，畜産の研究，61(4)，442～444(2007)

第2節
・平井克哉：豚体噴霧による体表付着菌の変動，エーザイ㈱資料
・片岡 康：豚の難治性疾病対策②豚滲出性表皮炎(スス病)，ピッグジャーナル，2(12)，52～53(1999)
・三宅 真佐男：スノコ床式豚舎の効果的な消毒方法１，㈱シムコ社内資料
・三宅 真佐男，横関正直：スノコ床式豚舎の効果的な消毒方法２，㈱シムコ社内資料

第3節
・桐岡寛司：コクシジウムに対するオルソ剤の消毒効果と問題点，養鶏の友，135，47～52(1973)
・伊藤格郎：孵卵場の細菌汚染調査と改善方法，秋田県業績発表
・㈳日本種鶏孵卵協会：種鶏場および孵卵場の衛生管理の実態，2012年３月
・畜産生物科学研究所：ゼクトンの抗コクシジウムオーシスト力について，エーザイ㈱資料
・余田 岬：孵卵機の落下細菌および消毒効果，兵庫県業績発表(エーザイ㈱資料)

第4節
・Belchiolina B. Fonseca et al.：*Campylobacter* sp in eggs from cloacal swab positive breeder hens, Braz. J. Microbiol. 37(4), São Paulo (2006)
・今井忠平ら：改訂増補タマゴの知識，p.156，幸書房(2008)
・今井忠平ら：改訂増補タマゴの知識，p.212，幸書房(2008)
・厚労省微生物・ウイルス合同専門調査会報告(2006年10月作成)
・厚生省通知，卵選別包装施設の衛生管理要領，平成10年11月25日(第1674号)
・栗原健志ら：殻付卵表面の細菌汚染状況とその汚染源に関する研究，食微誌 13(3)，111～116(1996)
・N. A. Cox et al.：*Campylobacter*-How does it get in the chicken?, Poultry International Jan 2011., 30～33(2011)
・O. Sahin, P. Kobalka, Q. Zhang：Detection and survival of *Campylobacter* in chicken eggs, Journal of Applied Microbiology, 95, 1070～1079(2003)
・P. Doyle et al.：Association of *Campylobacter* jejuni with laying hens and eggs, Appl Environ Microbiol, 47(3), 533～536(1984)
・㈳日本卵業協会：液卵製造施設の衛生管理ガイドブック(1995)
・㈳日本養鶏協会：GPセンターの衛生管理の要点(2001)
・㈳日本養鶏協会：平成17年度，鶏卵格付包装施設の実態調査報告書(2005)
・㈳日本養鶏協会：鶏卵衛生管理のポイント(2005)
・食品衛生法施行規則，(平成10年改正)
・宇田 明日子ら：液卵・鶏卵および鶏卵加工品のサルモネラ汚染を中心とした細菌学的実態調査，食品衛生研究，43(12)，55～62(1993)
・渡邊昭宣：鶏卵表面から卵内へのサルモネラ侵入条件の検討に関する研究，New Food Ind. 37(1)，68～72(1995)
・横関正直：GPセンター現場の洗卵におけるオゾン水と次亜塩素酸ソーダの除菌効果の比較，畜産の研究，63(11)，1083～1084(2009)
・横関正直：洗卵における次亜塩素酸ソーダと次亜塩素酸の卵殻殺菌力の比較検討，畜産の研究，63(10)，1053～1055(2009)
・横関正直ら：オゾンガスによる養鶏環境の消毒，畜産の研究，48(10)，1088～1092(1994)

第5節

・A. Hinton et al.：Spread of *Campylobacter* spp. During Poultry Processing in Different Seasons. Intnl. J. of Poult. Science. 3（7），432～437（2004）
・Cason Jr, J. A., Hinton Jr, A., Buhr, R. J.：Impact of feathers and feather follicles on broiler carcass bacteria, Poultry Science. 83（8），1452～1455（2004）
・濱田 久，横関正直：㈱野田食鶏食鳥処理場における器具等の洗浄殺菌実験，未発表
・平成2年6月29日厚生省令第40号：食鳥処理の事業の規制及び食鳥検査に関する法律施行規則，最終改正，平成20年11月28日厚生労働省令第163号
・保科 健ら：市販食肉のサルモネラ汚染状況，1993年食品衛生学会発表（1993）
・茨城県県西食肉衛生検査所：食鳥処理場における屠体等の微生物汚染実態調査，平成20年度茨城県茨城食肉衛生検査所事業概要
・伊藤 武：キャンピロバクター感染症とギランバレー症候群，IASR，20（5），（1999）
・James W. O., Prucha J. C., Brewer R. L., Williams W. O. Jr, Christensen W. A., Thaler A. M., Hogue A. T.；Effects of couuntercurrent scalding and postscald spray on the bacteriologic profile of raw chicken carcasses., J Am Vet Med Assoc., 201（5），705～708（1992）
・狩屋英明ら：大規模食鳥処理場における処理工程ごとのカンピロバクターの動向及び衛生管理対策（平成20年度），岡山県環境保健センター年報33，105～107（2009）
・小岩井 健司，三瓶憲一，矢崎広久：食鳥処理場における細菌汚染実態調査，千葉衛研報告，11，66～69（1987）
・Kotula K. L., Pandya Y.：Bacterial contamination of broiler chickens before scalding, Journal of Food Protection 58, 1326～1329（1995）
・厚労省平成21年度食中毒菌汚染状況調査（東京都等21自治体調査）
・厚労省医薬品食品局食品安全部監視安全課・食中毒情報管理室：キャンピロバクター食中毒の現状と対策について，病原微生物検出情報　IASR，31（1），4～5（2010）
・厚労省食中毒統計平成13～21年
・久高 潤ら：沖縄県における市販・食鳥処理場鶏肉のサルモネラ汚染状況と分離株の血清型および薬剤感受性，沖縄県衛生環境研究所報，40（2006）
・M. E. Berrang, R. J. Meinersmann, D. P. Smith, and H. Zhuang,：Poultry Science 87, 992～998（2008）
・Micro biology Div. of FSIS, USDA：The Nationwide Microbiological Baseline Data Collection Program, Young Chicken Survey July 2007- June 2008
〈http://www.fsis.usda.gov/wps/wcm/connect/deab6607-f081-41a4-90bf-8928d7167a71/Baseline_Data_Young_Chicken_2007-2008.pdf?MOD=AJPERES〉2013年11月参照
・望月康弘ら：静岡県における *Salmonella* Hadar 腸炎の臨床的，疫学的検討，第2編，静岡県における S. Hader による食品環境汚染の対策，感染症学雑誌，66（1），31～36（1992）
・Nasinyama G. W. et al.：Prevalence and Levels of *Campylobacter*. in broiler chickens from Farm-to-Table in a developing country, FoodRisk.org, Joint Institute for Food Safety and Applied Nutrition（JIFSAN）
〈http://foodrisk.org/default/assets/File/IRAC-event-2002-07-24-Campylobacteriosis_In_Poultry_In_Uganda.pdf〉2013年11月参照
・岡本嘉六：食鳥処理場の湯漬湯ならびに冷却水についての衛生学的研究，鹿児島大学農学部学術報告34，109～117（1984）
・Omar A. Oyarzabal：*Campylobacter* in poultry processing, Virtual Library Auburn Univ. Dept. of Poultry sci.（2007）
〈http://www.ag.auburn.edu/~curtipa/virtuallibrary/pdf/oyarzabalcampylobacter.pdf〉2013年11月参照
・R. W. A. W. Mulder, L. W. J. Dorresteijn, J. Van Der Broek：Cross-contamination during the scalding and plucking of broilers, British Poul. Scie. 19（1），61～70（1978）
・佐久間 靖子：カンピロバクターを中心とした食鳥肉の微生物制御方法の検討について，全国食品衛生監視員協議会第48回関東ブロック研修大会 発表（2008）
・寺岡義孝：食肉衛生検査センター便り，畜産技術ひょうご，79（2005）
・T. J. Humphrey：The Effects of pH and Levels of Organic Matter on the Death Rates of *Salmonellas* in Chicken Scald-tank Water, Journal of Applied Microbiology 51（1），27～39,（1981）
・T. J. Humphrey, D. G. Lanning：*Salmonella* and *campylobacter* contamination of broiler chicken carcasses and scald tank water, the influence of water pH, J. of Appl. Microbiol 63（1），21～25,（1987）
・辻村 恵都子ら：市販鶏肉のサルモネラ，キャンピロバクター，腸球菌による汚染状況調査，和歌山市衛生研究所報，12，108～114（2000）
・Veerkamp, C. H., and W. Heemskerk：Counter-current multi-stage scalding, Broiler Industry. October, 30～32（1992）
・横関正直：某食肉加工場における器具の汚染と熱消毒効果，未発表

第6章

畜産現場のHACCP

・第１節　畜産現場のHACCP

第1節
畜産現場のHACCP

畜産農場やGPセンター，食鳥処理場にはHACCPを導入したところも少なくない。最近はISO22000やSQFプログラム，BRC，Global GAPなどを導入するところもあるようだ。

著者が「HACCPの導入を支援している」と言うと，すぐに「消毒が大変なようですね」と聞かれることが多い。一般的には「HACCP＝消毒」との認識が普及しているかのようであるが，それは大間違いである。厚生省や農水省がHACCPを推進した時に，洗浄消毒に重点を置いて啓蒙したのが誤解の原因らしいが，HACCPの根本は消毒ではないのである。消毒はHACCPの立役者ではなく，脇役か黒子のような役割であると著者は考えている(後で詳しく説明する)。

HACCPの原理

HACCPは，今やご承知の方も多いと思われるが，一応由来を説明すると，1960年代に米国の宇宙開発計画の一環として宇宙食の開発を担当したPillsbury社がNASAおよび米国陸軍の技術研究所と共同開発した食品の品質管理システムで，その後缶詰や飲料などの一般食品にも応用されるようになったのである(川端・春田，1992)。その後，一般の食品製造にも広く応用されるようになり，世界に普及し我が国にも紹介された。我が国では厚生省が「総合衛生管理製造過程」として食品衛生法第7条3項に規定し，食品業界への導入を推進した。農水省も2002年に「家畜の生産段階における衛生ガイドライン」を発表し，卵・肉・乳の生産現場に普及させることにした。

HACCPとは，これも多くの方がご存じと思うが，HA＝Hazard Analysis(危害分析)とCCP＝Critical Control Point(重要管理点)のことで，食品に関わる危害要因を分析(HA)して，その要因を製造工程の最も効果的に防止できるポイント(CCP)で防ごうとするシステムである。

HACCPによる食品製造と通常の製造との違いを冷凍ハンバーグの例で説明する(図6-1-1)。以下，非常に簡略化して言うのだが，通常方式では，まず，肉などの原料を仕込み，混合して整形し，それを鉄板の上で焼く。それから冷却・冷凍し，その後検査をして合格なら出荷，不合格なら廃棄する。最終段階での廃棄はすべてのコストが注ぎ込まれた後だけに経営的損害が大きい。検査の項目は金属検査など数項目あるが，なかでも重要な細菌検査はサルモネラや病原性大腸菌などがあり，判定までに数日かかるが，この間，製品は出荷待ちで一時保管されねばならない。

一方，HACCPの製造では，各工程は同じだが，出荷検査がない(実際は金属検査などを行うが細菌検査は行わない)。その代わりに「焼き」の工程がCCPになっている。ここで焼く温度と時間を規定している。サルモネラもO157：H7腸管出血性大腸菌も，75℃1分間の加熱で死滅するから，「焼

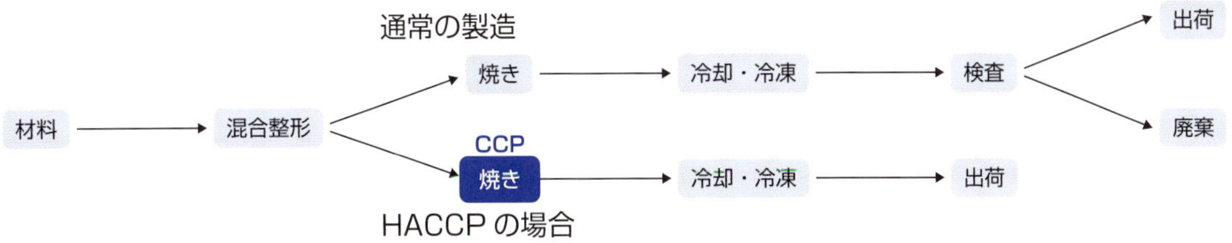

●図 6-1-1　通常の製造と HACCP の違い：冷凍ハンバーグの例(概念図)

き」の工程はハンバーグの内部が75℃に達し1分間持続されるように規定される(実際は，鉄板の温度とコンベアーの運転速度を規定する)。このように食中毒菌を殺滅する工程を「キルステップ Kill Step」という。この温度条件を満たせば病原菌の危険はなくなるので，製品の出荷検査(細菌検査)は不要になる。したがって，廃棄品も出ない，待ち時間も要らない，というわけである。CCPは冷却・冷凍の工程にも設定されている。冷却・冷凍では食中毒菌が増殖するのを防ぐのでCCPになる(冷凍では一部死滅する)。仕入れ検査も食中毒菌検査をして汚染材料の受け入れを拒否遮断するのでCCPになる。ここで完全に汚染材料を止めれば，理屈のうえでは後の洗浄消毒などの作業は不要になる。

●図 6-1-2　HACCP の構造

HACCPの特徴の第二は文書化である。CCP総括表，管理基準，CCP管理表，CCP以外のポイントの管理表，**SSOP**，チェックリストなど大量の文書が作られる。あるコンサルタントは，文書が100ページ以上になるとか，チェックリストの項目が200以上もあるとかを自慢しているが，文書の策定には大変な手間と時間を要する。しかも一旦作っても，常時修正したり追加したり適正に管理せねばならない。改正とか更新が必要となると，さらに将来にわたっても文書作りにコストがかかることになる。

HACCPに必要な文書の一例として，上田(2011)による，ある食品工場における(HACCPの本体ではないが，その基礎となる)**GMP**についての文書例を示す。

余談になるが，HACCPは単独では効果が安定しないのでGMPを下部構造にしている。一般に3階建ての家のような構造と言われる。つまり，最下層が「一般的管理」，その上が「GMPによる管理」，最上層が「HACCPによる管理」という関係である(**図 6-1-2**)。

ISO22000：HACCPの食品衛生管理手法をもとに，消費者への安全な食品提供を可能にする食品安全マネジメントシステム（FSMS）の国際規格
SQFプログラム：フードチェイン全体を通して食品安全を管理し，品質システムを改善するために作られた認証プログラム。SQFはSafe Quality Foodの略
BRC：British Retail Consortium（英国小売協会）が所属する英国小売り業者のために開発した食品の商品企画
Global GAP：農業生産部門のための国際的な認証規格。GAPはGood Agricultural Practicesの略
SSOP：Sanitation Standard Operation Procedure 衛生標準作業手順書または衛生作業標準書
GMP：Good Manufacturing Practice 適正製造基準。衛生的作業のレベルを高めるための基準

●表 6-1-1　洗浄・殺菌管理およびペストコントロールにおける SSOP の項目構成

構成項目	構成文書の種類	
業務の種類	洗浄・殺菌管理	ペストコントロール（そ族・昆虫防除管理）
目的	トータルサニテーション・マネジメントシステムを的確に実施するため	
責任と権限	役割分担（担当部署，外部委託者，担当者・責任者）とその責任と権限	
施設・設備などの衛生上の要件	管理対象設備・施設・機械器具の構造上，機能上の衛生要件 （または本件に係る他の施設・設備などの SSOP の書類名・頁数など）	
（作業計画書）	管理業務の実施要領 ・洗浄・殺菌作業計画（標準）書（マスタープラン）	・そ族・昆虫類年間生息調査・防除管理作業計画一覧表（マスタープラン） ・そ族・昆虫生息調査作業計画書（トラップ配置図など） ・そ族・昆虫防除作業計画書
（作業手順書）	・洗浄・殺菌管理作業手順書（作業・監視マニュアル）	・そ族・昆虫生息調査作業手順書 ・そ族・昆虫防除管理作業手順書（作業・監視マニュアル）
（作業確認書） （作業記録書）	・洗浄殺菌作業チェックリスト ・洗浄殺菌結果・検証記録書	・そ族・昆虫生息調査作業確認・記録書 ・そ族・昆虫防除管理作業確認・記録書（チェックリスト，作業実施記録） ・そ族・昆虫防除管理成果・検証記録書
（付帯書類）	・洗剤・殺菌剤仕様書 ・洗浄・殺菌管理現場指示書	・防疫用薬剤・機器仕様書 ・そ族・昆虫生息調査・防除管理指示書
文書保管	HACCP の文書保管規定に組み入れるか別途保管規定を作成	
関係書類・帳票類一覧	作成した文書・帳票類のすべてについて書類 No. を付して一覧表を作成する	

［別枠］作成（改正）年月日，作成（改正）者名，責任者名，書類 No.　（上田）

食品工場ではネズミ・害虫対策も行うが，それに関連する文書を一括すると，このような10種類もの文書が必要になるのである（**表 6-1-1**）。また，同様に GMP の一環である清掃・洗浄・消毒の作業については**表 6-1-2** のような計画書が必要である。これらはほんの一例にすぎないので，HACCP システム全体では膨大な書類を作り，管理しなければならないのである。そのために，これらの書類を作成し，管理し，メンテナンスする事務的なパワーが必要になる。例えば，ネズミ駆除剤の銘柄を変更しても，関連の文書はすべて訂正しなければならないのである。加えて，現場では，日常の作業の都度，必要な書類に記入しなければならない。

もちろん，文書化のメリットはある。HACCP の仕組みが誰にもわかるように，熟練者の経験や勘にたよることなく，担当者が変わってもレベルが維持できるように，記録が残ることで万一の事故の場合も調査がしやすく，**PL 法**などにも的確に対応できるなど，製品の品質管理にはきわめて重要なことである。

余談だが，1976 年頃だったか，厚生省が製薬会社に GMP の導入を命じたころに，ドイツから来た専門家の講演を聞いた時のこと，彼は GMP を定義して「Give More Paper」だと言った。文書の多さを皮肉ったのである。その GMP は HACCP の土台にすぎないので，本当に HACCP を実施するには，さらに多くの文書をつくらねばならないのである。

もちろん，それぞれの文書には意味があり，必要なものではあるが，人手と時間とコストとの兼ね

PL 法：製造物責任法のことで，製造者の責任を定めた法律のひとつ。PL は Product liability の略。

●表 6-1-2　清掃・洗浄・殺菌作業計画書(標準書)

会社名
工場名
製品(工程)名◆揚げもの

書類 No.
作成者名
作成年月日

衛生作業区分	工程 No.	工程名	主要管理対象	日常管理				定期大掃除管理				実施頻度	担当者名・職名
				洗浄(清掃)		殺菌		洗浄		殺菌			
				方法	洗剤	方法	殺菌剤	方法	洗剤	方法	殺菌		
汚染作業区域	No.10	冷凍すり身解凍	つい立パレット	ブラッシング洗浄①	③サニテー 201 (商品名)	なし	なし (商品名)	ブラッシング洗浄①	③サニテー 201	スプレー殺菌①	サンプル 800	1 回 / 月	担当者 S 製造第 1 課
			腰張り，床，溝	水洗⑧	水道水	なし	なし	ブラッシング洗浄① 発泡洗浄⑥	③中性洗剤	スプレー殺菌①	サンプル 800	泡洗浄 1 回 / 月	
準清潔作業区域	No.11	調味料などの調合	コンテナー 調味料置場	発泡洗浄⑥ 高圧噴射洗浄⑤	③サニテー 500 水道水	なし なし	なし なし	発泡洗浄⑥ ブラッシング洗浄①	サニテー 201 サニテー 201	発泡殺菌⑤ スプレー殺菌①	サンプル 800 サンプル 800	1 回 / 月	担当者 Y 製造第 1 課
			床，溝	⑥発泡洗浄	⑤サニテー 300	なし	なし	ブラッシング洗浄① 発泡洗浄⑥	サニテー 201	スプレー殺菌①	サンプル 800	泡洗浄 1 回 / 月	
	No.12		サイレンカッター 澱粉撹拌機	ブラッシング洗浄① 発泡洗浄⑥ 撹拌洗浄④	⑧サニテード サニテー 500 ③サニテー 200	スプレー殺菌① なし	エクリンコール 200 タキレス B	ブラッシング洗浄①	サニテー 201	スプレー殺菌①	ジアナック S	2 回 / 月	
		原料保管	原料冷蔵庫 (床，腰張り)	清掃	なし	なし	なし	清掃 ⑥発泡洗浄	なし サニテー 201	⑤発泡殺菌	サンプル 800	2 回 / 月	
			原料コンテナー	浸漬洗浄②	③サニテー 201	浸漬殺菌② 熱湯殺菌⑧	③次亜塩素系水 道水	ブラッシング洗浄①	サニテー 201	②浸漬殺菌	ジアナック S	2 回 / 月	
	No.13	成型	成型機	発泡洗浄⑥ ①ブラッシング洗浄	⑤サニテー 300 〃	スプレー殺菌① 〃	タキレス E ジアナック 5	ブラッシング洗浄① ⑥発泡洗浄	サニテー 201 〃	スプレー殺菌① 〃	ジアナック S ①タキレス P	2 回 / 月	〃
	No.14	加熱 脱油	フライヤー	清掃	なし	なし	なし	発泡洗浄⑤ ブラッシング洗浄①	サニテー 202 サニテー 201	なし	なし	2 回 / 月	〃
			脱油機，コンベアー， ブロアーコンベアー	発泡洗浄⑥	②サニテー 202	①スプレー殺菌	タキレス E ジアナック 5	ブラッシング洗浄① 発泡洗浄⑤	サニテー 202 サニテー 201	スプレー殺菌①	①タキレス P ジアナック S	2 回 / 月	
			床，腰張り，溝	清掃	なし	なし	なし	発泡洗浄⑥	サニテー 202	発泡殺菌⑤ スプレー殺菌①	サンプル 800	2 回 / 月	
清掃作業区域	No.15	一次冷却 (放冷)	立ち上がりコンベアー 放冷機(内壁)	発泡洗浄⑥ (定置式)	③サニテー 201	発泡殺菌⑤	タキレス E サンプル 800	発泡洗浄⑥ (定置式)	サニテー 202	発泡殺菌⑤ (定置式)	サンプル 800 ジアナック S	1 回 / 週	担当者 K 製造第 3 課
			シュートフィルター	なし	なし	なし	なし	浸漬洗浄②	サニテー 201	浸漬殺菌②	〃	1 回 / 週	
	No.16	一次冷却 (強制放冷)	立ち上がりコンベアー 放冷機(内壁)	発泡洗浄⑥ (定置式)	③サニテー 201	発泡殺菌⑤	タキレス E サンプル 800	発泡洗浄⑥ (定置式)	サニテー 202	発泡殺菌⑤ (定置式)	サンプル 800 ジアナック S	1 回 / 週	〃
			シュート			なし							

(上田)

改訂年月日
関係書類名および書類 No.
改訂者名
責任者名

合いを考えなければならない。しかも，文書があるだけでは品質にも経営にもプラスになるものではないのである。

第三は，透明性で，文書とか記録は必要があれば，すべて第三者にも公開しなくてはならない。これらの点は，企業にとっては大きな負担になるものである。

HACCPは本当に究極の安全食品製造システムか？

HACCPが紹介された時，「理想的な食中毒防止システム」とか「究極の食品安全システム」とか言われて，あたかもHACCPを導入すると，翌日から“安全・安心”な食品がコンベアの上を流れ出てくるかのように信じられていたものであった。

その妄信を一挙に砕いたのが，2000年6月に雪印乳業の製品が関西一円で起こした大規模な黄色ブドウ球菌食中毒事件であった。患者数は一説によると約1万5,000人と言われた。この時に，火元の同社大阪工場での衛生管理がきわめて劣悪であることが明らかにされた。本来，毎日，洗浄殺菌されるはずのパイプやタンクが2週間おきにしか洗浄されず，返品の改装作業が露天の中庭で行われていたとか，報道された。大阪市の保健所は，原因を同工場の逆流防止弁の洗浄不足と断定したが，大阪府警のその後の捜査により，大阪工場での製品の原料となる脱脂粉乳を生産していた北海道の大樹工場での汚染が原因であることが判明した。2000年3月31日，大樹工場の生産設備で氷柱の落下による3時間の停電が発生し，通常は直ちに冷却されるべきものが，20～50℃に加温された状態で放置され，その間に病原性黄色ブドウ球菌が増殖して毒素が発生していたことが原因であった。大阪工場で6月下旬に使用された脱脂粉乳は，大樹工場で4月10日に製造されたことが確認され，4月10日においては，4月1日製造の脱脂粉乳939袋のうち，生菌数の高い449袋を水に溶解し，生乳から処理された脱脂乳と混合して，再び脱脂粉乳を製造したことが確認された。脱脂粉乳は製造中に加熱されるので細菌数が規定よりも多くても支障はないと考えたという。ところが，黄色ブドウ球菌の毒素は通常の加熱では破壊できなかったので，この大事件になったのである。

ここで注目すべき点は，雪印乳業は我が国で第一番にHACCP(「総合衛生管理製造過程」で定めたもの)を導入した企業で，大阪工場も大樹工場も当然にHACCPで製造管理されていたはずであった。それが，機械や装置の洗浄殺菌が出鱈目であったり，製品の細菌数の規定を無視したりして大事故につながったのである。

どうして，そんなことになったのか。HACCPを導入したとしても，それは本社が書類棚に飾っているだけで現場には知らされてなかったのではないか。あるいは，現場では知っていても，それは実施できないような非現実的な規定であったのではないか，と疑われた。

いずれにせよ，この事件でHACCPに対する幻想，すなわち，前述のように，HACCPを導入すれば明日からでも安全・高品質な食品がベルトコンベアーの上を流れ出てくるという幻想は打ち砕かれたのであった。

また余談になるが，この事件に関連して，大阪工場で返品の牛乳を脱脂粉乳の原料として再利用していたことが発覚して非難された。多くの他社乳業工場でも返品の再利用はしていたのであったが，厚労省はこれを禁止する通達を出した。しかし，脱脂粉乳は生乳からつくることになっているので，

●表 6-1-3　食品工場の HACCP と養鶏場の HACCP における CCP の違い

	食品工場	養鶏場
原料の仕入れ	原料検査	ヒナ導入前の措置　ヒナ導入時の検査
Kill Step	加熱，酸・塩・糖の添加防腐剤，冷凍・冷蔵	なし(一部あり)
細菌検査	なし	各段階で検査

製品の牛乳を利用しても不都合ではないはずである。それを禁止したのは，消費者の拒否反応に迎合したためである。同じ時期に，脱脂粉乳以外にインスタントコーヒーも返品再利用があると報じられたが，その商品の製造元の某世界的コーヒーメーカーは，返品の再利用は会社の製造規定にも反していないし，全世界の工場でも日常的に行っていることだ。品質にも問題ないし，資源の有効活用にもなる，とホームページに掲載して，それで一件落着となった。これこそメーカーの見識と言えるであろう。

■ 畜産農場の HACCP

1．その特殊性

では，畜産農場に HACCP を導入するにはどうすればよいか。畜産農場では，ヒナ(子畜)を導入し，育成して，産卵または搾乳あるいは肉畜として出荷する。この過程は原料を仕入れ，加工して，製品とする食品工場にあてはめて考えることもできるが，そこには決定的な相違がある。それは，畜産農場の HACCP では，重要管理点として一部を除いて「キルステップ Kill Step」すなわち病原菌を殺滅する工程を設けることができないことである。食品工場では加熱や塩・糖・酢あるいは防腐剤の添加により食材や食品中の病原菌を殺滅(低減)できるが，畜産農場ではその手段を取りえない(**表 6-1-3**)。したがって，畜産農場の HACCP は食品工場とは同じにはできない。この点を認識しないで畜産農場の HACCP に取り組むと大きな間違いを犯すことになるのである。以下，採卵養鶏場を例にとって説明する。

ここで予め付け加えておかねばならないが，畜産農場での HACCP では「HA：危害」とは，その畜産食品を摂取するヒトに対する危害(食中毒の原因)で，家畜・家禽に対する危害でもなければ環境に対する危害でもないことである。つまり，家畜・家禽の疾病予防とか生産性向上などは対象にしていない，ということである。

養鶏場への HACCP 導入のきっかけは，1990 年代から 2000 年にかけて鶏卵由来のサルモネラ食中毒が頻発していたころであった。欧州から侵入した *Salmonella* Enteritidis による腸炎である。そのために，養鶏業界も行政も鶏卵のサルモネラ汚染の防止に躍起になっていたのであるが，この HACCP が対策に効果的であると言われ，導入が推奨されたのであった。農水省も「家畜の生産段階における衛生ガイドライン」に採卵鶏の HACCP システムを紹介した。また，一部のコンサルタントも独自の HACCP を推進した。しかし，それらに共通した問題点は，HACCP 適用鶏舎の消毒を CCP としていたことであった。そして，厳重な鶏舎消毒を行うプログラムをつくったのである。ところが，鶏舎は本来 CCP の対象になるものではない。食品製造の HACCP と比較すれば，鶏舎は工場の建物に相当する。建物の消毒は GMP か PP として扱われる事項である。食品製造の HACCP では CCP は食品（食材や半製品も）そのものを対象にしている。それなら養鶏場の場合は鶏自体または鶏卵を対象にしなくてはならない。ところが，鶏も鶏卵も生き物だから「キルステップ Kill Step」は適用できない。これが養鶏場の HACCP の特異点である。他の畜産農場でも同じである。

2．鶏舎の消毒は CCP ではないのか

では，鶏舎の消毒は重要ではないのか。鶏舎を徹底的に消毒してサルモネラやカンピロバクターなどの危害病原菌を除去しなくてもよいのか？　そのために重要管理点 CCP として設定しなくてもよいのか？　という疑問が生じるはずである。著者の考案した HACCP プログラムでは鶏舎消毒を CCP としていないが，なぜ，それで HACCP が成り立つのか。その理由は，汚染が存在するような鶏舎には HACCP を導入しないことにある（**図 6-1-3**）。著者が HACCP を導入する際には，まず鶏舎（養鶏場）を精密に検査して，サルモネラ汚染がないことが確認できた場合にのみ，進めるのである。そうすれば，汚染されている鶏舎にヒナを入れて感染することはない。したがって，無闇にあてもなく厳重な消毒をする必要もないのである。だから CCP にする必要もないのである。結果として，労力と時間と費用の節約ができるのである。汚染が確認された鶏舎は別途，徹底消毒と検査を行い，清浄化が確認されてから HACCP の導入対象となるのである。

表 6-1-4 はブロイラー用の農水省の HACCP 衛生管理総括表の一部，導入前の鶏舎洗浄消毒の項である。細かく項目を挙げて記載しているが，CCP とされている内容の多くは SSOP に記載すべき事項である。違和感のある点もいくつかあるが，例えば，管理基準のなかで,「水洗」については「有機物が残存していないこと」と規定しておきながら，そのモニタリングは目視検査で行うことになっている。目視では目に見えない微小な有機物の残存まではわからないから化学的な検査をしなければならない。目視検査でやるなら「鶏糞・敷料などの汚れ」とすべきであろう。また，CCP 管理表では「消毒完了後鶏舎などからサルモネラが検出されないこと」としながら，モニタリング方法の記載がない。細菌検査は年に 4 回行うことになっているが，それは「検証」（その HACCP システムが真に効果的に機能するかどうかを確認すること）としてであり，モニタリングではなく，鶏舎消毒後に行うとも規定されていない。

汚染があるかもしれない鶏舎消毒の結果を，目視検査だけで完全と言えるのだろうか。前述の冷凍ハンバーグの例では，CCP は肉が 75℃ 1 分間の加熱で完全殺菌されるが，鶏舎消毒はそんなに単純なものではない。これでは鶏舎消毒を CCP とした意味がない。管理基準は細菌検査の結果の「サルモネラフリー」でなくてはならないはずである。

余談だが，あるコンサルタントは，これを大腸菌群フリーとしていたが，それでは過剰な基準になる。大腸菌群には土壌由来の菌などが多数存在するが，それらはサルモネラよりも抵抗性が強いものが少なくないので，本来ならサルモネラフリーが達成できていても，大腸菌群はフリーにならないことがあるのである。

比較のために，著者の設定した HACCP での導入前またはオールアウト後の鶏舎消毒の表を見ていただこう（**表 6-1-5**）。先に述べたように著者の案では鶏舎消毒は CCP にしていない。非常に簡単にできているが，管理基準はサルモネラとカンピロバクター陰性として，モニタリング法は菌検査によ

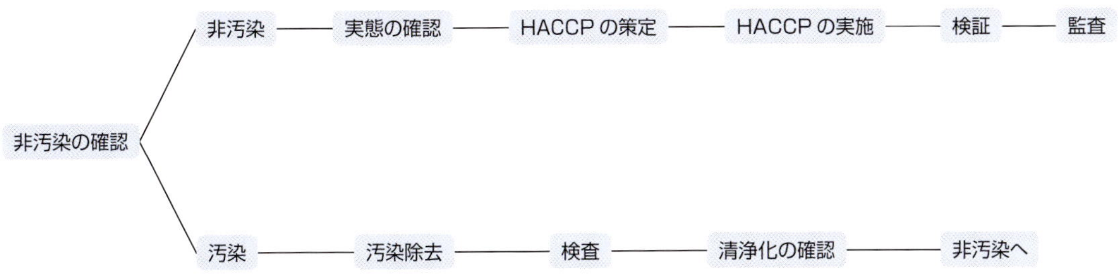

●図 6-1-3　養鶏場の HACCP 導入手順

●表 6-1-4　農林水産省の HACCP 衛生管理総括表(ブロイラー)

	作業工程	危害要因	防止措置	CCP	管理基準	モニタリング方法	改善措置	検証方法	作業工程
導入	オールイン・オールアウトの鶏舎の洗浄消毒		洗浄消毒マニュアルの順守*	CCP1					洗浄消毒チェック表の確認 施設設備管理記録の確認
	予備消毒	消毒薬噴霧不足			塵埃が出ない	目視検査	再噴霧	洗浄消毒チェック表の確認	
	器具の搬出	器具のサルモネラ汚染			有機物が付着していない		再清掃・再消毒	施設設備管理記録の確認	
	堆積物の搬出	堆積物の搬出不足			水洗で容易に除去可能なレベル		再搬出・再清掃		
	鶏舎周囲環境整備	清掃不足			羽毛・糞便・塵埃がない		再清掃		
	鶏舎・器具の点検	鶏舎・器具の破損			破損個所がない				
	水洗	有機物残存			有機物が残存していない	目視検査	再水洗	細菌検査	
	本消毒	サルモネラの生存			適切な濃度使用方法		再消毒		
	乾燥	乾燥不足			水たまりがない		再乾燥		
	石灰散布	サルモネラの生存			0.3 kg / ㎡の散布	目視検査	再塗布	細菌検査	
	敷料，器材の搬入	サルモネラの持ち込み，再汚染			適切な保管，適切な消毒		購入先変更，保管場所の清掃・消毒，再消毒		

＊：(参考)「採卵養鶏場におけるサルモネラ対策指針」，(社)日本養鶏協会，4～6，B　農場の衛生管理，1．鶏舎施設・器具器材などの清掃と消毒

ると規定している。これで十分なのである。

もっとも，HACCP は自己管理システムであるから，そのプログラムも現場に適した形・内容で独自に設定してよいことになっている。したがって，どれがよくて，どれが悪いとは一概に言うべきではないとも考えられる。しかしながら，理屈に合っていないものを指導されても現場は困るのである。

3．最重要な CCP……ヒナ導入

養鶏場の HACCP として最も重要な CCP は，ヒナの導入である。サルモネラ(およびカンピロバ

PP：Prerequisite Program 準備的措置。HACCP を運用するための土台となるプログラム

●表 6-1-5　横関策定の HACCP の一例（導入前またはオールアウト後の消毒）

管理区分	作業工程	危害要因	防止措置	CCP	管理基準	モニタリング方法	改善措置	検証方法	記録文書
導入	導入前の鶏舎消毒	サルモネラ，カンピロバクター	鶏舎洗浄消毒	—	危害菌の陰性	舎内拭き取り検査による危害菌検査	再消毒，再検査，全検体陰性まで反復	検査記録，作業日誌	作業日誌，検査記録

注：オールアウト前の検査で陰性の場合は危害菌の検査は行わない

（横関）

●表 6-1-6　養鶏場の HACCP「CCP の設定」

1．ヒナ購入前の措置（CE 剤投与を含む）
2．ヒナ導入時の検査
3．7 日齢までの斃死ヒナの検査
4．成鶏舎移動前の検査
5．成鶏の検査（導入初回は 2 カ月おき，以外は強制換羽後，オールアウト前）
6．飼料の加熱または有機酸処理
7．飲水の殺菌と検査

●鶏舎消毒は CCP ではない

（横関）

クター）フリーのヒナをいかにして導入するかが，養鶏場の HACCP の命運を決めるのである。だから，著者はこれを CCP としているが，農水省の「家畜の生産段階における衛生ガイドライン」では，そうはしていない。農水省のガイドラインによると，危害要因に「素ヒナのサルモネラ汚染」を挙げているが，管理基準では，種鶏場からのサルモネラ陰性証明，種鶏場の衛生証明を取得すること，また，「素ヒナの異常」では異常ヒナおよび死亡ヒナ 1 ％未満としているだけである。養鶏場のサルモネラ汚染防止において最も重要なヒナについて，他者の証明書だけというのは少々不十分ではないだろうか。著者のプログラムでは，証明書以外に導入時点でのヒナ輸送箱の敷き紙の全数検査を行う。また，7 日齢までの斃死淘汰ヒナの内臓の細菌検査も行うことになっている（**表 6-1-6**）。実際にはこれに加えて，ヒナ購入先の孵卵場の調査や衛生管理の聞き取り，契約書（陽性の場合の返品や淘汰の費用弁済，補償）の取り交わし，種鶏のサルモネラ陰性証明書，ヒナのロットごとの陰性証明書も取る。

非汚染養鶏場での HACCP では，前述のように特別の鶏舎消毒は行わず，普通のオールアウト後の消毒を行うが，外部からの侵入に対しては，防壁を強くしなければならない。第 3 章（52 ページ）ですでに述べたような，ヒト・車両・器具器材・飲水の消毒は徹底して励行しなければならない（GMP）。なかでも，卵トレイ・コンテナー，食鳥かごまたは廃鶏かごには特別の注意が不可欠である（**表 6-1-7**）。それに加えて，飼料の対策（非汚染飼料の購入・有機酸の添加など）が重要になる。

食品工場の HACCP 文書の例は，上田の策定したものを先に示したが，参考のために養鶏場の HACCP 文書の一例を示す。**表 6-1-8** は HACCP 総合表のうち「ヒナの導入前の措置」について示したものである。**表 6-1-9** は「成鶏の検査」の方法について示した SSOP である。

●表 6-1-7　HACCP 実施農場での鶏舎消毒

■オールアウト時の消毒（検査陰性）

原則として特に不適切な方法でない限り，農場慣行法でよい

消毒後の検査は原則として不要（オールアウト前に検査するため）

■日常の消毒

踏み込み消毒槽（履き替え，使用後の消毒）

衣服の消毒（着替え，終業時の洗濯消毒）

車両消毒

器材の消毒

飲水の消毒

舎内微粒子噴霧

（横関）

●表 6-1-8　養鶏場の HACCP 総括表（鶏）の一部

工程	危害原因物質	危害の要因	防止措置	CCP	管理基準	モニタリング方法	改善措置	検証方法	記録の維持管理方法
ヒナ導入前の措置	サルモネラ	感染ヒナによる持ち込み	・孵卵場，育雛場のサルモネラ対策の調査 ・現地視察 ・孵卵場，育雛場との契約（環境のサルモネラフリー証明書，ヒナロットのサルモネラフリー証明書，陽性時の返品・淘汰費用の負担，保証金，CE剤の投与項目含む）	CCP	全契約事項の実施（孵卵場・育雛場のサルモネラフリー証明，ヒナロットごとのサルモネラフリー証明，万一陽性時の返品などの措置）	①質問書 ②現地視察 ③契約書 契約書は社長が署名し，農場長が確認する。社長が保管し，農場長は写しを保管する	①不備書類の請求 ②契約の解除 ③ヒナの受け取り拒否 ④契約違反時には，養鶏場・育雛場へクレーム ⑤仕入れ先の変更 担当：社長	記録文書による ①孵卵場・育雛場のサルモネラ対策についての質問に対する回答書 ②契約書 ③ヒナ添付文書（サルモネラ検査成績書，CE製剤投与済み証など）	孵卵場・育雛場の回答書，契約書 ①孵卵場・育雛場のサルモネラ対策についての質問に対する回答書 ②契約書 ③ヒナ添付文書（サルモネラ検査成績書など）

（横関）

4．検査

食品工場の HACCP では，一般に製品の細菌検査は CCP にしないことになっているが，畜産農場の場合には検査は CCP にしなければならない。細菌検査こそが畜産農場の HACCP における重要 CCP だと言っても過言ではない。先に述べたが，農水省の「ガイドライン」の HACCP では，当然サルモネラ検査をすべき CCP で目視検査をしているが，これは細菌検査は CCP にしないという食品工場の HACCP を無批判に真似ようとしたためではないかと思われる。

鶏舎の検査方法については，農水省の「ガイドライン」では指示されていないが，「鶏卵のサルモネラ総合対策指針（平成 17 年 1 月 26 日付け第 8441 号農林水産省消費・安全局衛生管理課長通知）」に

●表6-1-9　CCPの衛生作業標準書の一例

作業工程番号	2－4	実施責任者 実施確認者	農場長 農場長
作業工程名 作業目的	成鶏の検査	実施担当者	鶏舎担当者
記録と確認	成鶏および成鶏舎のサルモネラフリーの確認		
作業手順			

この検査は1～2カ月ごとに実施する

①鶏舎内から盲腸便の採取

1)収集採取：鶏舎を30～50区に分割して，1区から1～数個の盲腸便を採取する。合計60個採取する(60個は鶏群の感染率5%の時，95%の精度で感染を検出できるサンプル数)。採取した盲腸便はバケツかポリ袋に入れ，棒などでよく撹拌する。十分に撹拌したら，各所から少量ずつ採取して，100g程度をポリ袋に収め，密封して検査機関に送付する。

2)糞ベルトからの採取：ベルトの末端部にガーゼ(二つ折りで約30㎝四方)を吊り下げベルト面をこするように接触させ1日間放置しておく。ガーゼを外してポリ袋に密封して検査機関に送付する。

②塵埃の採取

1)採卵ベルトからの採取：ベルト末端部付近に塵埃が堆積するので，それを約100g採取してポリ袋に密封して検査機関に送付する。

2)渡り桟の上面，換気扇の翼，換気口付近から採取して，ポリ袋に入れ，よく撹拌して各所から少量ずつ集めて，計100g程度をポリ袋に収め，密封して検査機関に送付する。

3)DS(Drug Swab)法：二つ折りにして約30㎝四方のガーゼを滅菌生理食塩水または牛乳で湿らせ，床面を引きずって塵埃を付着させる。鶏舎全面の通路を引き歩いたガーゼをポリ袋に密封して検査機関に送付する。

③検査結果が陽性のときは防疫対策に移る

必要器材	①ガーゼ，ポリ袋，バケツ，棒，小型スコップ　②送付用包装材料
記録と確認	①検査記録　②作業日誌

(横関)

具体的に書かれている。特にサンプルの採取についても検体数を指定している。盲腸便は300検体分と十分であるが，塵埃は10カ所と少ないようである。また，拭き取り個所も床・壁各4カ所，給餌器・集卵ベルト各3カ所，換気装置3カ所と少ないように思われる。産卵中の鶏舎の場合には糞ベルトの拭き取り検査もあるが，消毒後の鶏舎の場合にはない(これでは，もし汚染鶏舎の場合には，消毒が完全に食中毒菌を除去できたかどうかがわからない)。

DS(Drug Swab)法(100ページ)では床面全面を拭き取るので全数検査と同じであるが，一定面積の拭き取りや盲腸便の場合には全部を検査しないので“抜き取り検査”になる。抜き取り検査の精度は検体数により決まるのである。

例えば，発症率(排菌鶏の割合)1％の場合，99%の精度で発見するにはサンプル数450個が必要だが，精度95%ならサンプル数は300個でよい。発症率5％の場合に99%の精度で発見するにはサンプル数90個，95%の精度で発見するにはサンプル数60個となる。99%の精度とは見落とし(発生していても発見できない場合)が1％あるということである。汚染が進んでいる鶏舎ではサンプルが少なくても発見できるが，消毒後の鶏舎ではサンプル数を非常に多く取らないと，真に清浄化できたかどうかが確認できないのである。したがって，消毒後の鶏舎の検査では抜き取り検査は非効率的・不確実的である。

■ GP センターでのHACCP

GP センターは，第5章(151 ページ)に書いたが，一種の食品工場と考えてよい。したがって，食品工場のHACCPが導入できる。原卵は材料と考えればその搬入に当たっては仕入れ検査(細菌検査)をしなければならないが，現実問題としてそれは不可能である。また，汚染を疑われる農場からの原卵の搬入を拒否することも難しい。ただ，生産元の農場の適時検査により，汚染の有無を知ることはできるので，汚染が疑われる農場からの原卵を当日の最終ロットとして扱うことで，工程の汚染によるほかの農場の生産卵への汚染拡大は防げると考えられる。

GP センターの工程のなかでは，洗卵消毒の部分がCCPになる。これは卵殻付着菌を殺滅する「キルステップ Kill Step」である。管理基準は洗卵水の温度と次亜塩素酸ソーダの濃度である。モニタリングは計器による計測である。さらに，製品を一時保管する際の貯蔵温度もCCPとしたいところであるが，鶏卵の流通は未だに常温流通と低温流通が混在しているので，一概に10℃以下などと規定することができない(低温保管した卵を常温に戻すと結露が生じ品質低下を来す。湿度により異なるが3℃ほどの差で結露が発生することもある)。

平成22年度に㈳日本養鶏協会が行った調査によると，チルド出荷は全体の22.7%にすぎない。出荷先が低温流通のみの場合は10℃以下と規定できる。これは，卵輸送車のコンテナ内温度も同様である。洗卵消毒以外のラインの洗浄消毒はGMPとして管理される。

■ 食鳥処理場でのHACCP

食鳥処理場も，一種の食品工場であるが，こちらは難しい条件がある。一言で言うと，効果の高いCCPが設定できないことである。冷却槽水は次亜塩素酸ソーダを添加するので「キルステップ Kill Step」としてCCPにできるが，その効果は第5章(163 ページ～)述べたように限定的である。冷蔵庫・冷凍庫での保管はCCPにできるが，これは細菌の増殖を防ぐだけである(冷凍庫ではある程度菌数の低減ができる)。したがって，食鳥処理場にHACCPを導入しても，その効果はほかの食品工場におけるほどには挙げられないと考えられる。

しかし，農水省では，「食鳥処理場におけるHACCP方式による衛生管理指針」(平成4年3月30日付け衛乳第71号)を通知したので，各県の家畜保健衛生所など関係機関では，このHACCP方式による衛生管理を推進している。この方式では，「生体受け入れ」をCCPとしているが，モニタリングは目視検査である。一般に，食鳥の禁止・廃棄の原因は約6割が「炎症」で次いで「削痩および発育不良」が1割である(横関，2008)。マレック病，大腸菌症，原虫病，腹水症など病名を明らかにしているものもあるが，サルモネラとかカンピロバクターは挙げられていない。つまり，目視検査ではサルモネラやカンピロバクターは除去できないと考えられる。旧ソ連の大農場でのサルモネラ発生事例を報告したKotobaら(1988)によっても，獣医師により健康であると保証された鶏143羽を検査したところ，16羽が陽性であったという。すなわち，CCPとしての生体検査の効果は鶏肉による食中毒防止についてはかなり限定的ということになる。それよりも，搬入農場の頻繁な食中毒菌検査により汚染農場を明らかにして，そこからの生鳥の受け入れは順番を最後にすることが，ほかの非汚染農場の鶏肉への汚染拡大を防ぐのに効果的であると考えられる。

また，農水省のHACCPに戻って，次のCCPは「冷却」である。本冷では5℃以下，水量1羽当たり1.5 ℓ以上，汚染度，透視度を管理基準にしているが，次亜塩素酸ソーダの濃度の規定はないので，塩素の殺菌効果は期待していないのではないかと考えられる。次亜塩素酸ソーダの効果も前述のとおり限定的であるが，第5章(171ページ)で紹介した狩屋(2009)らの報告では，次亜塩素酸ソーダ濃度を高めるとカンピロバクターの検出率が下がり，200 ppmでは検出ゼロとなったと述べているので，次亜塩素酸ソーダ濃度は規定すべきではないか。もっとも，200 ppmでは鶏肉への着臭などが生じるので現場では行い難い。

最後のCCPは「製品の保管」である。冷蔵冷凍である。冷却の効果について，R. J. Whyteら(2005)は，冷蔵は菌数増加を抑制するが，カンピロバクターの生存性をかえって向上させると述べている。著者もサルモネラで同様の知見を得ているので，おそらくほかの菌についても同様であろうと考える。Solowら(2003)によっても，*Campylobacter jejuni* と *C. coli* は環境温度よりも冷蔵温度の方が生存する。鶏皮膚上の *C. coli* と *C. jejuni* は25℃，37℃，42℃よりも4℃の方が長く生存したという。冷凍については，*C. jejuni* を－196℃では8週間で2.4 log cfu/g減少させ，－20℃では1.3 log cfu/g，－30℃では1.8 log cfu/g減少させた。それ以上置いても初発菌数より3～4 log cfu/g少ないだけにとどまったという。ゆえに，短期間の凍結は *C. jejuni* の数を減らし，－20℃での8週間以上の凍結は不活化をもたらす，としている。また，－86℃での凍結は菌を保存するようだ，とも述べている。

鶏手羽に *C. jejuni* を接種して－80℃～－196℃の超低温下で手羽内部が－3.3℃に達するまで冷却(ただし凍結せず)したが，この超冷却は菌数を1 log cfu/g以上は減少させなかったとのZhaoら(2003)の知見を紹介している。処理場から出た屠体を2分割し，一方の菌数を測定，他半分を－15℃で14日間凍結→5℃で解凍一夜，3時間室温放置→計測したところ，この2ロットは *C. jejuni* の汚染率が70%と80%低下した。菌数も半屠体当たり340 cfu/gから2 cfu/gに減少した。この現象は菌体の不活化と言うよりも損傷から惹起されたようで，培養により菌が損傷を修復して増殖するという(Stern et al., 1985)。

厚労省の食品安全委員会はカンピロバクターの冷却と冷凍の効果についてまとめている(**表6-1-10**)が，それによると，冷凍では1～3 log cfu/g程度の減菌効果が見られるが，冷蔵ではほとんど認められないとしている。

これらの低温保存工程では温度条件が管理基準となる。

最近発表された知見であるが，屠殺1日前の屠体に乳酸を噴霧して体表の付着菌数を調べたJ. A. Casonら(2005)の報告があるが，腸球菌・大腸菌・乳酸菌・カンピロバクター，サルモネラのすべての菌に対して効果がなかったと述べている。和田ら(2011)は屠体を乳酸水に浸漬して，付着菌数の制御を試みたが，60秒浸漬で1 log(除菌率88.9%)であった。

さらに，農水省のHACCPではその他の洗浄消毒などの12個所もCCPとされているが，これらは本来すべてGMPで管理されるべき作業である。

このように，食鳥処理場の衛生管理はHACCPにしたことで特に効果があがったり，変わったりするやり方になるのではない，と考えられる。

したがって，食鳥処理場の衛生管理にHACCP方式を導入したとしても，従来の方式と比較し

●表 6-1-10　鶏肉への接種実験による冷凍保管などによるカンピロバクター菌数の変動

食品	処理	温度(℃)	期間	低減量(log)
鶏皮	冷凍	−18	32 日	2.2
鶏肉浸出液	冷凍	−18	32 日	1.5
鶏屠体	浸漬冷却後冷凍	−20	31 日	0.65
同	同	−20	31 日	1.57 ~ 2.87
同	冷凍	−20	3 週間	2
鶏挽肉	冷凍	−20	2 週間	0.56 ~ 1.57
鶏皮	冷凍	−20	2 週間	1.38 ~ 3.39
鶏皮	冷凍	−20	48 時間	2 ~ 3
鶏手羽	冷凍	−20	72 時間	1.8
鶏屠体	冷蔵	3	7 日	顕著な低減なし
鶏挽肉	冷蔵	4	3 日	0.34
鶏皮	冷蔵	4	3 日	0.31
鶏挽肉	冷蔵	4	7 日	0.81
鶏皮	冷蔵	4	7 日	0.63
鶏皮	冷蔵	4	48 時間	顕著な低減なし
鶏手羽	冷蔵	5	24 日	ほぼ一定

（厚労省食品安全委員会，2009 年 6 月）

て，どれだけ食中毒菌防止に効果があるかは，かなり疑問ではないかと思う。もっとも，従来の衛生管理が非常にお粗末で劣悪な処理場であれば改善される点も多く，改善効果も大きくあがると思われるが，従来から衛生管理に注力している工場であれば，手間・時間・費用をかけてまで HACCP 方式にするメリットは多くないのではないかと思われる。

■ 導入を考える前に

前述のように，今日では HACCP を導入している畜産農場，GP センター，食鳥処理場も少なくないと思われるが，新規に導入を考えておられる経営者は，その前によくよく熟考されるのがよいのではないかと考える。前述したように，畜産関係施設の HACCP では，CCP に効果的な「キルステップ Kill Step」を設定するのが難しいので，効果が限定的である。それに，導入に当たっては，前述のように文書化に相当の手間と時間とコストがかかる。専任の担当者も置かねばならない。コンサルタントに依頼すれば費用がかかる(著者もコンサルタントだが…)。大手の食品会社では人手も多くあり，文書管理もできるだろうが，元々人手の少ない畜産現場ではかなりの無理が生じるであろう。

前述のように，今現在，衛生管理を確実にする実際上の取り組みが，すでに確立している事業場では，HACCP を導入しても，今よりも一層の改善・向上は，あまり期待はできないであろう。それは，衛生管理のレベルはひとつひとつの作業の質により決まるのだが，HACCP のようなシステムを導入しても，ひとつひとつの作業の質が向上するとは限らないからである。現在の衛生レベルが低い事業場では改善・向上が期待できるが，それは HACCP というシステムでなければ達せられないのかと言うと，そうではない。すべての衛生作業を見直して，本書で述べてきたことを参考にされて，ひとつひとつの作業を適切かつ丁寧に行い，衛生管理のシステムを自場にマッチした形で組み立てればよいのである。

雪印乳業の食中毒事件のことは，先に紹介した通りだが，最近の米国の事例（FDA，2010）を紹介しよう。2010 年 5 ～ 9 月の間，43 州にわたり 1,500 人余のサルモネラ食中毒患者が発生した。原因菌は *S.* Enteritidis と判定され，トレースバックにより鶏卵生産者がアイオワ州の Wright County Egg と Hillandale Farm と判明した。そして殻付卵 5 億 5 千万個が自主回収された。FDA は両生産者に対して査察を行い報告書を発表したが，Wright County Egg では，衛生管理がきわめて劣悪であった。すなわち，5 棟の鶏舎の下では，鶏糞が 2.7 m も堆積し，ピットへの入り口は鶏糞の圧力で破壊され，野生動物の侵入に任せていた。鶏舎のドアは鶏糞だめをあふれた過大な鶏糞により塞がれ，鶏糞由来の黒い液体が床面を舎外に溢れ出していた。逃げ出した鶏が鶏糞の上を歩き舎外に出入りしていた。ネズミ穴とネズミが多数目撃された。舎内にはハエとハエの死骸が無数に見られた。飼料撹拌機のなかに鶏が歩いていた。鶏舎環境や飼料原料（骨粉），飼料からサルモネラが検出された。この飼料は Hillanndale Farm にも提供されていた。同社の衛生状態も劣悪で，GP センターの洗卵水からもサルモネラが検出された。Wright County Egg は 700 万羽を飼育しているが，サルモネラの汚染は以前からあった。同社は 2 年前から 100 回以上もサルモネラ陽性の報告を受けており，そのうち 73 検体は大食中毒の原因と同じ系統の *S.* Enteritidis であった。同社はこの事実を知りながらなんらの対策も打っていなかった，というものである。

驚くべきことには，両生産者とも HACCP を導入していたのであった。繰り返して述べるのだが，HACCP を導入しさえすれば，衛生管理のレベルが向上するということは決してないという事例である。

HACCP は，よく考えずに導入を急ぐとよい結果にならないことが少なくないと思われる。HACCP を導入した畜産現場が，その後，どのように実践を重ねているだろうか。これが問題である。

ところで，著者は，我が国で養鶏場に HACCP の導入を支援した最初のひとりではないかと思っている。平成 12 年に採卵養鶏場の HACCP をテーマにした論文で農学博士号をいただいたのも我が国では嚆矢であろう。著者が導入支援した養鶏場が，その後がどうなのか。HACCP システムでは，導入後も検証や年ごとの監査という仕事があるが，それを依頼して来た例はほとんどない。ということは，当の養鶏場の経営者にとって，HACCP は，その一件書類を貰えば，それで OK ということだったのではないかと思われる。

養鶏場での HACCP 導入失敗例から考える

著者が今日までに見聞きした養鶏場での HACCP 導入失敗例の理由は何かを探ってみる。

①納入先の外食企業の圧力

HACCP を導入しないと取引停止と脅されて仕方なく導入した。経営者にとっては得意先の外食企業に HACCP システムの書類を見せればそれでよいので，後は野となれ山となれ式の取り組み方であった。

②他養鶏場よりも早く導入して宣伝に使いたい

他養鶏場よりもいち早く導入して市場競争に優位を占めたいという経営者の競争心からである。これも書類が揃えばそれでよいという形である。書類が膨大であるほど，こんなに大変なシステムなのだと宣伝できるので，有難いのである。

余談だが，著者があるGPセンターのためにチェックリストを作ったことがあったが，社長から，「あのチェックリストは簡単すぎる」とバイヤーからクレームが来たのでもっと詳しいリストにしてくれと言われたことがある。著者は“最小限の文書”をモットーにしているので，チェック表などは簡単な方がよいと思っているのだが，それでは有難味がないということらしい。しかし，チェックリストがあまりに膨大なので，従業員が嫌がってやめた農場もあると聞いたことがある。昔，中央畜産会だと覚えているが(間違いならご容赦を)酪農家向けのHACCPを策定するために，モデル牧場を全国数カ所に設けて実験をしたことがあった。著者も少し参画して，その際に聞いた話だが，農家にチェックリストを記入してもらうのだが，あまりに複雑なので「こんなものを本当に付けることができるのか？」とある指導者が聞いたところ，農家は，仕事中にそんなものを書いている暇はないので，1週間ずつまとめて記入していると答えたということであった。

③「金をかけないでやれ」という経営者の方針

まったく費用をかけないで導入することは不可能である。著者のHACCPシステムは「最小限の労力・最小限の時間・最小限の費用・最小限の文書」をモットーにしているが，それでもタダでやれるわけではない。

④社内だけで議論していて進まない

サルモネラ対策にもHACCPにも素人の社員だけで取り組もうとして，できずに途中で沈没してしまった。

⑤形式にこだわりすぎた

“7原則”とか“12の手順”という参考書の記載通りにやろうとして自社の実態に合わなくなった。

かなり真面目に取り組んでいる農場でも，1年後に監査のために訪問すると，決められた作業標準が変形されている例(作業が楽なように，使用消毒薬を安価な物に，使用濃度を規定よりも薄く，検査回数や検体数を減らすなど)が見られたこともあった。また，文書管理が不適宜で，検査成績が散逸して必要な時に見つからないこともあった。従業員に外人や農家の婦人が多く，教育ができないとこぼしている経営者もいた。

結局のところ，現在の自社の衛生管理のレベルが満足できるところにあるかどうか，その改善あるいは向上が，HACCPを導入すればできるのか，また，HACCPを導入しないとできないことなのか，その点を突き詰めて熟考することが重要なのである。それで導入するとなれば導入すればよいし，導入しないでやるという決定をしたら，従来のやり方の再点検をして，作業手順を再構築すればよいのである。

しかし，SSOPは簡単なものでよいので作るとよい。従来式のやり方でそれぞれの作業が，作業者の個人的な考え方で行われていると，担当者が変わった時に衛生レベルが急に低下することがある。例えば，ベテランの熱心な人が退社して新人に変わった時などである。こういう時に，作業標準書があれば，作業のレベルが大きく変わらないで済むのである。

CHECK SHEET

□1．畜産農場のHACCPは食品工場と同じではない。それは，畜産農場のHACCPでは「キルステップ Kill Step」が設定できないことである。したがって，その効果は限定的なものにならざるを得ない。

□2．畜産農場の HACCP で最も重要なことは「非汚染農場」にだけ導入することである。非汚染農場であれば，畜鶏舎からの感染のおそれがないので，畜鶏舎消毒を CCP にして，厳重な消毒を行わなくても済む。労力と時間と費用を無駄にしないで済む。

□3．畜産農場の HACCP における CCP で最重要なものは，非感染のヒナ(子畜)を導入することである。

□4．GP センターや食鳥処理場でも，定期的に搬入元の農場を検査して，非汚染農場からのみ原卵や生鳥を受け入れればよいが，実際上は不可能である。代替策として，汚染農場からの搬入卵や鳥を最後にすることで，工程の汚染を防ぎ，ほかの農場の鶏卵または食鳥肉への汚染拡大を防ぐように配慮すればよい。

□5．GP センターや食鳥処理場に HACCP システムを導入するメリットが本当にあるのだろうか。慎重に検討すべき課題である。

■引用文献

第 1 節

・FDA：*Salmonella* Enteritidis Outbreak in Shell Eggs, Updated November 30(2010)
・J. A. Carson et al.：External Treatment of Broiler Chickens with Lactic-Acid-Producing Bacteria Before Slaughter, Int. J. of Poultry Sci, 4(12), 944～946(2005)
・河端俊治，春田 三佐夫：HACCP－これからの食品工場の自主衛生管理，p.3，中央法規出版㈱(1992)
・Kotova A. L., Kondratskaya S. A., Yasutis I. M.：Salmonella carrier state and biological characteristics of the infectious agent, J Hyg Epidemiol Microbiol Immunol, 32(1), 71～78(1998)
・農水省：家畜の生産段階における衛生ガイドライン，平成 14 年9月
・R. J. Whyte, J. A. Hudson, N. J. Turner：EFFECT OF LOW TEMPERATURE ON CAMPYLOBACTER POULTRY MEAT(2005)
〈http://www.foodsafety.govt.nz/elibrary/industry/Effect_Temperature-Assessment_Freezing.pdf〉
・Solow, B. T., O. M. Cloak, P. M. Fratamico：Effect of temperatutre on viability of *Campylobacter jejuni, Campylobacter coli* raw chicken and pork skin, Journal of Food Protection, 66, 2023～2031(2003)
・Stern, N. J., P. J. Rothenberg, J. M. Stone：Enumeration and reduction of *Campylobacter jejuni* poultry and red meats. Journal of Food Protection, 48, 606～610(1985)
・㈳日本養鶏協会「平成 22 年度，鶏卵及び加工卵の生産と流通に関する調査」
・上田 修：トータルサニテーションにおける SSOP(衛生標準作業手順書)の作成，食品工業 54(2)，76～78(2011)
・雪印食中毒事件に係る厚生省・大阪市原因究明合同専門家会議：雪印乳業食中毒事件の原因究明調査結果について－低脂肪乳等による黄色ブドウ球菌エンテロトキシンA型食中毒の原因について－(最終報告概要)，平成 12 年 12 月 20 日
・和田 真太郎ら：乳酸処理による食鳥と体のカンピロバクター除菌効果の検討，鶏卵肉情報 2011 年4月 25 日号，54～57(2011)
・横関正直：ブロイラーの禁止廃棄率改善のための状況分析及び対策，畜産の研究 62(5)，577～586(2008)
・Zhao, T., G. O. I. Ezeike, M. P. Doyle, Y.-C. Hung and R. S. Howell：Reduction of *Campylobacter jejuni* on poultry by low-temperature treatment. Journal of Food Protection. 66, 652～655(2003)

■参考図書

・横関正直：これならできる養鶏場の HACCP，木香書房，東京(2003)
・横関正直：養鶏場向け HACCP 導入支援ソフト“do HACCP 鶏卵版”，㈱シーエスデー，神奈川

第 7 章

環境汚染と作業者の健康

第1節
人獣共通感染症

直接に消毒とは関係ないように思われるかもしれないが，畜産農場の消毒の目的には，家畜の健康維持・疾病防止，畜産物の安全，生産効率の向上，周辺環境の汚染防止に加えて，そこで働く作業者の安全と健康維持も含まれている。例えば，ウインドウレスやセミウインドウレス畜鶏舎の環境は，家畜にとっても働く人間にとっても，よいものではない。

畜産現場の作業者の疾病および健康問題についての研究は，欧米では数多く行われているが，我が国ではきわめて少ないのが現状である。これは，この問題についての認識が，当事者においても社会においても低いことが原因であろう。また，畜産業の産業としての位置付けの違いも原因のひとつと考えられる。

そこで，本章では畜産現場の作業者に，どのような健康被害の原因があり，どのように被害を受けているかを，内外文献(といっても大部分は欧米諸国の報文だが)の研究成果から紹介する。

■ 畜産現場での人獣共通感染症

人獣共通感染症には**表7-1-1**に示すような感染症がある。人獣共通感染症というと最近は鳥インフルエンザに関心が集中している。東京大学医科学研究所の河岡義裕 教授(ウイルス学)らによると，鳥インフルエンザは通常，ヒトからヒトへ感染しにくいが，哺乳類のフェレットにH7N9型を感染させる実験の結果，体内でウイルスが変化して，フェレット同士で空気感染するようになったという。H7N9型はすでに「ヒト→ヒト」の伝播タイプに変化しており，世界的にパンデミックになるおそれがあると言う。さらに日本人はすべての年齢層で免疫がないので，侵入されたら大流行となると警告されている。

しかし，本章で取り上げるのは鳥インフルエンザではなく，畜産現場の作業員や獣医師に関わる一種の職業病とも言える人獣共通感染症なのである。これほどに強力な伝染病でなくても，対策を要する共通感染症はある。豚丹毒や，サルモネラやカンピロバクターあるいは病原性大腸菌によるものなどである。

●表 7-1-1　我が国で注意すべき主な人獣共通感染症

疾病名	病原体	感染源(動物)	ヒトへの感染源	国内発生
炭疽	細菌	牛・馬・豚	同左	+
ブルセラ病	細菌	牛・馬・豚・めん羊	同左	+
非定型抗酸菌症	細菌	豚・鳥類	不明	+
サルモネラ症	細菌	豚・鶏・犬・カメなど	同左，汚染食品	+
大腸菌症	細菌	家畜家禽・伴侶動物	同左，汚染食品	+
リステリア症	細菌	牛・めん羊・豚	同左	+
パスツレラ症	細菌	犬・猫など	同左	+
エルシニア症	細菌	牛・豚・犬・猫など	同左，汚染食品	+
レプトスピラ症	細菌	犬・豚・牛・ネズミ	同左，汚染食品	+
カンピロバクター症	細菌	鶏・豚・犬・猫など	同左，汚染食品	+
ニューカッスル病	細菌	鳥類	同左	+
高病原性鳥インフルエンザ	ウイルス	鳥類	同左	+
トキソプラズマ症	原虫	猫・豚・めん羊・犬など	同左	+
牛海綿状脳症(BSE)	プリオン	牛	汚染肉(食品)	+

(内閣府食品安全委員会)

■ サルモネラのヒトへの感染例

1．獣医師のサルモネラ感染例

獣医師のサルモネラ感染例については、以下の4例を紹介する(Carter A. P. et al., 1991 & J. H. Collyer, 1988)。

①分娩直後の牛の子宮筋層炎の治療として滅菌生理食塩水で子宮洗浄を行った獣医師の例

牛は下痢をしており，糞便検査で *Salmonella* Typhimurium が検出された。子宮洗浄を行った36時間後，獣医師に咽喉の痛みとインフルエンザ様の症状が出た。4日後には甚急性・発熱性の下痢を発症し，症状は4日間続いた。便の検査で牛と同じ菌が検出された。獣医師は治療中に腕の長さのゴム手袋・ゴムの手術衣を着用していたが，マスクはしていなかった。気道を介した感染と思われると報告している。

②乳牛の胎子を人工流産させた獣医師の例1

母牛は *S.* Thompson に感染していることが分かっていた。処置から3日後，その獣医師の腕に炎症が生じた。その部位から，母牛と同じタイプの菌が検出された。腕の炎症は2～3週間後に治癒し，全身症状は出なかった。

③乳牛の胎子を人工流産させた獣医師の例2

母牛は，処置後，*S.* Typhimurium に感染していることが分かった。処置を行ってから3日後に，獣医師の腕に小さな痛みのある膿胞が生じた。全身症状はなかった。10日後，獣医師は別の牧場に行き，2件の異常分娩を手伝った。4日後，その時に生まれた2件の子牛が下痢を発症し，双方から同じ菌が検出された。先の母牛も含めて3件とも同じファージタイプ204で，DNAも同一プラスミドであった。獣医師の膿胞は2～3週間ほどで治癒したが，3カ月ほどは難産に立ち会うたびに膿胞が再発した。

④難産時の人工流産の最中に着けていた手袋が破れたことに端を発した獣医師の例

後に母牛が *S.* Dublin に感染していたことが分かった。処置から48時間後，獣医師の腕に無痛性の丘疹が無数に発生した。丘疹は膿胞になり破裂した。特に治療は受けず10日後に回復した。全身症状はなかったが，膿胞からサルモネラが検出された。

2．孵化場従業員のサルモネラ感染例

アイルランドの孵化場での事例である(E. B. Smyth & J. D. Watson, 1987)。7日齢のヒナの斃死が5～10%に増加したので，経営者は従業員にサルモネラ保菌者がいて感染させたのではないかと疑い，全従業員の便検査を実施した。この孵化場は，あるブロイラー・インテグレーションの一部門であるが，コマーシャル農場や食鳥処理場とは地理的に隔離されていた。従業員も専任で，ほかの事業場との往来はなかった。種卵は各地の種鶏場から入り，毎週20万羽の初生雛を出荷していた。孵化場では，定期的に卵殻・綿毛・血液・糞便を細菌検査しており，サルモネラ陽性の結果が出ることがあった。*S.* Typhimurium と *S.* Enteritidis が多く検出されていた。飼料はいつもサルモネラ陰性であった。従業員の検査結果は受検した21名中9名が *S.* Enteritidis，1名が *S.* Infantis，1名が *S.* Typhimurium と，合計11名が陽性であった。検査当時，従業員はサルモネラ陽性者を含めてすべて無症状であった。ただ，*S.* Enteritidis を排菌していた1名は，過去1年間，間欠性の上腹部痛・嘔吐・軟便を呈していた。彼の妻と2人の子供も，過去6カ月間に多数回の下痢・嘔吐を経験していた(従業員から家族へ伝染したと思われる)。数カ月前，地域の6週齢児が *S.* Typhimurium に感染した。その農家は最近1万羽の初生雛をその孵化場から購入していた。そのうち200羽は第1週に斃死し，*S.* Typhimurium が遺残卵嚢から検出された。この孵化場の従業員は常在的にサルモネラ汚染されている環境下で就業していたとみられる。*S.* Infantis は最近インテグレーション中のほかの事業所でも検出されていた。

3．大規模農場(ソフォーズ)でのサルモネラ感染例

旧ソ連のKotoba(1988)らの報告である。茹でたソーセージを食べた者が *S.* Enteritidis による食中毒になった(検査陽性69/120名，57.5%)。また，子牛ミンチ肉による *S.* Dublin 食中毒もあった(陽性76/79名，96.2%)が，こちらは，発生から6カ月過ぎてもなお，胃痛・上腹部痛・間欠性下痢・食欲減退を訴える者が多いため検査したところ，*S.* Enteritidis 保菌者が68名中29名(42.6%)，第2の発生の患者中 *S.* Dublin の保菌者が27名(34.4%)いることが分かった。

このように長期間感染が継続することは，単なる食中毒というよりも，彼らが従事する業務と関係があるのではないかと疑い，各職場の従業員をすべて検査した。すると，畜産現場と食鳥処理場の150名，牧場の103名の合計253名から14名のサルモネラ陽性者が発見された。畜産現場の鶏と接触していた健康な従業員の8.8%，アヒルと接触していた者の6.1%，羊飼いとその家族の2.8%がサルモネラ保菌者であった。

畜産現場従業員からは *S.* Typhimurium 50.4%，*S.* Newport，*S.* Enteritidis，*S.* Dublin も検出さ

れた。羊飼いからは*S.* Typhimurium，*S.* Java，*S.* Enteritidis が検出された。獣医師により健康と保証された鶏の143羽を検査したところ，16羽がサルモネラ陽性であった。また，アヒル233羽の12%，ラム屠体129頭の13.1%，羊の糞の4.2%がサルモネラ陽性であった。さらに，放牧地の家畜211頭の直腸便の検査で4.2%が各種サルモネラに感染していることが分かった。大半は*S.* Typhimuriumであった。鶏で最も多かった血清型は*S.* Newport(14.1%)，*S.* Enteritidis(7.6%)，羊では*S.* Enteritidis(22.5%)であった。畜産現場の設備器具の洗浄廃水1,366検体と屠場拭き取り751検体を検査したところ，16検体がサルモネラ陽性であった。

この事例のきっかけはソーセージの集団食中毒であった。しかし発症が長期化，常在化した原因は，畜産現場をはじめとするこの畜産農場の汚染環境下で働く従業員たちが，常時感染に曝されていたためである。

4．大型養豚場でのサルモネラ感染例

Alsop(2005)によると，2000年3月，カナダのオンタリオで2,000頭の仕上げ豚を一貫生産で飼育している農場主から，豚の10～15%が下痢をしていると獣医師に連絡があった。タイロシンの筋注を3日間行ったが6頭の子豚が死んだ。水様の薄茶色の下痢が各豚房で顕著であった。ネオマイシンの飲水投与を5日間行い，重症の豚には副腎皮質ステロイド剤(Isoflupredon acetate)とセフチオフル(Ceftiofur sodium)の筋注を3日間続けた。細菌検査の結果，*S.* Typhimurium PT108が回腸などから検出された。抗菌剤治療により子豚の斃死は止まった。

一方，子豚のサルモネラ症が起きる前に，生産者の家族がサルモネラ症と診断されていた。家族の10歳の少年は，数日間下痢症にかかっていたにもかかわらず，12月に子豚の搬入を手伝っていた。彼の看護をしていた母親もサルモネラ症にかかった。2人とも治療後に回復した。出荷用車両と子豚搬入車は同じであった。

考察では以下のように述べている。すなわち，ヒトがサルモネラに感染する経路は，食物，水，環境，そして感染しているヒトや家畜からである。生産者の息子の臨床症状から，少年は豚の糞から感染したことが示唆されている。子供は指を口に入れたがるので，人獣共通感染症の腸炎に感染する危険性が高い。この事例の場合，獣医師は16歳以下の子供には豚舎に入らないように指示しており，成人の雇人が雇われていたが，生産者も雇人もサルモネラ症の所見については知らなかった。

■ 養豚場での豚丹毒のヒトへの感染例

岡谷ら(2007)の総論によると，豚丹毒菌のヒトへの主たる感染経路は創傷感染である。本菌の感染源は保菌動物および本菌を含んだ糞便や分泌物，ならびに本菌に汚染された土壌，水または食肉魚介類と魚の食品である。このため，動物または食肉・魚介類などの食品を取り扱うヒトの感染事例が多く，職業病の様相を呈する。本菌感染者に多い職業として，獣医師，畜産業従事者，屠畜場作業員，漁師，食肉業者，水産物取扱業者などが挙げられる。Gorbyらが敗血症患者49例を調べたところ，その89%が豚丹毒菌感染のリスクが高い業種の労働者で，屠畜解体員が34%，漁師が14%，主婦14%，獣医師6%，調理師，生成食品店労働者や皮なめし職人などであったと報告している。また，

Molinらはスウェーデンの屠畜場作業員138名について豚丹毒菌の抗体保有状況を調べたところ22名(16%)が高い抗体価を示したこと，ならびに2年間の調査期間内に16名(11.6%)が発症しており職業病的特徴を持つことを報告している。しかし，稀であるが動物との接触歴のないヒトの感染も報告されている。なお，ヒト→ヒトの感染は確認されていない。また，岡谷らは，豚における発症は1960年代には年間4,000頭であったが，ワクチン接種が普及した現在でも2,000頭ほどが発症している。豚では創傷感染と経口感染が主で水平感染も確認されている。豚丹毒菌は環境中では直射日光下で12日間，屠体で5カ月，埋葬された屠体で3～9カ月，冷蔵された屠体で10カ月間生存，環境での生存性が高い。55℃の過熱で10分，55.0～58.3℃で数分，塩蔵された肉やベーコンで170日間，硝酸カリ添加で30日間，燻製ハム中からも検出されたと述べている。このように環境下での生存力が強いことから養豚場をはじめ屠場，食肉加工場などの汚染除去が困難になっていることが考えられる。

■ トキソプラズマ症のヒトへの感染例

小林ら(1963)の総論から紹介する。芝浦屠場従業員93名，芝浦畜産臓器組合従業員137名，都内ハム工場従業員84名，および農民181名についてトキソプラスミンによる皮内反応を行った結果，豚関係の屠夫72%，屠畜検査官70%，大動物関係の屠夫58%，豚の内臓業者41%，大動物の内臓業者28%，ハム工場従業員30%，農民30%であった。原因としては，不完全調理肉の摂取機会が多いこと，手の創傷感染(経皮感染)が起きていることが示唆された。また，小林らがDT(色素法)による検査を行ったところ，茨城県土浦屠場従業員で74%，同阿見野屠場従業員で78%ときわめて高い陽性率が確認された。さらに，米谷は新潟でのDTによる陽性率は，屠夫34.6%，屠畜検査員33.3%，食肉販売業者29.5%，一般健康人16.5%であり，陽性者と陰性者の家族間で陽性率に差が見られなかったことから，屠畜，食肉関係者における高い感染率は，獣畜の解体や獣肉の取り扱いなどの作業に起因するものとした。橋本によるマウスの経皮感染実験では，表皮の剥離層では感染が起きなかったが，皮下組織に達する深傷，真皮に達する中等度の傷では，増殖型虫体塗布による感染が成立し，表皮または真皮の最上層までの浅傷では，マウスの一部にのみ感染が認められた。また，松本は各種皮膚創傷について感染成立のための原虫数は深傷で100個以下，浅傷で5×10^4などと報告した。

野上によると，日本や米国では成人の20～25%がトキソプラズマに感染しており，30歳未満では12%程度，30歳以上では20%以上とみられている。加齢により感染率が高まるのは食事の肉からの感染とみられる。統計によると生肉や加熱不十分な肉を好むフランス人の陽性率は85%(25歳までに80%感染)とされている。1995年にカナダで野生のネコ科動物に汚染されたと推定される上水により110名の急性トキソプラズマ症が発生し，内訳は妊婦42名，新生児11名であった。我が国では屠場従事者の陽性率が高いことが知られており，2001年の北九州市の報告では屠場従事者67名中陽性率は32.8%，30歳以下では0%，31歳以上では40%前後，61歳以上では66.7%と，陽性動物の減少と屠場環境整備により感染の危険が低下していることが推察される。産業動物のなかでは豚が最も重要であるが，本症の発生率は豚1,000頭当たり30～40頭で届出伝染性疾患としての記録は年間30～40頭である。近年，イルカなどの海生野生哺乳類の原虫保有が報告され，広域の環境の汚染があることから上水や加熱不十分な食肉の摂取には継続的な注意が必要としている。

■ 豚連鎖球菌症のヒトへの感染例

1．豚連鎖球菌

2013年の日本養豚開業獣医師協会記念セミナーでの関崎の講演によると，豚連鎖球菌は，豚に病原性を示す代表的な連鎖球菌で，肺炎，関節炎などの軽微な疾病から髄膜炎，敗血症などの重篤な疾病も起こし，また臨床上健康な豚が屠場で解体される際，心内膜炎を指摘される例も多く，総じて経済的損失が大きい。一方，ヒトが感染すると細菌性髄膜炎を発症して聴覚障害や運動失調を呈し，稀に敗血症により多臓器不全など重篤な症状を示す。保菌豚あるいはその生肉や内臓肉への接触により，主に，皮膚の外傷を介してヒトに感染する。また，十分に加熱調理されていない豚肉を使った食品を介した感染の報告や市販豚肉からの本菌検出の報告もある。

2．世界でのヒト感染症

同じく関崎によると，豚の本菌感染症は世界中で常に発生しているものの，ヒトへの感染は散発的というよりもむしろ珍しいと思われてきた。しかし，近年，アジアの養豚国でヒトの集団発生が続発し，人獣共通感染症として注目されている。特に，2005年，四川省で215名が発症し39名が死亡する事件が発生し，世界中を震撼させた。現在では，タイでは死亡例を含む少なくとも300例，ベトナムでは200例以上などアジア諸国において豚肉などを原因とするヒトの集団発生と死亡例が続いている。このうちベトナムでは成人の細菌性髄膜炎の原因の第1位，タイでは第2位にあがっている。また，オランダでも1968年以来30名以上の感染例が，米国では2008年に生豚肉を食べて発症，さらに国内で3名の報告がある。欧州一円，豪州，ニュージーランド，アルゼンチンでも患者が出ている。日本では少なくとも13名の患者が確認されて，うち2名が死亡している。感染リスクの高い人は，疫学調査によると養豚場，屠場，豚肉加工場，飲食店，獣医師など，豚あるいは豚肉との接触の多い者に感染者，抗体価の高いものが多い。豚肉の生食も高いリスクとなる。香港のスーパーマーケットで市販の豚肉から連鎖球菌が検出されたとの報告もある。臨床上は健康な豚が潜在的に保菌しているおそれがある。我が国でも40～50％の健康豚が扁桃に保菌していたとの報告がある。

本菌に関しては，真の病原因子が同定されておらず強毒株を見分けるマーカーも確立していない。

■ 畜産現場での人獣共通感染症を予防するには

我が国において，前述のような報告は寡聞にして著者は見たことがないが，大規模な畜産現場や養豚場，牛飼育場は我が国にも多数存在するので，同様の事例が発生するおそれは少なくないはずである。報告がないということは事例が存在しないということではなく，おそらく，経営者や従業員，さらには医療関係者にも，そのような知識・認識・意識がないために看過されているのではないかと考えられる。今後はそのリスクを念頭に置いて日常の対策を実施するべきと考える。

現場での防止策としては，定期的な検査も重要であるが，毎朝の始業時の朝礼で，各従業員の健康状態を確認することが最も効果があると考える。また，現場作業員には，マスク・ゴーグル・ゴム手袋などの防護具を提供して着用を義務付ける必要もある。さらに，終業時には，手洗い・うがい，可能であればシャワーまたは入浴の義務付けも必要である。

実は，この措置は法律によっても命じられていることである。労働安全衛生規則593条(呼吸器用保護器具)には「事業者は…(中略)ガス，電気または粉塵を発生する有害な場所における業務，病原体による汚染のおそれの著しい業務その他有害な業務においては，当該業務に従事する労働者に使用させるために，保護衣，保護眼鏡，呼吸器用保護具など適切な保護具を備えなければならない」とある。596条には保護具は労働者の人数分用意されていること，597条には労働者は有害な業務に就く場合は，保護具の使用を命じられたら，それを使用しなければならないとも規定しているのである。

また，マスクが不潔で労働者に疾病感染のおそれがあるときには，各人専用のものを支給しなければならないこと，さらに，疾病感染予防の措置を講じなくてはならないことも規定している。

CHECK SHEET

□1．畜産現場では，人獣共通感染症の危険が常在する。
□2．臨床獣医師や従業員ならびにその家族の感染実例が多く報告されている。

第 2 節
ヒトの健康に影響を及ぼす環境要因

■ 畜産現場の浮遊塵埃・浮遊細菌

畜産現場には，人獣共通感染症の病原微生物以外にも，作業者の健康に影響する要因がある。しかも，それはどんなに清潔で清浄な畜産現場にも存在する要因である。それは「浮遊塵埃と浮遊細菌」である。浮遊細菌の多くは，それ自体が特定の病気の原因となる病原菌ではないが，菌数レベルが高すぎると呼吸器粘膜などに障害を起こすことが知られている。特にグラム陰性菌から発生する菌体内毒素は，呼吸器系に影響を及ぼすとされている。浮遊塵埃もその量が多いと呼吸器や目の粘膜に影響が出てくる。著者は過去に多くの畜産現場を訪問して畜鶏舎を見たが，その舎内空気中の浮遊塵埃や浮遊細菌が気になっていた。

養豚場における著者の調査の一例を**表 7-2-1** に示す。

浮遊菌数も浮遊塵埃量も季節により変動する。これは温度管理のために換気量を制御することによる。夏よりも冬の方が健康にはよくないことが**図 7-2-1** から分かる。

米国・アイオワ州立大学の環境学教授 Donham による豚とヒトの健康に悪影響が出るとされる基準値(**表 7-2-2**)が知られているが，この調査結果と対比してみると，浮遊細菌数ではいずれも基準をわずかに下回っていたが，浮遊塵埃数では一例を除いて基準以上であった。

一般的に，鶏舎や豚舎の作業員が，防塵マスクや防塵眼鏡を着用しているのを見ることはないが，

●表 7-2-1　豚舎内環境－浮遊細菌数・浮遊塵埃量・アンモニア濃度

豚舎	浮遊細菌数(個 /㎥)		浮遊塵埃量(㎎ /㎥)		アンモニア濃度 (ppm)
	総菌数	真菌数	全塵埃量	吸入塵埃量	
A	1.77×10^5	5.50×10^3	11.16		4
B	2.11×10^5	7.30×10^3	2.57	0.57	8
C	1.05×10^5	6.20×10^3	12.02		6.5
D	1.16×10^5	—	4.95		2.5
E	1.50×10^5	—	2.32		7.5

注：青字の項目は Donham の基準値(右表)を超えている
調査日：1993.11.04
11：52～12：45
晴天無風温暖

参考：ウインドウレス豚舎の空気汚染物質のガイドライン(Donham K.J.)

	豚の健康	ヒトの健康
全塵埃量：	3.7 ㎎ /㎥以下	2.4 ㎎ /㎥以下
吸入塵埃量：	0.23 ㎎ /㎥以下	0.23 ㎎ /㎥以下
全微生物数：	4.3×10^5 個 /㎥以下	4.3×10^5 個 /㎥以下
真菌数：	—	1.3×10^4 個 /㎥以下
アンモニア濃度：	11～25 ppm	7 ppm

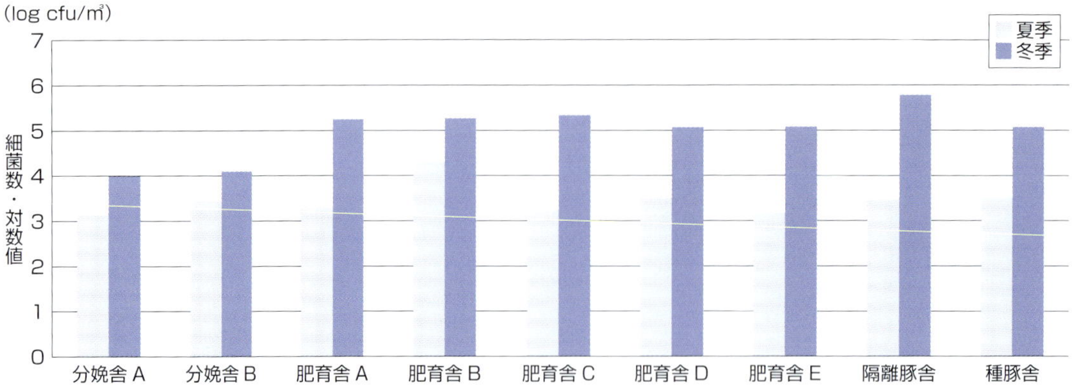

●図 7-2-1　豚舎内浮遊菌数の季節変動

（横関）

●表 7-2-2　ウインドウレス畜鶏舎の空気汚染物質基準

鶏舎		豚舎	
要因	上限値	要因	上限値
全塵埃量	2.4 ㎎／㎥	全塵埃量	2.4 ㎎／㎥
吸入塵埃量	0.16 ㎎／㎥	吸入塵埃量	0.23 ㎎／㎥
菌体内毒素	614 EU ／㎥	全微生物数	4.3×10^5 個／㎥
アンモニアガス濃度	12 ppm	真菌数	1.3×10^5 個／㎥
		アンモニアガス濃度	7 ppm

２報の表をまとめて表示した　　（Donham, K.J.）

浮遊塵埃・浮遊細菌数が多い畜鶏舎内では着用を勧めるべきであろう。また，第一節で述べたように，人獣共通の病原菌やウイルスによる汚染がある畜鶏舎では，当然，作業者の感染防止の措置が必要となる。

もちろん，畜鶏舎の環境条件は，規模・構造や季節その他の条件で大きな差異があるのは当然であり，それらを総括的に議論するのは妥当でないと思われるが，一般に，畜鶏舎内は塵埃が多いものである。著者が，ある鶏舎で調査した結果を**図 7-2-2** に示す。これは，４万羽飼育の高床式６段８列の陰圧換気式のウインドウレス鶏舎である。下段は２段目の付近，上段は５段目付近で，入り口から見て右側の列，左側の列，真ん中の列，さらに，鶏舎の奥の方，中間部，手前(入り口に近い方)の合計18 カ所で採材したものである。

また，Jones(1984)はブロイラー鶏舎内の有害ガスと微粒子を調査している。結果を**表 7-2-3** に示すが，北米ノースカロライナの２万羽飼育のウインドウレス鶏舎で，晩春に，30 日齢，７日齢(古い敷料)，７日齢(新しい敷料)の３棟を調べた。全浮遊塵埃量と吸入塵埃量は平均で 4.4 ㎎／㎥と 0.24 ㎎/㎥，粒子径は平均 15 μm，アンモニアガス濃度は 25 ppm，二酸化炭素(CO_2)濃度は 0.05 ～ 0.1 ppm，一酸化炭素(CO)，硫化水素(H_2S)，窒素酸化物(NO_x)，メタン(CH_4)，メルカプタン，ホルムアルデヒド，炭化水素は検出限界以下であった。浮遊菌数および真菌数は平均 1.5×10^5 と $1.0 \times$

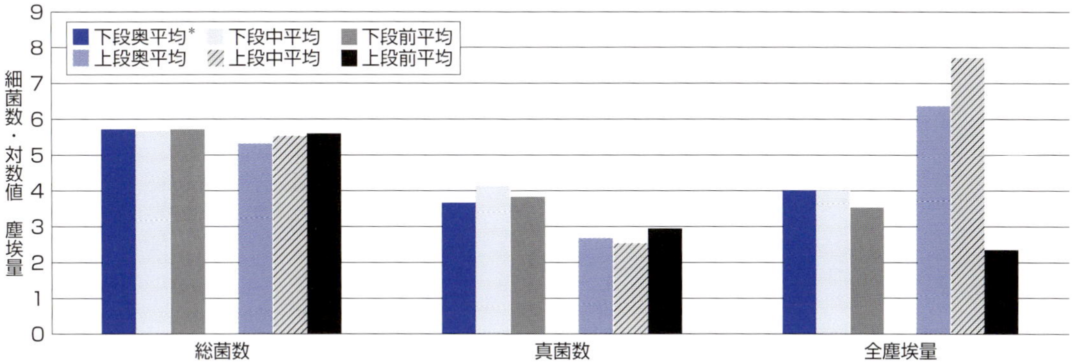

●図 7-2-2　ウインドウレス鶏舎の空気中細菌数と塵埃量

細菌数：cfu/㎥，塵埃量：㎎/㎥　　対象鶏舎：４万羽飼育，高床式６段８列，陰圧換気式ウインドウレス鶏舎，調査時期：秋季
＊８列平均

●表 7-2-3　ウインドウレス鶏舎内の塵埃量とアンモニアガス濃度

鶏舎	30 日齢鶏舎			７日齢鶏舎					
				新規敷料			旧敷料		
位置	前部	中央部	奥	前部	中央部	奥	前部	中央部	奥
全塵埃量	11	9.2	7.6	2.5	1.4	0.02	2.8	4.6	0.14
吸入塵埃量	0.62	0.39	0.42	0.11	0.04	0.02	0.11	0.31	0.11
アンモニア濃度	13	9.2	—	—	6	—	—	7.5	170*

＊：７計測の平均値　(Jones)

10 ^{4} cfu/㎥，菌体内毒素は全塵埃中に 0.77 ～ 61 ng/㎥，吸入塵埃中に 0.71 ～ 15 ng/㎥であり，菌体内毒素は粒径 3.5 μm 以下の最小のフィルターに最も集まった。

結果は，総菌数，真菌数，全塵埃量，吸入塵埃量(10 μm 以下の微小塵埃で細気管支まで到達する)のいずれについても，Donham(1995)のガイドラインを大幅に超えていた。ガイドラインの数値は，そのなかで働く作業者に症状や肺機能の低下が発生する限界値である。

両者の調査したこの種の鶏舎では，明らかに，作業者の健康に異常をもたらす程度の状態になっていることが確認されたのである。

1．鶏舎環境と養鶏作業者の呼吸器症状

畜産関係の作業者の健康問題についての報告は我が国では多くない。上田ら(1993)による鹿児島県下の養鶏専門農協傘下の養鶏家の男子 75 名，女子 64 名を調査したものが，最もまとまった報告であろう。そのなかで，養鶏作業に関連するアレルギー症状として，喘息，過敏性肺臓炎および接触性皮膚炎がみられるとし，アレルギー自覚症状は男子 54%，女子 44%，自覚症状に関連する作業としては，即時型では給餌や清掃など，遅延型では農薬散布を挙げている。福田ら(1976)も男子 132 名，女子３名の調査で，アレルギー素因を 48%に認めた。養鶏業を開始してから咳・痰が出るようになった者が 76%，鶏舎に入ったときの眼の痒み，鼻汁，クシャミなどのアトピー症状が出る者が 17%で

●表 7-2-4　スウェーデンの養豚家の呼吸器疾患

症状	有症率(%)	
	養豚家	普通人
咳	39	13
痰を伴う咳	16	7
痰を伴う咳３週間以上	7	4
感冒を伴う喘鳴	21	13
感冒を伴わない喘鳴	12	16
終日続く喘鳴	4	2
胸部症状のある感冒頻発	53	20
胸部疾患での休業	30	18
肺炎の既往歴あり	16	6

＊対象：養豚家 57 名，普通人 55 名　(Donham, K. J.)

●表 7-2-5　ウインドウレス豚舎での作業者の症状

自覚症状	症状あり	有症率(%)
咳	7	63.6
痰・気道粘液の増加	7	63.6
胸の締め付け感	6	54.5
喘鳴	6	54.5
鼻つまり	6	54.5
呼吸頻促	5	45.5
クシャミ	5	45.5
目の刺激・流涙	4	36.4
頭痛	2	18.2
めまい	2	18.2
むかつき・吐き気	1	9
気力喪失・失神	0	0
難聴	0	0
肌荒れ・蕁麻疹	－	－
寒気・発熱	0	0

＊対象：経営者８名，雇用作業者３名　(Donham)

あったが，症状と就労年数の関係は明らかでないとしている。

根本ら(1971)と高木(1991)は「ヒヨコ喘息」の患者について報告している。そのほか，泉沢(1990)は畜舎内の塵埃・有害ガス・落下菌数を調べ，作業者の自覚症状を記録した。中村(1996)は総論で孵化場の作業者のヒナ羽毛による喘息が職業性喘息として古くから知られているとして根本ら(1971)，館野ら(1972)の報告を紹介している。

●表 7-2-6　ウインドウレス豚舎で診療する獣医師の症状

自覚症状	有症率(%)
鼻腔の刺激感	74
咳	74
胸の締め付け感	63
目の刺激感	57
痰・気道粘液の過剰	54
頭痛	40
吐き気	14

＊対象：獣医師 35 名　(Donham)

我が国でも労働者の健康と安全を守るために「労働安全衛生法」をはじめ法規が多数あるが，畜産作業者を対象としている法的規制は見当たらない。例えば，浮遊塵埃(粉塵)対策にしても，ほとんどが坑内や砕石などの鉱物質の粉塵を対象としており，鶏糞などの有機質塵埃については考慮していないようである。

2．養豚作業者の健康被害

Donham(前出)はスウェーデンの養豚場作業者の健康調査をして報告している。**表 7-2-4，7-2-5** に示すが，ほぼ同数の作業者と健康人を比較すると，ほとんどすべての呼吸器症状(疾病)において，作業者の方に発生が多かった。著者の調査した農場の作業員も，咳，鼻炎症状，眼やになどを訴えていた。このほかにも，Donham は養豚獣医師の健康についても調査している。**表 7-2-6** は，ウインドウレス豚舎内での診療活動に日常的に従事している獣医師からの聞き取り調査である。呼吸器の症状が多い点は養豚作業者と同様の現象であるが，目の症状も多い点が注目される。著者が豚舎内の環境調査をした養豚場の作業員も，目やにが多いなどの目の症状を訴えていた。

鶏舎の場合と同様に，一般的に豚舎作業員も防塵マスクや防塵眼鏡を着用しているのを見ることはないようであるが，浮遊塵埃・浮遊細菌数が多い豚舎内では着用を勧めるべきであろう。また，人獣共通の病原菌やウイルスによる汚染がある豚舎では，作業者の感染防止の措置が，当然必要となると考えられる。

養豚技術者であり指導者でもあり，多くの現場を見た経験のある三宅 眞佐男氏(2011)の意見を紹介する。

離乳舎，育成舎の塵埃に関する環境はかなり悪い。ウインドウレス型の方が開放型より塵埃の量は多い傾向だ。これは室内の循環扇と排気口の位置が壁面か，天井面が多いことが関係していると考えている。特に育成舎のスノコ下は貯水していないので湿気の発生源が少なく，湿度は 35 ～ 50%，糞や餌や皮膚垢などが豚が動き回ることと循環扇で舞い上がり，さらに冬場では排気量も少ない設定なので塵埃が時間と共に増え続ける。導入後数日にして，室内に浮遊塵埃が充満する状況になる。

また，ピット方式で貯水しているウインドウレス離乳舎では，興味深いことに，湿度は安定的に約60%である。このことと豚が小さく糞量も少ないことから，塵埃は育成舎ほどではない。塵埃量を落下細菌量としてみてみると，離乳舎で導入前を 1 とすると，導入 3 日後は 116 倍，導入 39 日後では 190 倍，育成舎ではさらに多くなる。

育成舎の塵埃対策として，過去，2，3 の試みをした。その 1 は農業用のネットに対して，モップにパラフィンオイルを吹き付けたものを部屋に吊して塵埃除去を試みたが，集塵効果は高いものの，毎週取り外して洗う手間が煩雑で中止した。その 2 は，クーリングパッドのフィルターに水を流しながら，空中の塵埃を濾過する装置を循環扇と組み合わせて設置した。加湿を兼ね，付着した塵埃を流下水で流す構想だったが，流水状態と空気の通過に不具合があり中止した。結局，マスク着用で作業する人が多い状態が継続している。作業者はマスクができても豚はマスクができないので，塵埃そのものと塵埃に含まれる常在菌により，飼養効率に影響が出ると考えられる。

育成担当の作業者は発咳する人が多いように思われる。さらに，アレルギー体質の人では，例えば雄管理と精液処理担当ではアレルギーが少なかったが，育成担当に異動してからは悪化したという事例も実際にある。そのアレルゲンは豚の糞便や皮膚垢であろう。

離乳舎の場合，塵埃と同時に炭酸ガス濃度も問題と考えられている。特にウインドウレス舎では大型のガスブルーダーが設置され，分娩舎から導入後 4 ～ 5 週間は季節と昼夜の差があっても焚き続けているうえに，冬季は最少換気にしていることやガスの比重が約 1.53 と重いので撹拌しても下に溜まりやすいと考えられる。濃度計で測ると，多いときは 4,000 ppm を超えることがある。

大気中の炭酸ガス濃度は近年温暖化の影響で 390 ppm 程度まで上昇しており，ヒトでは 3 ～ 4 万 ppm のなかにいると頭痛，吐き気，めまいが起こるといわれている。その 1 /10 の 4.000 ppm という濃度で，7 週間前後生活する子豚の罹病率や飼料効率などにどのような影響があるかも興味があるところである。

アンモニアが問題と考えている人も多い。離乳舎ではピット水の状況次第で 1.7 ～ 3.9 ppm，育成舎では 80 日齢で 8.8 ppm，育成後期で 33 ppm 程度であった。アンモニアは比重が約 0.6 なので上空に拡散しやすいことと，離乳舎と育成前期はアンモニア濃度が低いので，鶏でいわれるような大きな問題はないかもしれない。

また，酸欠を問題とする人も多いが，測定すると酸素濃度は舎外と舎内では 20 ～ 21%の範囲内で変わらない。濃度は標高差により変動するので，同一農場で舎内と屋外とを比較する。

一般に養豚場の作業者は環境というと主に温度を考えており，小さな豚には体温を維持するため温度をとることと，大きな豚には夏場に排気を多くして温度を下げることに注力している。温度をとるためには換気量を減らすが，温度と換気のバランスが大事である。しかし，指標は温度計しかないために，作業者は戸惑っているのが実情である。

抜本的には，豚舎構造を変えて床下から排気すると塵埃，炭酸ガス，保温の問題はかなり改善されるだろう。

屠場出荷豚の肺や鼻甲介断面を見ると，マイコプラズマやボルデテラ，パスツレラのワクチンを接種し，月齢別の鼻腔スワブで起炎菌の状態に問題がない農場でも，それらの状況が季節によりあまりよくない場合がある。それは塵埃や有害ガスが影響していると推測している。しかし，それらが鼻や肺の変形，病変にどの程度関与するかは分からないという。

Donham ら(1982)は，養豚，肉牛，酪農，育成牛のウインドウレス畜舎に，共通の要素である糞尿貯蔵の危険性認識を喚起している。養豚生産者に対する郵送アンケートで，米国・アイオワ州では8万5,000人が，全国では50万人以上が糞尿貯蔵施設を持つウインドウレス畜舎で働いていることが分かった。糞尿の有毒ガスに対する急性の曝露による死亡例や罹患例が最近報告されている。このアンケートでも6例が発見され，その概要を報告している。硫化水素はその主要物質である。糞尿の撹拌は急性の重篤な有毒環境を作り出すのに重要な働きをする。予防策は従業員の教育と環境のコントロールとヒトの要因を制限することにあると述べている。

Hurley(2000)らは，世界養豚エクスポ(1991 ～ 1995年)の年次大会の出席者から得たデータを，養豚業と作業者の健康の関連性を測るために分析した(**表7-2-7**)。自己申告と個別健康診断結果は，養豚業は，生産者と家族における苦痛が継続するタイプの慢性的症状と関連することが示唆された。農家は非農家に比べ，咳や痰，またはインフルエンザ様症状が有意に多かった。養豚農家はほかの畜種の農家よりも，咳・痰，副鼻腔炎，ノド痛が多く，家族もそれらに冒されていた。ウインドウレス豚舎の作業者はさらに多く，その家族感染はほかの養豚家よりも多かった。肺機能の測定値では有意な差異は得られず，客観的な証拠を欠くので，説得力のある結論は得られなかった。おそらく，データの収集期間が長期の呼吸器障害を検出するために十分なほど長くなかったのであろう。

Comer ら(1997)によると，ウインドウレス豚舎への曝露は呼吸器官への負の影響を及ぼす。この環境への短時間の曝露は気道の炎症反応を来す。7人の非曝露経験者は5時間の曝露の前後で**1秒量(FEV1)**の検査を受けた。**メサコリン検査(FEV1，PC20)**，気管支肺胞洗浄検査(BAL)，鼻腔洗浄検査(NL)，血液検査を受けた。曝露は8日間隔で2回行われた。ウインドウレス豚舎の全塵埃量，菌体内毒素，アンモニア濃度が毎日測定された。曝露は，FEV1の有意な減少(対照区7.2%，曝露1区15.3%，曝露2区23.3%)，PC20の減少(対照区223，曝露1区20，曝露2区20)がみられた。また，BALとNLの細胞数(10^3個/mL)は，BALが対照区129 ± 20，曝露1区451 ± 43，曝露2区511 ± 103で，NLが対照区6 ± 4，曝露1区126 ± 58，曝露2区103 ± 26)であった。このうち，特に好中球の増加とインターロイキン(IL)-8のレベルの増加が見られたが，IL-1と腫瘍壊死因子は増加していなかった。正常な非曝露経験者は，豚舎環境への反復曝露により，顕著で反復可能なFEV1の減少，気道反応性の減少と好中球性炎症反応の増加をみた。

Iverson と Pedersen(1990)は，平均年齢43歳の181名の農夫(124名は養豚，57名は酪農)の呼吸器症状と呼吸機能を調べた。畜舎で作業中の喘鳴と息苦しさは豚飼育管理作業と顕著に関連していた。

オッズ比は11.4であった。ちなみに，習慣性喫煙は2.2，気管支過敏症は3.8，低FEV1は3.4で

●表 7-2-7　養豚家の健康調査の結果

調査項目	全対象者	非農業者	農家	養豚農家	ウインドウレス豚舎の作業者
聴力異常の経験(%)	59	36	47	57	66
左耳異常の治療(%)	32	18	40	34	33
難聴治療(%)	53	21	57	57	58
握力の低下の認識(%)	18	3	16	19	20
収縮期血圧(mmHg)	124	126	123	124	125
弛緩期血圧(mmHg)	75	77	74	75	75
咳・痰の報告(%)	30	14	19	29	33
インフルエンザ様症状の報告(%)	30	14	22	27	33
短期間休業後の症状悪化(%)	17	16	16	12	19
肺活量(L)	4.57	4.28	4.2	4.25	4.8
呼吸異常を伴わない治療(%)	84	80	87	82	84
肺活量の変化(L)	0.15	0.14	0.32	0.12	0.14

＊ the World Pork Expo 1991 ～ 1995 のデータ使用(一部省略)　　(Terrance M. Hurley et al.)

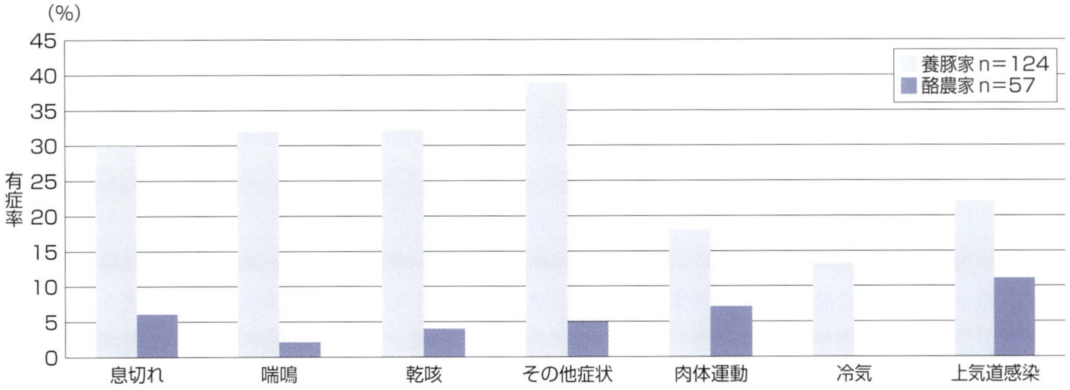

●図 7-2-3　養豚家と酪農家の呼吸器症状　　(Iversen & Pedersen)

あった。

養豚作業者は酪農作業者よりも軽度に低い FEV1 であったが有意差はなかった。有症状者は無症状者よりも顕著に低かった。PC20 ヒスタミンの重回帰分析によると，気管支の反応は，年齢，パック年数，豚舎作業の年数により増加した。ウインドウレス豚舎における豚飼育管理作業は，呼吸器の健康障害で肺機能を低下させた(**図 7-2-3**)。

一秒量（FEV1）：最大吸気位からできるだけ速く息を吐き出したときの最初の一秒間に吐き出すことのできる息の量で，喘息や閉塞性疾患の重症度などの判定に用いられる。標準値に対する割合で評価される。
メサコリン検査：気道過敏症試験のひとつで，気管支収縮薬であるメサコリンを吸入させ，PC20 を測定する。
PC20：メサコリン検査で FEV1 を 20%低下させる薬量

3．好発呼吸器症状と原因物質

欧米では養鶏をはじめ養豚その他の畜産作業者の健康問題についての報告が多数ある。

Whyte(1993)が総説で各種の原因物質と症状について詳細に論じている。それによると，養鶏作業者の健康を損なう原因物質としては，塵埃(浮遊塵埃・堆積塵埃)，細菌，アンモニア，硫化水素，一酸化炭素，菌体内毒素などがあり，これらによって慢性気管支炎，職業性喘息，肺機能の低下，過敏性肺臓炎などに至る。

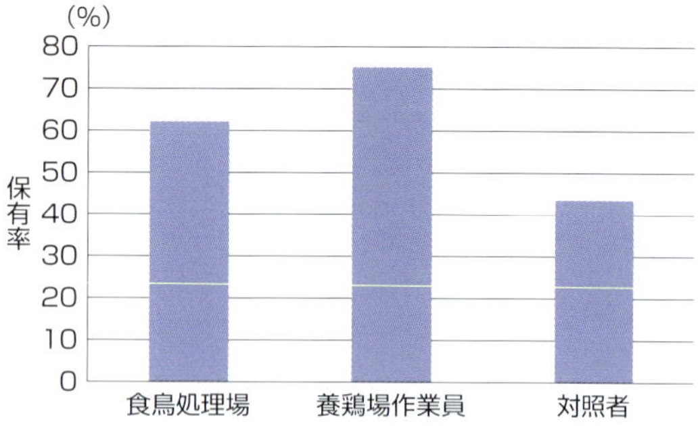

●図 7-2-4　養鶏場現場作業員の呼吸器異常

対象者：202 名の食鳥処理場と農場の作業者
比較対照区：100 名の一般人(非喫煙者)　(Tudor, et al.)

菌体内毒素はいわゆる“Toxin fever”を起こす。頭痛，吐き気，咳・鼻の刺激感，胸部締め付け感・痰などの症状が起きる。原因は鶏舎内に浮遊している菌体内毒素によるが，このような典型的な症状は 0.2 ～ 3.0 μg の粒子を吸引したときに起きる(Thelin A. et al., 1984)。発熱を起こす最低レベルは 0.5 μg/㎥の濃度である。また，菌体内毒素に 4 時間以上曝露されると肺機能の低下が認められる。

鶏舎塵埃への継続的な曝露は慢性気管支炎，過敏性肺臓炎，修復不可能な肺機能損傷に至る。塵埃曝露が呼吸器疾患につながるメカニズムについては，塵埃の種類の多様性と疾病の多様性により，まだ明らかにされていないとも，Thelin ら(1984)は述べている。

余談になるが，著者は 20 数年前，鶏舎塵埃を散粉機で室内の空中に飛散させ，そこに消毒液を噴霧ノズルで噴霧して，除塵・除菌効果を調べる実験をしたことがある。作業終了数時間後から，著者は激しい悪寒・頭痛・発熱を患った。これらの症状は，数日後に抗菌剤で治癒した。これは菌体内毒素による発症と推測している。その後，咳と発熱が断続的に続いて，その都度抗菌剤で治療していたが，２年ほどして咳が激しくなり，ついには気管支喘息と診断され入退院を繰り返した。その後 20 年余を経過したが完治には至っていない。著者が畜産現場の作業者の健康問題について関心を持ちはじめたのは，この経験がきっかけとなっている。

本題に戻って，Olenchock ら(1982)は，ある食鳥処理場の生鳥懸鳥室内でグラム陰性の浮遊菌の菌体内毒素を計測した。吸入塵埃量は懸鳥室の入口で 1.13 ± 0.12 ㎎/㎥，出口で 0.72 ± 0.06 ㎎/㎥で全塵埃量の 6 %であった。菌体内毒素は 43.3 ± 2.8 μg/g，浮遊菌体内毒素は入り口の全塵埃中で 918.4 ± 159.0 ng/㎥，出口では 634.0 ± 96.9 ng/㎥であった。Olenchock らはこの結果をみて，食鳥処理場の労働環境における健康障害の可能性について議論した。グラム陰性の菌体内毒素の吸入は呼吸器に障害をもたらす。このような高濃度の菌体内毒素のある環境下における労働者は，検査により障害の有無を確認しなければならないとしている。

また，Tudor ら(1985)は，鶏や糞塵などの有機性アレルゲンに日常的に曝露されている畜産現場の作業者の呼吸器症状と免疫学的変化について検討した。対象者は 202 名の食鳥処理場と農場の作業者で，比較対照区は 100 名の一般人とした。対象者の多くは若い婦人で非喫煙者であったが，鶏のアレルゲンに曝露されて呼吸器症状を呈していた。その結果，咳・痰は処理場従業員 8.2%，農場従業

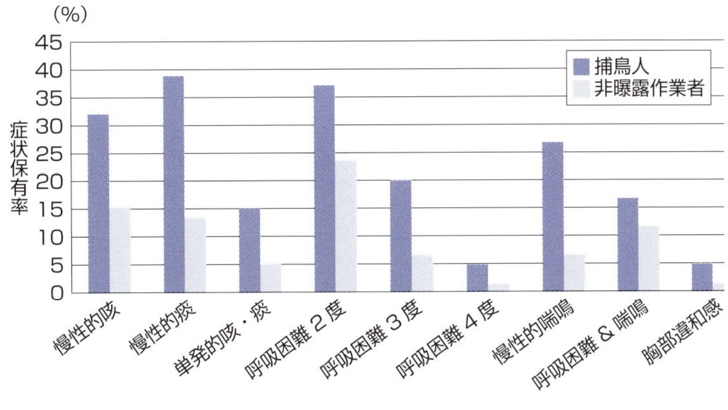

●**図 7-2-5　捕鳥人の呼吸器症状有症率**　(Morris, et al.)

員10.7％で，喘鳴は農場従業員の13.9％に認められた。明らかな呼吸器障害は農場作業者の16.1％，一般人の１％であった。羽毛アレルゲンに対する反応は農場作業者が76％，処理場作業者が63％，一般人が44％であった(**図 7-2-4**)。

Brown(1990)はブロイラー農家への調査により，農夫の77％は無症状だが，12％が慢性気管支炎で，有症率はほかの塵埃が多い職場と類似していると述べた。

Morrisら(1991)は密閉された養鶏場の空間での作業に起因する呼吸器症状を調べるために，59人の捕鳥人を検査した。非曝露の作業者を対照とした。

捕鳥人は鶏舎作業に起因する急性の症状を高率に申告した。また，非曝露作業員より有意に高い咳(39.0％)と痰(27.1％)を申告した。捕鳥人は終業後，有意なFVC(努力性肺活量)低下を示した(2.2％)。FEV1は3.4％低下した。それは始業前の肺機能や対照群のそれと比較しても低下していた。これらの結果により，捕鳥人は呼吸器不全のリスクに冒されており，ウインドウレス鶏舎における呼吸性有毒物質の危険性を最小限にする対策を強化する必要がある(**図 7-2-5**)。

また，Radonら(2001)は，最近の研究において，半数の畜産現場作業者は，喘息，作業関連性の喘鳴と同時にアレルギー性鼻炎を訴えていることと，339名の養鶏作業者の群において，過敏症と呼吸器症状の高い有症率があることを述べている。さらに，喘息は増悪の危険に曝されているが，それらがアレルギー性か炎症反応によるものかは判明していないとしている。また，養豚作業者も養鶏作業者も，作業関連性の呼吸器症状は畜鶏舎内での作業時間に伴い増加するとしている。

Thelinら(1984)の調査によると，55名の畜産現場作業者への問診において，31％が気道刺激感・中程度の咳があると答えて，そのほかも多種類の呼吸器症状が挙げられており，畜産現場での作業により，気道に障害が起きることが示されている。

さらに**表 7-2-8**では，50名の畜産現場作業者を対象に，成鶏取り出しなどの作業別に，被曝露する浮遊塵埃量や腸内菌の持つ菌体内毒素量を調べたうえで，作業者の自覚症状と呼吸機能の低下を検査している。ヒナ取り出し作業では，43％の作業者が自覚症状を持ち，57％の作業者の呼吸機能が顕著に低下していることがわかった。そのほかの作業でも，多数の作業者が自覚症状と呼吸機能の低下を示した。

●表 7-2-8　鶏舎内作業と塵埃の発生。それに関連する作業者の呼吸器症状

鶏舎	作業	塵埃量（mg/m³）	菌体内毒素（μg/m³）	有症作業者（%）	FEV1 の減少が 0.2 L 以上の作業者の割合（%）
1	成鶏取り出し	10.1	0.13	60	20
2	ヒナ取り出し	24.0	1.06	43	57
3	成鶏取り出し	5.6	0.13	7	14
4	成鶏ケージ入れ	34.6	0.76	20	0
5	成鶏取り出し	11.6	0.46	50	—
6	成鶏ケージ入れ	21.9	0.15	100	25
7	成鶏取り出し	28.6	1.42	50	33

対象：労働者 50 名
FEV1（1 秒間努力排気量）は 2 ～ 5 時間作業後に測定
（Thelin, et al.）

前述のとおり，**表 7-2-8** における FEV1 は“1 秒量”と称し，限界まで吸った空気を 1 秒間に一気に排出できる量である。通常，最大排気量（肺活量）の 70％くらいであるが（若い人は 80％），気管支などに炎症が起きると少なくなる。また，慢性閉塞性肺疾患（COPD）の際はこの値が小さくなる。

Hagmar ら（1990）は，4 カ所の食鳥処理場の環境調査と，そこで働き塵埃に曝露されている懸鳥係 23 名の肺機能を検査した。検査は月曜日の朝と終業時に行った。検査項目は肺活量（VC），FEV1，血液検査であった。作業場所の浮遊塵埃は平均 6.3 mg/m³，菌体内毒素は 0.40 μg/m³，総菌数 $4 \times 10^3 \sim 4 \times 10^6$/m³，カビは懸鳥部門でのみ 500 ～ 4,000 cfu/m³検出された。外因性アレルギー性肺胞炎の発症者はまったくいなかったが，肺活量（平均 3.1％減）と FEV1（平均 4.1％減）の低下が認められ，懸鳥作業が気管支に有害な作用を及ぼすことが示唆された。菌体内毒素と肺機能の変化の関係は明らかにされず，血液性状の著明な変化も認められなかった。

Bar-Sela ら（1984）は，呼吸器症状のある鶏舎作業者は鶏由来の抗原に対する反応が強く，この点はほかのアトピー患者と異なると述べている。

Elman ら（1968）も，98 名の畜産現場作業者について鶏アレルゲンに対する抗体を調べた。作業者の 57％が鶏抗原に対して 80 倍で陽性であった。他方，比較対照の 10 名は持っていなかった。さらに，作業者の 27％は血液中に鶏抗原に対する沈降素を持っていたが，対照者は持っていなかった。

Robertson と Blackmore（1989）は，ニュージーランドで 4 職業群の *Streptococcus suis* type 2 抗体価を ELISA で測定した。獣医学生では全員陰性，酪農作業者では 9.3％，食肉検査官では 10.3％，養豚作業者では 21.4％が陽性であった（**表 7-2-9**）。抗体価は仕事柄，豚あるいは豚肉との接触により高まったと考えられる。潜在的感染と抗体価の上昇は短期間で発生した（**表 7-2-10**）。*S. suis* type 2 の臨床的感染はめったに起きないにもかかわらず，最も感染性の高い潜在的人獣共通感染症である。

このような事例は，当然に，我が国の畜産現場作業者でも同様に起きるはずである。ところが，我が国では，畜産現場をはじめ畜産農場での労働者の健康問題について研究している専門家はほとんどいない。産業衛生学会や農村医学会などにおいても，畜産作業者の健康問題については，きわめてわずかな一例報告のようなものしか報告されていない（工場労働者や鉱山労働者に関する報告は多い）。十数年以前に，孵化場作業者のヒナ羽毛が原因とされる喘息の報告や，乾牧草が原因での喘息の報告があったことを記憶しているくらいである。

●表 7-2-9　*Streptococcus suis* type 2の抗体陽性と職業の関係

職業	陽性者数	陰性者数	被験者数計
養豚作業者	15(21.4%)	55(78.6%)	70
食肉検査官	11(10.3%)	96(89.7%)	107
酪農作業者	9(9.3%)	87(90.7%)	96
獣医学生	0(0%)	16(100%)	16

(Robertson & Blackmore)

●表 7-2-10　潜在的リスク要因と抗体陽性との関係

職業(潜在的リスク要因)	陽性者数	陰性者数	被験者数計
養豚場に居住して豚と接触	15(21.4%)	42	*P*<0.05
養豚場に居住するも豚と非接触	0(0%)	13	
養豚作業者で豚屠殺	4(27%)	11	NS(*P*>2)
養豚作業者で豚屠殺はせず	8(15%)	47	
食肉検査官で豚と接触	9(15%)	52	*P*>0.05
食肉検査官で豚と非接触	2(4%)	44	
酪農作業者で豚も飼育	7(14%)	43	*P*>0.01
酪農作業者で豚は飼育せず	2(4%)	44	

有意差は直下の列との関係　(Robertson & Blackmore)

I. D. Robertson & D. K. Blackmore : Occupational exposure to *Streptococcus suis* type2, Epidemiol. Inf. 103, 157～164 (1989)

したがって，畜産農場の作業者が，なんらかの呼吸器症状で医者にかかっても，その原因が畜鶏舎内での作業に起因していると見抜ける医者は，まったくといってよいほどに，我が国にはいないと考えられる。そのために，原因と対策が放置されて，高齢になってから発病したり，あるいは何が原因かわからないままに病気で退職することもありうると考えられるのである。

■ 聴力などの異常

前述のHurleyの調査によると，農家は非農家よりも聴力異常についての自己申告は少なかった。養豚家とウインドウレス豚舎作業員，およびほかの農家間にも自己申告では差がなかった。しかし，聴力試験では非農家よりも農家で両耳の聴力が損なわれていた。ウインドウレス豚舎作業員と養豚家の聴力異常は，ほかの農家とでは有意な差異はなかった。農家は非農家と比べて握力が有意に低かった。養豚家はほかの農家よりも低く，おそらく，手の負傷や手根管症候群のような反復性の運動障害があることが疑われる。

酪農家の聴力については，Marvelら(1991)の報告がある。無作為抽出した49名のフルタイム酪農作業者の聴力の検査を行った。

年齢・性をマッチさせて農村の非農業者も対象として調べた。標準純音聴力検査では，酪農作業者の65%が高周波の聴力を失い，非農業者では37%であった。中間周波では37%対12%で失われていた($P<0.1$)。

酪農作業者の左耳はより重く障害されていた。年齢，就業年数は聴力損失と高度に関連していた。相関分析と回帰分析の結果によると酪農作業者と非農業者の聴力損失の原因は農場で遭遇する職業的な騒音とされた。

●表7-2-11　屠場作業者の皮膚病(ウイルス性いぼ)

作業内容	被験者数	ウイルス性いぼ発生者(%)
と殺	67	23(34.33)
内臓摘出	125	39(31.20)
肉運搬	54	12(22.22)
監督&羊飼い	20	5(25.0)
合計　曝露者	266	79(29.7)
非曝露者	39	7(17.95)
対照群	322	15(4.66)

(Gabal M.S. & Geweily M.)

■ 屠場作業者の皮膚障害

GabalとGeweily(1990)によると，エジプトの屠場作業者の皮膚疾患，特にウイルス性疣贅についての研究で，535名の手動または半自動式屠場および食肉加工場(生肉および肉製品に接触する者を曝露者，しない者を非曝露者とした)作業者と，対照群としてカイロ地域の織物工場で働く322名が，皮膚科学的に検査された。結果は，全皮膚疾患は曝露作業者で52.17%，非曝露者で34.67%，対照群として35.71%と有意に高かった。

感染性角質パピローマ(ウイルス性いぼ)は，職業的に曝露されている作業者にとってごく一般的な皮膚病である(27.61%)。これは，非曝露作業者(13.33%)と対照群(4.66%)に比して有意に高かった。尋常性疣贅 Verruca vulgaris は検査した作業者の通常タイプのウイルス性いぼを代表する。防護手袋の使用は検査作業者のいぼを有意に減少させた。しかしながら，反自動式処理，食肉曝露のタイプ，仕事のタイプは屠場作業者のいぼの発生に有意差を示さなかった(**表7-2-11**)。

■ 周辺住民の健康問題

ここまで，畜産現場の環境条件が作業員に及ぼす影響について述べてきた。舎内で働く作業員だけでなく，農場の近隣に居住する人々への影響も出てくる。

Tuら(1997)は，「大規模養豚場の近隣居住者の身体的および精神的健康に関する比較研究」で，大規模養豚場の増加と，近隣の農家や住民の環境，社会，経済ならびに健康問題について寄稿している。これらの関心事にはガスや塵埃，悪臭に曝露される近隣住民の潜在的健康と生活への推論がある。

1970年代の中頃から今日まで，ウインドウレス豚舎の環境下での労働とヒトの健康問題に関する研究がなされてきた。その結果，ウインドウレス豚舎の労働者は多くの健康問題を抱えていることが示された。注目すべきは豚舎内でガスや塵埃に曝露される呼吸器系の分野である。

しかしながら，養豚場外に放出されるガスや塵埃の曝露についてはほとんど研究されてこなかった。

外部環境についての研究は，まず，悪臭の減少または消去にこの感心が向けられ，悪臭組成物質の研究，悪臭の計測法，制御技術に焦点が当てられた。そしてかなり多くの研究が，家畜糞尿やそれが付着した環境からのアンモニアを除去するのに貢献した。しかしこれらの研究は，大規模養豚場の近隣住民たちの悪臭に関連する苦情や健康問題にはほとんど寄与しなかった。新しく出現した研究者(Schiffman, 1995)が住民の心理学的健康と豚が発生する悪臭との関連性を研究した。この研究は，有害な心理学的健康効果は，身体的因子と豚悪臭に対して心理学的反応を引き起こすという結果を示唆した。これは，また，田舎の近所付き合いの社会的変化が，心理学的反応に影響する要因であることも示唆した。

■ 畜産現場作業員の健康を守るためには

さて，これまで多くの研究成果を紹介してきたが，畜鶏舎内の環境が労働環境としては，相当の危険を内在していることを認識していただけたと思う。経営者はそれに対応する措置をとらねばならないのである。すなわち，第1節(206ページ)で述べた人獣共通感染症に対するものと同じように，作業者にはマスク・ゴーグル，全身を覆う作業衣などを着用させること，それに手洗い・洗面の設備などが必要である。さらに，定期的な健康診断(呼吸器内科の専門医による)もすべきである。

著者の調査した畜鶏舎のような浮遊細菌・浮遊塵埃の極端に多い場所は，換気の改善なども行うことが必要であろう。

このような対策を講じることにより，畜鶏舎内作業者の健康を守り，安全に作業を実施することができるようにするのは，ひとえに経営者の責任である。

先ほど述べたが，畜産現場の作業員の健康問題については，本章で紹介したように欧米では多くの研究成果があるが，我が国ではきわめて少ない。ウインドウレス式の大型畜産現場が増加している現状から見ても，この問題に無関心ではいられないはずである。畜産現場の指導者である臨床獣医師の読者諸兄に是非とも関心を持っていただきたいと思っている。

なお，本章では，多数の外国の報文を紹介したので，あるいは煩雑に感じられた読者がおられるかもしれないが，すでに述べた通り，我が国ではこの問題への関心が低いので，現場の臨床獣医師の諸兄には，是非とも関心を抱いていただきたい，その際に研究の手がかりになるのではと，考えてのことである。御高承を賜れば幸いである。

CHECK SHEET

- □1．畜産現場の環境には，健康に悪影響を及ぼす浮遊塵埃・浮遊細菌・菌体内毒素・各種ガスなどがあり，特に呼吸器官への影響が大きい。
- □2．養鶏場作業者のアレルギー症状としては，喘息・過敏性肺臓炎や接触性皮膚炎が見られる。
- □3．養豚場作業者も呼吸器に異常を持つ者が多い。咳・痰・ノド痛・副鼻腔炎もほかの畜種の作業者に比べて多かった。
- □4．養鶏場でも養豚場でも作業者が防護具を使用していないことが問題である。
- □5．畜産現場の作業員の好発性呼吸器症の原因物質は，塵埃・細菌・アンモニア・硫化水素・一酸化炭素・菌体内毒素などがあり，慢性気管支炎・職業性喘息・肺機能の低下・過敏性肺臓炎などの発症原因となる。
- □6．菌体内毒素は，いわゆるToxin fever(頭痛・吐き気・咳痰・鼻の刺激感・胸部締め付け感)を起こす。
- □7．鶏舎内・豚舎内あるいは食鳥処理場の懸鳥室などにおける作業では，粉塵などの有機性アレルゲンによる呼吸器症状が多く見られ，FEV1の低下などCOPDにつながるおそれがある。
- □8．呼吸器症状だけでなく，養豚場作業員の聴力低下や屠場作業員の皮膚疾患(疣贅)なども見られる。
- □9．畜産現場作業員のみでなく，大型の養鶏場や養豚場の近隣住民にも身体的・精神的な健康阻害が見られるので，対策が必要である。
- □10．畜産現場の労働者の健康被害については，経営者が関心を持つのは当然だが，臨床獣医師も現場指導者として改善に向け努力するべきであろう。

■引用文献

第1節

- Alsop J. E.：An outbreak of salmonellosis in a swine finishing barn, J Swine Health Prod, 13(5), 265～268(2005)
- Carter A. P., Lund L. J., et. al.：Transmission of salmonellae to veterinarians, Vet Rec, 129, 415 (1991)
- E. B. Smyth, J. D. Watson：Salmonella in a chick hatcher, The Ulster Medical J. 56(2), 157～159(1987)
- J. H. Collyer：Salmonella infection in a vet, Vet Rec, 476(1988)
- 小林昭夫：トキソプラズマ症, 日本における寄生虫学の研究 第6巻(大鶴正満, 亀谷 了, 林 滋生 監修), 587～608,（公財）目黒寄生虫館，東京(1999)
- 国立大学法人動物実験施設協議会環境保全委員会(古谷正人・佐藤 浩)：動物実験施設等における動物由来の咬傷，掻傷及び感染症への対応について 〈http://www.kyoto-u.ac.jp/ja/research/ethic/arcku/2013/documents/0619-07.pdf〉2013年11月参照
- Kotova A. L., Kondratsukaya S. A., Yasutis I. M.：Salmonlla carrier state and biological characteristics of the Infectious agent, J Hyg Epideiol Microbiol Immunol, 32(1), 71～78(1988)
- 野上貞雄：ペットから人へ，身近で起こる人獣共通感染症 [5] 感染症の感染経路と症状，予防対策まで(4)原虫，寄生虫による人共通寄生虫症，防菌防黴誌，36(4)，263～272(2008)
- 岡谷友三 アレシャンドレら：豚丹毒－古くて新しい人獣共通感染症，モダンメディア，53(9)，231～237 (2007)
- 労働安全衛生法
- 関崎 勉：健康豚にも潜在する豚連鎖球菌の病原性について, 日本養豚開業獣医師協会活動報告会記念セミナー，東京グランドホテル(2013)

第2節

・Bar-Sela S., Teichtahl, H., Lutsky I.：Occupational asthma in poultry workes, J. Allergy Clin. Immunol, 73(2), 271～275(1984)
・Brown A. M.：The respiratory health of Victorian broiler growers, Medical J. of Australia, 15(10), 521～520(1990)
・Donham K. J., et al.：Potential Health Hazard to Agricultural Workers in Swine Confinement Buildings, J Occupational Med. 19(6), 383～386(1977)
・Donham K, J,, et al.：Acute toxic exposure to gasses from liquid manure, J of Occupational Medicine 24(2), 142～145(1982)
・Donham K. J., et al.：Respiratory dysfunction in swine production facility workers：dose response relationships of environmental exposures and pulmonary disfunction, Am J of Ind Med, 27(3), 405～418(1995)
・Donham K. J., et al.：Dose responce relationships between occupational aerosol exposures and cross-shift declines of lung function in poultry workers：recommendations for exposure limits, J. Occup. Environ. Med., 42(3), 260～269(2000)
・Elman A. J., et al.：Reactions of Poultry Farmers Against Chicken Antigens, Arch. Environ. Health. 17(1), 98～100(1968)
・福田 健，牧野荘平，石橋 達ら：養鶏業に伴う職業アレルギーの疫学的調査(喘息(その他))，アレルギー，25(4)，298(1976)
・Gabal M. S., Geweily M.：Dermatologic Hazards among Slaughterhouse workers, J. Egypt. Public. Health. Assoc, 65(1～2), 191～206(1990)
・Hagmar L. et al.：Health effects of exposure to endotoxins and organic dust in poultry slaughterhouse workers, Int. Arch. Occup. Environ. Health, 62(2), 159～164(1990)
・泉沢洋一：畜舎の労働環境とその改善方向，畜産の研究，44(8)，904～906(1990)
・K. Tu., et al.：A Control Study of the Physical and Mental Health of Residents Living Near a Large-scale Swine Operation, J. Agricultural Safety and Health, 3(1), 13～26(1997)
・Martin Iverson, Bente Pedersen：Relation between respiratory symptoms, type of farming, and lung function disorderes in farmaers, Thorax, 45(12), 919～923(1990)
・Marvel M. E., et al.：Occupational Hearing loss in New York Dairy Farmers, Am. J. Ind. Med. 20(4), 517～531(1991)
・三宅 真佐男(アニマル・バイオセキュリティ・コンサルティング㈱社長)：私信(2011.4.6)
・Morris P. D. et al.：Respiratory Symptoms and Pulmonary Function in Chicken Catchers in Poultry Confinement Units, Am. J. Ind. Med., 19(2), 195～204(1991)
・中村 晋：職業アレルギーの原因としての動物，アレルギーの臨床，6(11)，823～826(1996)
・根本俊和ら：ヒヨコ喘息の2例，アレルギー，20(9)，686～693(1971)
・Olenchock S. A., Steven W., Lenhart S. W., Mull J. C.：Occupational exposure to airborne endotoxins during poultry processing, J. Toxicol. and Environ. Health 9(2), 339～349(1982)
・Radon K. et al.：Respiratory symptoms in European animal farmers, Eur. Respir. J. 17(4), 747～754(2001)
・Robertson I.D., & Blackmore D.K.：Occupational exposure to Streptococcus suis type 2, Epidemiol. Inf., 103, 157～164(1989)
・高本 公：養鶏業者にみられたヒヨコ喘息の1例，山口県医学会誌，25，52～55(1991)
・Terrance M, Hurley, James B. Kliebenstein, Peter F. Orazem：An Analysis of Occupational Health in Pork Production, Amer. J. Agr. Econ, 82(2),(2000)
・Thelin A., Tegler O., Rylander R.：Lung reactions during poultry handling related to dust and bacterial endotoxin levels, Eur. J. Respir. Dis, 65, 266～271(1984)
・Tudor A. et al.：Study of respiratory and immunologic changes in the workers of a poultry farm, Med. Interne, 23(2), 129～134(1985)
・上田 厚ら：養鶏作業者のアレルギー，日本衛生学雑誌(Jpn J Hyg)，48(1)，415～(1993)
・Whyte R. T.：Aerial pollutants and the health of poultry farmers. World's Poultry Science 49(2), 140～156(1993)
・Wilam Jones, et al.：Environmental Studyof Poultry Confinement Building, Am Ind Hyg J, 45(11), 760～766(1984)
・Y. Comer, et. al.,：Effect of repeated swine building exposures on normal naïve subjects, Effect of Eur. Respir, 10(7), 1516～1552(1997)

付録
市販殺菌消毒剤一覧

付録 市販殺菌消毒剤一覧

動物用医薬品医療機器要覧 2012 年版（㈳日本動物用医薬品協会編），動薬手帳（動薬ハンドブック：㈱アスコ），正しく使う 家畜のくすり（㈱緑書房）に記載されている主な殺菌消毒剤をもとに，各メーカーより提供の情報を編集部でまとめました（製造中止を含む一部除外）。
本一覧表の取り扱い畜種は，牛（搾乳牛・肉牛），豚，鶏（採卵鶏，肉用鶏）に限られます。
紙幅の都合上，成分分量，用法用量，使用上の注意，包装などを割愛しております。
薬剤の使用に当たっては，製品の添付説明書をご確認ください。

・商品名の右側に，剤型区分の記号を付けました。略字については，以下をご参照ください。
　散：散剤／液：液剤／顆：顆粒／粉：粉末／錠：錠剤

◆アルコールおよびアルデヒド製剤

有効成分名	商品名	法規制	使用禁止期間 （ ）は休薬期間
グルタルアルデヒド	エクスカット 25%・SFL 液	劇	
	グルタプラス 液	劇	
	ヘルミン 25 液	劇	
	ヘルミン-G 液	劇	

◆逆性石けん製剤

塩化ジデシルジメチルアンモニウム	アストップ 液	〈飲水〉 使用基準	〈噴霧〉 （牛，豚 5 日間） （鶏 3 日間） 〈飲水〉 鶏 5 日間
	アストップ 200 液	〈飲水〉 使用基準	〈噴霧〉 （牛，豚 5 日間） （鶏 3 日間） 〈飲水〉 鶏 5 日間
	クリアキル-100 液	〈飲水〉 使用基準	〈噴霧〉 （牛，豚 5 日間） （鶏 3 日間） 〈飲水〉 鶏 5 日間
	クリアキル-200 液	〈飲水〉 使用基準	〈噴霧〉 （牛，豚 5 日間） （鶏 3 日間） 〈飲水〉 鶏 5 日間
	クリアキル・ドライ 粒	〈飲水〉 使用基準	〈噴霧〉 （牛，豚 5 日間） （鶏 3 日間） 〈飲水〉 鶏 5 日間
	クリンエール 液	〈飲水〉 使用基準	〈噴霧〉 （牛，豚 5 日間） （鶏 3 日間） 〈飲水〉 鶏 5 日間

・「法規制」の略字については，以下をご参照ください。
「劇」　薬事法第 44 条第 2 項の農林水産大臣が指定する医薬品（劇薬）
「指」　薬事法第 36 条の 4 第 1 項の農林水産大臣が指定する医薬品（指定医薬品）
「使用基準」　薬事法第 83 条の 4 の規定に基づき，農林水産大臣による基準が定められた医薬品

・「使用禁止期間」の「○日間」は，「食用に供するためにと畜する前○日間」，「乳○ H」は「食用に供するために搾乳する前○時間」，「卵○日間」は「食用に供する卵の産卵前○日間」を意味しています。

・「使用禁止期間」の()内のものは，休薬期間を表します。

効能効果	販売会社名
畜鶏舎およびその設備，種卵，養鶏用器具器材，手術解剖用器具器材の消毒	㈱科学飼料研究所
畜鶏舎およびその設備，種卵，養鶏用器具器材，手術解剖用器具器材等の消毒	日本全薬工業㈱
畜鶏舎およびその設備，種卵，養鶏用器具器材，手術解剖用器具器材の消毒	共立製薬㈱
「ヘルミン-G」に同じ	共立製薬㈱

Ⅰ畜産領域 ①畜・鶏舎の消毒，②畜・鶏体の消毒，③伝染病発生時の鶏の飲水の消毒，④搾乳器具・孵卵器具の消毒，⑤乳房・乳頭の消毒，⑥種卵卵殻の消毒，⑦発泡機を用いた畜・鶏舎の発泡消毒 **Ⅱ家畜診療領域** ①診療器具の消毒，②繁殖用器具器械の消毒，③外傷部位の消毒，④手術部位の消毒	Meiji Seika ファルマ㈱
「アストップ」に同じ	Meiji Seika ファルマ㈱
Ⅰ畜産領域 ①畜・鶏舎の消毒，②搾乳器具・孵卵器具の消毒，③畜・鶏体の消毒，④乳房・乳頭の消毒，⑤種卵卵殻の消毒，⑥伝染病発生時の鶏の飲水の消毒，⑦発泡ノズルを用いた畜・鶏舎の発泡消毒 **Ⅱ家畜診療領域** ①家畜診療・繁殖用器具器械の消毒，②外傷部位の消毒，③手術部位の消毒	ベーリンガーインゲルハイム ベトメディカルジャパン㈱， 田村製薬㈱
「クリアキル-100」に同じ	ベーリンガーインゲルハイム ベトメディカルジャパン㈱， 田村製薬㈱
Ⅰ畜産領域 ①畜・鶏舎の消毒，②搾乳器具・孵卵器具の消毒，③畜・鶏体の消毒，④乳房・乳頭の消毒，⑤種卵卵殻の消毒，⑥伝染病発生時の飲水の消毒，⑦発泡ノズルを用いた畜・鶏舎の発泡消毒 **Ⅱ家畜診療領域** ①家畜診療・繁殖用器具器械の消毒，②外傷部位の消毒，③手術部位の消毒	田村製薬㈱
Ⅰ畜産領域 ①畜・鶏舎の消毒，②搾乳器具・孵卵器具の消毒，③畜・鶏体の消毒，④乳房・乳頭の消毒，⑤種卵卵殻の消毒，⑥伝染病発生時の鶏の飲水の消毒 **Ⅱ家畜診療領域** ①家畜診療・繁殖用器具器械の消毒，②外傷部位の消毒，③手術部位の消毒	共立製薬㈱

付録

有効成分名	商品名	法規制	使用禁止期間 ( )は休薬期間
塩化ジデシルジメチルアンモニウム	クリンエール200 [液]	〈飲水〉 使用基準	〈噴霧〉 (牛，豚5日間) (鶏3日間) 〈飲水〉 鶏5日間
	クリンジャーム [液]	〈飲水〉 使用基準	〈噴霧〉 (牛，豚5日間) (鶏3日間) 〈飲水〉 鶏5日間
	パンパックス100 [液]	〈飲水〉 使用基準	〈噴霧〉 (牛，豚5日間) (鶏3日間) 〈飲水〉 鶏5日間
	パンパックス200 [液]	〈飲水〉 使用基準	〈噴霧〉 (牛，豚5日間) (鶏3日間) 〈飲水〉 鶏5日間
	ベストシール [液]	〈飲水〉 使用基準	〈噴霧〉 (牛，豚5日間) (鶏3日間) 〈飲水〉 鶏5日間
	ベストシール200 [液]	〈飲水〉 使用基準	〈噴霧〉 (牛，豚5日間) (鶏3日間) 〈飲水〉 鶏5日間
	モルホナイド10 [液]	〈飲水〉 使用基準	〈噴霧〉 (牛，豚5日間) (鶏3日間) 〈飲水〉 鶏5日間
	モルホナイド20 [液]	〈飲水〉 使用基準	〈噴霧〉 (牛，豚5日間) (鶏3日間) 〈飲水〉 鶏5日間
	モルホナイド50 [液]	〈飲水〉 使用基準	〈噴霧〉 (牛，豚5日間) (鶏3日間) 〈飲水〉 鶏5日間
	ロンテクト [液]	〈飲水〉 使用基準	〈噴霧〉 (牛，豚5日間) (鶏3日間) 〈飲水〉 鶏5日間
塩化ベンザルコニウム	動物用ベタセプト [液]		〈噴霧〉 (牛，豚5日間) (鶏3日間) 〈飲水〉 (牛，豚，鶏14日間) (乳48H)

効能効果	販売会社名
「クリンエール」に同じ	共立製薬㈱
Ⅰ畜産領域 ①畜・鶏舎の消毒，②搾乳器具・孵卵器具の消毒，③畜・鶏体の消毒，④乳房・乳頭の消毒，⑤種卵卵殻の消毒，⑥伝染病発生時の鶏の飲水の消毒 **Ⅱ家畜診療領域** ①家畜診療・繁殖用器具器械の消毒，②外傷部位の消毒，③手術部位の消毒	上野製薬㈱
Ⅰ畜産領域 ①畜・鶏舎の消毒，②搾乳器具・孵卵器具の消毒，③畜・鶏体の消毒，④乳房・乳頭の消毒，⑤種卵卵殻の消毒，⑥伝染病発生時の鶏の飲水の消毒 **Ⅱ家畜診療領域** ①家畜診療・繁殖用器具器械の消毒，②外傷部位の消毒，③手術部位の消毒	フジタ製薬㈱
「パンパックス 100」に同じ	フジタ製薬㈱
Ⅰ畜産領域 ①畜・鶏舎の消毒，②搾乳器具・孵卵器具の消毒，③畜・鶏体の消毒，④乳房・乳頭の消毒，⑤種卵卵殻の消毒，⑥伝染病発生時の鶏の飲水の消毒 **Ⅱ家畜診療領域** ①家畜診療・繁殖用器具器械の消毒，②外傷部位の消毒，③手術部位の消毒	日本全薬工業㈱
Ⅰ畜産領域 ①畜・鶏舎の消毒，②畜・鶏体の消毒，③伝染病発生時の鶏の飲水の消毒，④搾乳器具・孵卵器具の消毒，⑤乳房・乳頭の消毒，⑥種卵卵殻の消毒，⑦発泡機を用いた畜・鶏舎の発泡消毒 **Ⅱ家畜診療領域** ①診療器具の消毒，②繁殖用器具器械の消毒，③外傷部位の消毒，④手術部位の消毒	日本全薬工業㈱
Ⅰ畜産領域 ①畜・鶏舎の消毒，②畜・鶏体の消毒，③伝染病発生時の鶏の飲水の消毒，④搾乳器具・孵卵器具の消毒，⑤乳房・乳頭の消毒，⑥種卵卵殻の消毒 **Ⅱ家畜診療領域** ①診療器具の消毒，②繁殖用器具器械の消毒，③外傷部位の消毒，④手術部位の消毒	コーキン化学㈱
「モルホナイド 10」に同じ	コーキン化学㈱
「モルホナイド 10」に同じ	コーキン化学㈱
Ⅰ畜産領域 ①畜・鶏舎の消毒，②畜・鶏体の消毒，③伝染病発生時の鶏の飲水の消毒，④搾乳器具・孵卵器具の消毒，⑤乳房・乳頭の消毒，⑥種卵卵殻の消毒，⑦発泡機を用いた畜・鶏舎の発泡消毒 **Ⅱ家畜診療領域** ①診療器具の消毒，②繁殖用器具器械の消毒，③外傷部位の消毒，④手術部位の消毒	㈱科学飼料研究所
Ⅰ獣医医療領域 手術野・注射部位の消毒，粘膜・皮膚の消毒，創傷・裂傷の洗浄・消毒，深部感染創の洗浄・消毒，膣・子宮の洗浄，眼の洗浄，膀胱・尿道の洗浄，手術器具の消毒，分娩前後の局所消毒 **Ⅱ畜産領域** 乳房の消毒，畜体の消毒，畜鶏舎・器材の消毒，種卵・孵卵機器の洗浄・消毒，伝染病発生時の飲水の消毒	日本全薬工業㈱

付録

有効成分名	商品名	法規制	使用禁止期間 ( )は休薬期間
塩化ベンザルコニウム	プロクール[液]		
〔モノ，ビス(塩化トリメチルアンモニウムメチレン)〕- アルキル($C_{9\text{-}15}$)トルエン	サニスカット[液]		〈噴霧〉 (豚，鶏2日間)
	パコマ[液]		〈噴霧〉 (豚，鶏2日間)
	パコマ200[液]		〈噴霧〉 (豚，鶏2日間)
	パコマL[液]		〈噴霧〉 (豚，鶏2日間)

◆両性石けん製剤

アルキルポリアミノエチルグリシン塩酸塩・ポリオキシエチレンアルキルフェニルエーテル	キーエリアA[液]		〈噴霧〉 (豚7日間)
	パステン[液]		〈噴霧〉 (豚7日間)
	パステンコンツ[液]		〈噴霧〉 (豚7日間)
	パステンCMX[液]		
ポリアルキルアミノエチルグリシン塩酸塩ほか	動物用ネオラック[液]		〈噴霧〉 (豚7日間)

◆ハロゲン塩製剤

ノノキシノール・ヨード	ファインホール[液]		
複合ヨードホール	バイオシッド30[液]		
ポピドン・ヨード	PVPヨード液10%「フジタ」[液]		
	PVPヨード液L「フジタ」[液]		
ヨウ素グリシン複合体	ポリアップ16[液]	劇・指	

◆複合製剤

オルトジクロロベンゼン，塩化ジデシルジメチルアンモニウム，クロルクレゾール	トライキル[液]		
オルトジクロロベンゼン，キノメチオネート	オーチストン[液]		
	ゼクトン[液]		

効能効果	販売会社名
乳頭の殺菌	日曹商事㈱
Ⅰ畜産領域 ①畜・鶏舎の消毒，②搾乳器具・孵卵器具の消毒，③豚・鶏体の消毒，④乳房・乳頭の消毒，⑤種卵卵殻の消毒 **Ⅱ家畜診療領域** ①家畜診療・繁殖用器具器械の消毒，②外傷部位の消毒，③手術部位の消毒	㈱科学飼料研究所
Ⅰ畜産領域 ①畜・鶏舎の消毒，②搾乳器具・孵卵器具の消毒，③豚・鶏体の消毒，④乳房・乳頭の消毒，⑤種卵卵殻の消毒 **Ⅱ家畜診療領域** ①家畜診療・繁殖用器具器械の消毒，②外傷部位の消毒，③手術部位の消毒	Meiji Seika ファルマ㈱
「パコマ」に同じ	Meiji Seika ファルマ㈱
「パコマ」に同じ	Meiji Seika ファルマ㈱

①畜舎・鶏舎の消毒，②踏込消毒槽での消毒，③豚体の消毒，④乳房・乳頭の消毒，⑤種卵卵殻の消毒，⑥搾乳器具・孵卵器具の消毒	GEA オリオンファーム テクノロジーズ㈱
①畜・鶏舎の消毒，②搾乳器具・孵卵器具の消毒，③乳房・乳頭の消毒，④種卵卵殻の消毒，⑤豚体の消毒，⑥踏込消毒槽	㈱養日化学研究所
「パステン」に同じ	㈱養日化学研究所
①畜舎・鶏舎の消毒，②踏込消毒槽	㈱養日化学研究所
①畜・鶏舎の消毒，②搾乳器具・孵卵器具の消毒，③乳房・乳頭の消毒，④種卵卵殻の消毒，⑤豚体の消毒，⑥踏込消毒槽	住化エンビロサイエンス㈱，日本全薬工業㈱

Ⅰ畜産領域 ①畜・鶏舎および搾乳器具・孵卵器具の消毒，②乳頭の消毒，③種卵卵殻の消毒 **Ⅱ家畜診療領域** ①家畜診療・繁殖用器具器械の消毒，②外傷部位の消毒	共立製薬㈱
①畜舎・鶏舎などの殺菌・消毒，②畜体・鶏体の殺菌・消毒，③乳房・乳頭の殺菌・消毒	ゾエティス・ジャパン㈱
乳頭の消毒	フジタ製薬㈱
Ⅰ畜産領域 乳頭の消毒 **Ⅱ家畜診療領域** ①細菌，糸状菌による皮膚感染症，外傷，手術部位の消毒，②牛：カタル性・化膿性子宮内膜炎，鈍性発情	フジタ製薬㈱
①畜舎・鶏舎，器具などの消毒，②畜体・鶏体の消毒，③種卵の卵殻の消毒，④乳房・乳頭の消毒，⑤豚・鶏の飲水の消毒	あすか製薬㈱

①畜・鶏舎の消毒，②踏込槽での消毒，③鶏コクシジウムオーシストの殺滅，④牛コクシジウムオーシストの殺滅	Meiji Seika ファルマ㈱，ベーリンガーインゲルハイム ベトメディカルジャパン㈱
①畜・鶏舎およびその設備の消毒，②畜・鶏舎の踏込槽での消毒，③鶏コクシジウムオーシストの殺滅，④ハエ幼虫（ウジ）の駆除	㈱科学飼料研究所
①畜・鶏舎およびその設備の消毒，②畜・鶏舎の踏込槽での消毒，③鶏コクシジウムオーシストの殺滅，④ハエ幼虫（ウジ）の駆除	Meiji Seika ファルマ㈱

有効成分名	商品名	法規制	使用禁止期間 ( )は休薬期間
オルトジクロロベンゼン，クレゾール	動物用タナベゾール [液]		
クロルオルトフェニルフェノール，オルトジクロロベンゼン	シーピーピー [液]		

◆その他の殺菌消毒薬

ジクロルイソシアヌル酸ナトリウム	クレンテ [粉]	〈飲水〉 使用基準	**〈散布〉** （牛２日間） （豚５日間） （鶏１日間） **〈飲水〉** （豚，鶏１日間）
	スミクロール [錠]	〈飲水〉 使用基準	**〈散布または噴霧〉** （牛２日間） （豚５日間） （鶏１日間） **〈飲水〉** （豚，鶏１日間）
ペルオキソ一硫酸水素カリウム，塩化ナトリウム	アンテックビルコンＳ [散]		
	ワイプアウト [粒][散]		

◆除菌剤

過酢酸・過酸化水素	ハイペロックス [液]	劇	
	スパイク [液]		
	スパイクプラス [液]	劇	

＊：動物用医薬ではないため「消毒」の語を使えないため「除菌」と称しているが，意味は同じである。

効能効果	販売会社名
畜・鶏舎の消毒，踏込槽の消毒，鶏コクシジウムオーシストの消毒，ハエ幼虫（ウジ）の駆除	DS ファーマ アニマルヘルス㈱
①畜・鶏舎の消毒，②踏込槽の消毒，③鶏コクシジウムオーシストの消毒，④ハエ幼虫（ウジ）の駆除	㈱養日化学研究所

①畜・鶏舎およびその設備の消毒，②畜・鶏体の消毒，③豚・鶏（産卵鶏を除く）の飲水消毒，④少量散布機を用いた高濃度少量散布による空鶏舎の消毒	Meiji Seika ファルマ㈱
①畜・鶏舎およびその設備の消毒，②畜・鶏体の消毒，③豚・鶏（産卵鶏を除く）の飲水消毒，④少量散布機を用いた高濃度少量散布による空鶏舎の消毒	Meiji Seika ファルマ㈱， 日本全薬工業㈱
Ⅰ畜産領域 ①畜・鶏舎の消毒，②搾乳器具・孵卵器具の消毒，③踏込槽での消毒 **Ⅱ小動物診療領域** 診療施設内の消毒	バイエル薬品㈱
Ⅰ畜産領域 ①畜・鶏舎の消毒，②搾乳器具・孵卵器具の消毒，③踏込槽での消毒 **Ⅱ小動物診療領域** 診療施設内の消毒	ノバルティス アニマルヘルス㈱

畜鶏舎の除菌*	バイエル薬品㈱
畜鶏舎の除菌*	アニマル・バイオセキュリティ・コンサルティング㈱
スパイクに同じ	アニマル・バイオセキュリティ・コンサルティング㈱

付録

索引

【さ】

【た】

【ま】

【や】

【ら】

おわりに

私はこれまで，養豚・養鶏・酪農の雑誌に消毒に関する連載を執筆したり，書籍を上梓してきました。しかし，読者以外の大多数の畜産家を啓蒙し技術を普及するには，やはり日常的に現場で畜産家を指導しておられる獣医師の皆さんのご協力を得なければならないと痛感していました。そんな折，月刊「臨床獣医」編集部から連載のご提案をいただき，本書の基になる連載の開始に至りました。

本書は，月刊「臨床獣医」(2010年4月号～2012年3月号および2012年11月号掲載)にて約2年半にわたり連載した講座を，広く畜産にかかわる方々にも読んでいただけるように，加筆・修正を行った「畜産現場の消毒の教科書」です。

本書をお読みになられてご質問などがありましたら，ご遠慮なく ikezokoy2@jcom.home.ne.jp までお寄せください。できる限りのことは回答させていただきます。

最後に，本書を刊行するにあたり，緑書房「臨床獣医」編集部 重田淑子氏をはじめ同社の皆様に多大な尽力をいただきましたことを，深く感謝いたします。

2014年2月

著者拝

著者プロフィール

食品・環境衛生研究所 主宰

横関正直 Masanao Yokozeki

1935 年：京都府京都市生まれ。
1963 年：京都大学農学部卒業，エーザイ㈱入社，動物薬開発を担当。
1966 年：消毒薬(パコマ)の開発を担当。その後一貫して消毒薬の普及，消毒知識の啓蒙と消毒技術の開発・普及に従事。
1986 年：技術士(農業部門)登録。
1995 年：同社を定年退職後，食品・環境衛生研究所を開設。
消毒薬メーカーの依頼実験，卵・肉・乳の生産現場から食品消費までの間の衛生対策，特にサルモネラ対策，HACCP の導入支援に当たる。
2000 年：「養鶏場のサニテーションの技術的検討及び HACCP 導入の一事例」の論文で神戸大学から農学博士を授与。

1997～2005 年：日本大学生物資源科学部非常勤講師(品質管理論)，埼玉県技術アドバイザー，栃木県技術アドバイザーなど。

著　　書：技術書として「養鶏と消毒」(鶏友社)，「養豚と消毒」，「新・養豚と消毒」(ともにチクサン出版社)，「酪農と消毒」，「酪農現場の衛生管理」(ともにデーリージャパン社)，「これならできる養鶏場の HACCP」(木香書房)，「クリーンな鶏舎の 20 のアイディア」(共著，日本畜産振興会)，エッセイとして「ヨコさんの辛口養鶏コラム」(日本畜産振興会)のほか，雑誌などへの執筆多数。

畜産現場の消毒

2014 年 3 月 10 日　第 1 刷発行
2017 年 8 月 10 日　第 2 刷発行

著　者　　横関　正直

発行者　　森田　猛

発行所　　株式会社 緑書房
〒 103-0004
東京都中央区東日本橋 2 丁目 8 番 3 号
ＴＥＬ 03-6833-0560
http://www.pet-honpo.com

デザイン　株式会社 アイワード、株式会社 メルシング
印刷所　　株式会社 アイワード

ISBN 978-4-89531-075-8　Printed in Japan
落丁，乱丁本は弊社送料負担にてお取り替えいたします.